Technikentwicklung und Raumstruktur

Perspektiven für die Entwicklung der wirtschaftlichen und räumlichen Struktur in der Bundesrepublik Deutschland

CIP-Kurztitelaufnahme der Deutschen Bibliothek

Technikentwicklung und Raumstruktur: Perspektiven für die Entwicklung der wirtschaftlichen und räumlichen Struktur der Bundesrepublik Deutschland: Referate und Diskussionsberichte anläßlich der Wissenschaftlichen Plenarsitzung 1986 in Nürnberg.- Hannover: Vincentz, 1987.

(Veröffentlichungen der Akademie für Raumforschung und Landesplanung: Forschungs- und Sitzungsberichte; Bd. 170: Wissenschaftliche Plenarsitzung; 25)
ISBN 3-87870-773-8

NE: Akademie für Raumforschung und Landesplanung (Hannover): Veröffentlichungen der Akademie für Raumforschung und Landesplanung/Forschungs- und Sitzungsberichte/Wissenschaftliche Plenarsitzung

Best.-Nr. 773
ISBN 3-87870-773-8
ISSN 0587-2642

Alle Rechte vorbehalten - Curt R. Vincentz Verlag Hannover - 1987
©Akademie für Raumforschung und Landesplanung Hannover
Druck: poppdruck, 3012 Langenhagen
Auslieferung durch den Verlag

VERÖFFENTLICHUNGEN
DER AKADEMIE FÜR RAUMFORSCHUNG UND LANDESPLANUNG

Forschungs- und Sitzungsberichte
Band 170
25. Wissenschaftliche Plenarsitzung

Technikentwicklung und Raumstruktur

Perspektiven für die Entwicklung der wirtschaftlichen und räumlichen Struktur der Bundesrepublik Deutschland

Referate und Diskussionsberichte
anläßlich der Wissenschaftlichen Plenarsitzung 1986
in Nürnberg

CURT R. VINCENTZ VERLAG · HANNOVER · 1987

Zu den Autoren dieses Bandes

Rainer Thoss, Dr., Professor, Institut für Siedlungs- und Wohnungswesen an der Universität Münster, Präsident und Ordentliches Mitglied der Akademie für Raumforschung und Landesplanung

Gerhard von Loewenich, Staatssekretär, Bundesministerium für Raumordnung, Bauwesen und Städtebau, Bonn

Hans-Jürgen Warnecke, Dr.-Ing., Professor, Geschäftsführender Direktor des Instituts für Industrielle Fertigung und Fabrikbetrieb der Universität Stuttgart, Fakultät 6

Walter Braun, Senator, Präsident der Industrie- und Handelskammer Nürnberg

Peter Treuner, Dr., Dipl.-Vw., Professor, Direktor des Instituts für Raumordnung und Entwicklungsplanung der Universität Stuttgart, Ordentliches Mitglied der Akademie für Raumforschung und Landesplanung, Pforzheim

Günther Thiede, Dr., Ministerialrat a.D., Ordentliches Mitglied der Akademie für Raumforschung und Landesplanung, Luxembourg

Dietrich Rosenkranz, Dr., Direktor und Professor beim Umweltbundesamt Berlin, Berlin

Eckhart Neander, Dr., Dipl.-Landwirt, Professor, Ltd. Direktor, Leiter des Instituts für Strukturforschung der Bundesforschungsanstalt für Landwirtschaft, Braunschweig

Winfried von Urff, Dr., Professor, Lehrstuhl für Agrarpolitik, Technische Universität München, Korrespondierendes Mitglied der Akademie für Raumforschung und Landesplanung, Freising-Weihenstephan

Friedrich Riemann, Dr., Professor Ordentliches Mitglied der Akademie für Raumforschung und Landesplanung, Göttingen

Dietrich Henckel, Dr., Projektleiter, Deutsches Institut für Urbanistik, Berlin

Manfred Lahner, Ing.-grad., Institut für Arbeitsmarkt und Berufsforschung der Bundesanstalt für Arbeit, Nürnberg

Lothar Scholz, Dr., Institut für Wirtschaftsforschung e.V., München

Harald Spehl, Dr., Professor, Lehrstuhl für Volkswirtschaftslehre insbes. Stadt- und Regionalökonomie, Universität Trier, Korrespondierendes Mitglied der Akademie für Raumforschung und Landesplanung

Werner Schenckel, Dipl.-Ing., Direktor und Professor beim Umweltbundesamt, Berlin

Rainer Stegmann, Dr.-Ing., Professor, Arbeitsbereich Umweltschutztechnik, Universität Hamburg-Harburg

Joan S. Davis, Dr., Dozentin, Eidgenössische Anstalt für Wasserversorgung, Abwasserreinigung und Gewässerschutz, Zürich

Viktor Frhr. von Malchus, Dr., Dipl.-Vw., Direktor des Institut für Landes- und Stadtentwicklungsforschung des Landes Nordrhein-Westfalen, Ordentliches Mitglied der Akademie für Raumforschung und Landesplanung, Dortmund

Gottfried Schmitz, Dr., Dipl.-Vw., Verbandsdirektor des Raumordnungsverbandes Rhein-Neckar, Ordentliches Mitglied der Akademie für Raumforschung und Landesplanung, Mannheim

INHALTSVERZEICHNIS

Eröffnung und Begrüssung

von
Rainer Thoss, Münster

Meine Damen und Herren,

ich begrüße Sie zur 25. Wissenschaftlichen Plenarsitzung der Akademie für Raumforschung und Landesplanung sehr herzlich. Ich freue mich, daß das Thema Technikentwicklung und Raumstruktur ein solches Interesse bei Ihnen gefunden hat. Mein besonderer Gruß gilt den vier Referenten des heutigen Vormittags. Herr Bundesminister Dr. Schneider ist leider verhindert, weil heute die zweite und dritte Lesung des Bundesbaugesetzes im Bundestag stattfindet. Und wir haben natürlich Verständnis, daß dieser wichtige Vorgang die Anwesenheit des zuständigen Ministers erfordert. Ich darf seinen Vertreter, Herrn Staatssekretär von Loewenich, bitten, dem Minister die besten Glückwünsche zum Gelingen dieses Werkes zu übermitteln.

Herr Staatssekretär von Loewenich hat es übernommen, den Minister hier zu vertreten. Ich danke dafür, und ich möchte gleich hinzufügen, daß wir selbstverständlich auch Verständnis haben, daß Sie aus dem gleichen Grunde nicht lange bei uns bleiben können. Wir sind besonders dankbar dafür, daß Sie die Zeit gefunden haben. Ich hatte weiterhin die Absicht, Herrn Senator Walter Braun, den Präsidenten der Industrie- und Handelskammer jetzt schon zu begrüssen. Er ist allerdings z.Z. noch verhindert und wird etwas später kommen. Aber Herr Professor Warnecke ist hier, der Direktor des Instituts für Industrielle Fertigung und Fabrikbetrieb der Universität Stuttgart. Seien Sie uns herzlich willkommen! Wir danken Ihnen, daß Sie zu uns sprechen werden. Last not least möchte ich unser Mitglied Herrn Professor Treuner grüßen, den Direktor des Instituts für Raumordnung und Entwicklungsplanung, ebenfalls von der Universität Stuttgart.

Ich habe weiterhin die Freude, heute zwei ausländische Kollegen hier zu begrüßen, nämlich Herrn Palotás aus Budapest und Herrn Pietrucha aus Kattowitz. Wir freuen uns über Ihre Anwesenheit, meine Herren, insbesondere weil wir auf diese Weise doch über das Maß der fachlichen Verbindung hinaus auch einen Beitrag zur internationalen Verständigung leisten können. Besonders dankbar bin ich weiterhin den Vertretern der Stadt Nürnberg und der Industrie- und Handelskammer Nürnberg dafür, daß Sie uns bei der Vorbereitung und der Durchführung dieser Tagung sehr geholfen haben. Ohne Ihre tätige Mithilfe würden wir uns hier zweifellos nicht so wohl fühlen, wie es mit Ihrer Hilfe möglich ist.

Meine Damen und Herren, das Tagungsprogramm der heutigen Sitzung liegt Ihnen vor. Für heute Vormittag sind einführende Referate in die generelle Themenstellung vorgesehen und für den Nachmittag Diskussionen in Arbeitskreisen zu drei ausgewählten Bereichen. Am morgigen Tag finden Exkursionen statt, bei denen die theoretische Erkenntnis von heute durch die praktische Anschauung ergänzt werden soll. Ich möchte alle Teilnehmer unserer Plenarsitzung noch einmal sehr herzlich zur Teilnahme auch an diesen Exkursionen einladen, denn wir haben festgestellt, daß die Exkursionen bisher nicht auf das Interesse gestoßen sind, das wir uns versprochen hatten. Bei dieser Gelegenheit danke ich auch den Damen und Herren, die diese Exkursionen vorbereitet haben.

Die Vorbereitung der Arbeitsgruppen hat viel Mühe gemacht, und ich möchte allen an diesen Vorarbeiten Beteiligten, insbesondere den Verfassern der drei Diskussionspapiere, an dieser Stelle sehr herzlichen Dank sagen. Ich glaube, daß diese Arbeitspapiere eine sehr gute Grundlage bilden werden für die Diskussionen am heutigen Nachmittag, und ich glaube, daß durch diese schriftliche Fixierung Wesentliches zur Verständigung in den Arbeitskreisen beigetragen werden konnte.

Meine Damen und Herren, gestatten Sie mir nun noch einige Worte zu dem Gesamtthema der heutigen Tagung. Mit dem Stichwort Technikentwicklung greift die Akademie eines der zentralen Themen auf, das nicht nur in der aktuellen politischen und gesellschaftlichen Diskussion eine dominierende Rolle spielt, sondern das vor allem auch eine der entscheidenden Ursachen jeglicher Veränderungen der Raumstruktur umschreibt. Denn wenn man einmal von den Unterschieden in der natürlichen Bevölkerungsbewegung und den Verschiebungen der natürlichen Produktionsbedingungen absieht, dann sind es Angebot und Nachfrage von Gütern und Dienstleistungen, die über den Aufstieg und das Zurückbleiben eines jeden einzelnen Teilgebiets einer Volkswirtschaft entscheiden. Die Entwicklung der Produktionstechnik spielt dabei sowohl auf der Angebotsseite wie auch auf der Nachfrageseite eine bedeutsame - um nicht zu sagen: die entscheidende - Rolle. Wanderungsbewegungen, Veränderungen der Beschäftigungs- und der Einkommenssituation, Umweltprobleme, Probleme der Industriegebiete, Probleme der ländlichen Regionen, also alle die Teilaspekte, die wir auf anderen Sitzungen und in anderen Gremien immer wieder diskutieren, sind letztlich Konsequenzen der technischen Entwicklung in den verschiedenen Branchen und Regionen. Aber sie wirken natürlich auch wiederum auf die Entwicklung der Technik zurück.

Der Gesamteffekt dieser komplizierten Wechselbeziehungen schlägt sich dann in der Veränderung der Raumstruktur nieder. Ich will nun bei der Einführung in das Tagungsthema nicht etwa schon versuchen, das Problem von Ei und Henne zu lösen und fragen: was ist denn nun der Anfang der Kausalkette, die Veränderung der Technik oder die Veränderung der Raumstruktur? Ich möchte nur auf den zentralen Stellenwert der Technik hinweisen, den der technische Fortschritt aus der Natur der Sache heraus seit eh und je für die Veränderung der Raumstruktur hat. Und ich möchte zweitens verdeutlichen, daß Aussagen über die Richtung der Entwicklung der einzelnen Regionen, für ihren Abstieg und ihr Aufsteigen in der Hierarchie, in der Rangordnung der Regionen nur dann zu machen sind und daß diese Entwicklung nur dann zu verstehen ist, wenn man auch die Absatzmöglichkeiten für die durch die Technik ermöglichte Mehrproduktion in die Betrachtung einbezieht.

Meine Damen und Herren, die Hersteller der für die neue Technik jeweils benötigten Investitionsgüter und Zwischenprodukte haben im allgemeinen keine Schwierigkeiten, denn sie verkaufen ihre neuen Produkte an die Anwender des technischen Fortschritts. Sie können deshalb ihr Produktionspotential besser auslasten, vielleicht sogar erweitern. Die Regionen, in denen sie ihren Standort haben, steigen ceteris paribus in der Rangordnung der Regionen nach oben, d.h., sie erhalten eine bessere Rolle in der Raumstruktur.

Aber für die Regionen, in denen sich hauptsächlich Anwender der neuen Verfahren konzentrieren, ist die Situation nicht so eindeutig; denn der technische Fortschritt hat die Eigenschaft, daß er die produzierten Mengen je Kopf oder je Maschine oder je Hektar steigert. In vielen Fällen kann man sicherlich davon ausgehen, daß diese Mehrproduktion, die durch die technische Entwicklung geschaffen wird, durch entsprechende Nachfragesteigerungen aufgefangen werden kann. Aber in vielen anderen Situationen und anderen Regionen wird es notgedrungen ohne entsprechende Ausweitung des Absatzes zu einer Entwertung von Kapital, zu einer Freisetzung von Arbeit und zu einer Freisetzung von Boden kommen und damit tendenziell zu einem Abstieg in der Hierarchie der Regionen, weil zumindest kurzfristig keine Möglichkeiten zur Steigerung der Absatzchancen zu erkennen sind. Ich darf Sie nur einmal an die Regionen erinnern, in denen sich der Sektor Landwirtschaft mit seinem immensen technischen Fortschritt konzentriert. Dieser Sektor ist im übrigen ein Musterbeispiel dafür, wie man durch gezielte Technologieberatung oder Innovationsberatung oder Wissenschaftstransfer - oder wie immer man das nennen mag - den technischen Fortschritt gezielt gesteigert hat, lange bevor das Wort "Technologieberatungsstelle" erfunden wurde.

Die Aufgabe von Raumordnung und Landesplanung ist es, diesen ständigen Prozeß des Aufsteigens und des Absteigens von Regionen, also die Veränderungen der Raumstruktur, zu kanalisieren und diesen Prozeß in zielkonforme Bahnen zu lenken. Und dies um so mehr, je stärker die Erfüllung der Ziele in der absehbaren Zukunft bedroht ist. Das Präsidium und der Wissenschaftliche Rat der Akademie haben deshalb kürzlich eine Stellungnahme zu den Anforderungen an die Raumordnungspolitik in der Bundesrepublik Deutschland veröffentlicht. Sie liegt im Vorraum aus. Ich möchte besonders darauf hinweisen. In dieser Stellungnahme haben wir an alle politischen Entscheidungsträger appelliert, sich

3

für eine Stärkung der Raumordnungsinstanzen aller Ebenen einzusetzen, weil wir die Entwicklung der räumlichen Struktur für besonders gefährdet halten. Ich möchte diesen Appell zu einer Stärkung der Raumordnungsinstanzen aller Ebenen heute noch einmal hier mit allem Nachdruck wiederholen.

GRUSSWORT UND BEMERKUNGEN ZUM TAGUNGSTHEMA

von
Gerhard von Loewenich, Bonn

Die Akademie für Raumforschung und Landesplanung hält heute hier in Nürnberg ihre 25. Wissenschaftliche Plenarsitzung ab. Dazu überbringe ich Ihnen die Grüße der Bundesregierung.

Ich überbringe Ihnen besonders die Grüße und guten Wünsche des Bundesraumordnungsministers Dr. Oscar Schneider. Er wollte selbst heute zu Ihnen kommen; wichtige Gründe, die Sie sicher verstehen werden, machen das leider unmöglich. Der Deutsche Bundestag berät heute in zweiter und dritter Lesung den Entwurf des Baugesetzbuchs. Es ist selbstverständlich, daß der für diesen wichtigen Entwurf zuständige Bundesminister an dieser parlamentarischen Debatte teilnehmen muß.

I. Die Akademie für Raumforschung und Landesplanung ist eine wissenschaftliche Einrichtung von überregionaler Bedeutung. Sie ist darüber hinaus seit langem ein anerkanntes Forum für die fachliche und politische Diskussion grundsätzlicher Fragen regionaler Planungen. Ihre nun schon traditionellen wissenschaftlichen Plenartagungen finden bundesweit Anerkennung und Beachtung. Sie greifen immer wieder - auch heute - wichtige Themen auf und orientieren sich dabei auch am Erkenntnisbedarf der politischen Praxis. Die Bundesregierung dankt Ihnen für diese Ihre Arbeit. Sie hält sie für wichtig und unverzichtbar, und sie wird sie auch weiter fördern. Ich bin sicher, daß die Länder in diesem Punkt genauso denken wie die Bundesregierung.

II. Sie befassen sich heute mit dem Thema "Technikentwicklung und Raumstruktur". Technikentwicklung ist ein Schlüsselbegriff, mit dem sich zentrale Fragen nicht nur im ökonomischen, sondern auch im gesellschaftlichen und staatlichen Bereich verknüpfen.

1. Es besteht kein Zweifel: Die wirtschaftliche Zukunft der Bundesrepublik Deutschland hängt entscheidend auch davon ab, inwieweit es uns gelingt, das bestehende technologische Niveau nicht nur zu halten, sondern weiter zu entwickeln, neue Innovationspotentiale zu erschließen. Erfolg werden wir dabei nur haben, wenn wir eine Reihe von Faktoren in positiver Weise zusammenbringen können. Besonders wichtig sind

- günstige wirtschaftliche Rahmenbedingungen,
- hohe Investitionsbereitschaft,

5

- dynamischer Wettbewerb,
- intensive Forschung und Entwicklung, und zwar sowohl in den Bereichen der Wissenschaft wie in dem der Wirtschaft und
- hohe Qualifikation der Erwerbstätigen.

2. Lassen Sie mich zu einigen dieser Faktoren ein paar kurze Bemerkungen machen:

2.1 Die wirtschaftlichen Rahmenbedingungen sind zur Zeit günstig. Die Wirtschaft der Bundesrepublik Deutschland befindet sich heute bereits im vierten Jahr eines Aufschwungs. Für 1986 erwarten wir ein reales Wachstum von 3 %. Die Inflationsrate tendiert gegen Null. Der Anstieg der Realeinkommen wird etwa 5 % betragen. Am Jahresende wird die Zahl der Erwerbstätigen um etwa 600 000 über dem Tiefpunkt von 1983 liegen. Alles spricht dafür, daß wir auch im Jahre 1987 auf Wachstumskurs bleiben. Ein solcher solider Wachstumskurs, eine berechenbare staatliche Finanzpolitik, Preisstabilität, Beschäftigungszunahme und niedrige Zinsen - all das sind günstige wirtschaftliche Rahmenbedingungen.

2.2 Forschung und Entwicklung als Voraussetzung für Innovationen in der Wirtschaft sind in einer marktwirtschaftlichen Ordnung wie der unseren originäre Aufgaben der Unternehmen. Staatliche Aufgabe ist es zunächst und zuförderst, ein günstiges Forschungsklima zu schaffen. Staatliche Forschungsförderung für die Wirtschaft kann nur nach dem Grundsatz der Subsidiarität in Betracht kommen, nämlich dort, wo aus übergeordneten gesellschaftlichen oder gesamtwirtschaftlichen Gründen Forschung und Entwicklung der Unternehmen einer Unterstützung durch die Allgemeinheit bedürfen.

2.3 In der Bundesrepublik Deutschland entfallen über 2,5 % des Bruttosozialprodukts auf Forschungs- und Entwicklungsausgaben. Damit liegen wir, jedenfalls was die Quantität anlangt, knapp hinter den USA an der Spitze der westlichen Welt; ob auch in der Effektivität, das lasse ich einmal dahingestellt. Jedenfalls sind weitere Anstrengungen notwendig, wenn wir die Zukunft unseres Landes sichern wollen. Ich nenne nur beispielhaft die großen Aufgaben, die für Forschung und Technologie im Bereich von umweltschonenden Produkten und Verfahren sowie bei der Ressourcensicherung vor uns liegen.

2.4 Wir können freilich die Diskussion über Technikentwicklung und ihre Folgen nicht nur auf die wirtschaftliche Wettbewerbsfähigkeit unseres Landes verengen. Es geht auch darum, die Folgen des immer schnelleren technologischen Wandels für die Raum- und Siedlungsstruktur unseres Landes zu erkennen und zu beurteilen. Themen dieser Art werden, so denke ich, im Mittelpunkt dieser Tagung stehen und vielleicht zu kontroversen Diskussionen führen. Ich brauche nur - beispielhaft - den Begriff Telekommunikation zu nennen. An ihm wird für die Fachleute, die hier versammelt sind, sofort deutlich, wie komplex die

Auswirkungen neuer Technologien auf die Raumstruktur sein können und wie schwierig eine Abschätzung ihrer direkten und indirekten Folgen ist.

3. Meine Damen und Herren, gestatten Sie mir nun ein paar Bemerkungen zur Raumordnungspolitik der Bundesregierung in der nun zu Ende gehenden Legislaturperiode.

Das Bundeskabinett hat am 17. September dieses Jahres den vom Bundesminister für Raumordnung, Bauwesen und Städtebau vorgelegten Raumordnungsbericht 1986 beraten und beschlossen. Einige zentrale Aussagen des Berichts sind auch für Ihr heutiges Tagesthema von Relevanz:

3.1 Die Bevölkerung in unserem Lande nimmt ab. Das ist allgemein bekannt. Bis zum Jahre 2000 etwa wird diese Abnahme noch relativ geringfügig sein, danach allerdings drastisch. Drastisch und für Staat und Gesellschaft außerordentlich relevant wird allerdings auch schon in den nächsten 15 Jahren die Verschiebung der Altersstruktur sein. Beachtlich sind auch die räumlichen Verschiebungen in der Bevölkerung. Bevölkerungsgewinne hatten - so stellt der Bericht fest - vor allem eine Reihe von süddeutschen Regionen sowie Regionen in Nordwestdeutschland. Kleinräumig betrachtet, waren es vor allem die hochverdichteten Regionen, die Bevölkerungsverluste hinnehmen mußten. Das ländliche Umland konnte noch leichte Gewinne verzeichnen. Dem Rückgang der Bevölkerung entsprach nicht eine Abnahme der privaten Haushalte. Die Zahl der Haushalte hat sich vielmehr gegenläufig zur Bevölkerung entwickelt, ist gestiegen.

3.2 In der Siedlungsentwicklung war am bemerkenswertesten der weiter ablaufende Prozeß der Suburbanisierung. Zwar hat sich sein Tempo gegenüber den 70er Jahren abgeflacht, andererseits hat er jedoch mittlerweile auch rein ländliche Regionen erfaßt. Die Suburbanisierung von Bevölkerung und Betrieben wirkt sich sowohl absolut wie auch prozentual in den Kernstädten der Verdichtungsräume am stärksten aus. Dort sind die größten Verluste zu verzeichnen.

3.3 Trotz abnehmender oder stagnierender Bevölkerungs- und Beschäftigungszahlen nahm die Siedlungsfläche im Berichtszeitraum, in den letzten vier Jahren also, deutlich zu, am stärksten in den Regionen mit Verdichtungsansätzen. Wir erwarten jedoch, daß die Zuwachsrate der Siedlungsfläche künftig allmählich abflacht. Dieser relative Rückgang bei der Inanspruchnahme von Flächen für Siedlungszwecke bedeutet freilich nicht, daß die mit dieser Expansion verbundenen Probleme sich von selbst lösen. Gerade in den hochverdichteten Regionen werden weiterhin erhebliche Konflikte zwischen konkurrierenden Flächenansprüchen auftreten. Es wird daher auch weiter eine wichtige Aufgabe der räumlichen Planung sein, öffentliche und private Nutzungsansprüche an den Boden zu koordinieren. Das Baugesetzbuch stellt dafür, so hoffen wir, noch besser geeignete Instrumente als bisher zur Verfügung, Instrumente, mit denen unter anderem auch eine stärkere Innenentwicklung der Gemeinden erreicht werden soll.

3.4 Noch ein anderes wichtiges Faktum: Der wirtschaftliche Aufschwung, der seit 1985 eingesetzt hat, verläuft nicht überall gleichmäßig, sondern regional unterschiedlich. In traditionell strukturschwachen Regionen haben sich die Arbeitsmarktungleichgewichte sogar verfestigt. Allerdings ist das in ländlichen Regionen oftmals Folge geburtenstarker Jahrgänge, die dort zu einem Arbeitskräfteüberhang geführt haben. Am stärksten ging die Beschäftigung allerdings in den altindustrialisierten Regionen zurück, an der Ruhr und an der Saar sowie in den Werftstandorten an der Küste.

4. Soviel zur Situation. Nun ein paar Worte zur Politik, die auf diese Situation Einfluß zu nehmen sucht. Am wichtigsten sind natürlich die wieder gesicherten wirtschaftlichen Rahmenbedingungen, die die Bundesregierung in den letzten vier Jahren geschaffen hat. Auf diesem Fundament aufbauend, sieht die Bundesregierung auch weiterhin in einer innovationsorientierten Regionalpolitik einen entscheidenden Ansatzpunkt für die Verbesserung der Situation auch in den strukturschwachen Regionen. Der Innovationsprozeß, das ist unsere Auffassung, darf sich nicht nur auf einige wenige technologische Spitzenregionen konzentrieren, auch nicht auf relativ wenige Großunternehmen. Die neuen Technologien, so meinen wir, lassen sich auch in einer dezentralen Raumstruktur verwirklichen. Gerade sie geben uns also in der Regionalpolitik eine Chance. Dabei sind die rein technischen Möglichkeiten nur die eine Seite der Medaille; es kommt darauf an, sie auch wirtschaftlich auszunutzen.

4.1 Kleinere und mittlere Unternehmen sind in den strukturschwachen ländlichen Regionen überproportional vertreten. Die Bundesregierung mißt diesen Unternehmen daher im Zusammenhang mit ihrer auf eine ausgeglichene dezentrale Raumstruktur gerichteten Politik eine besondere Bedeutung zu. Und in aller Bescheidenheit füge ich hier an: Der Bundesraumordnungsminister hat diese Sicht der Dinge schon zu einem Zeitpunkt in die öffentliche Diskussion gebracht, als das noch nicht so selbstverständlich war.

Die Ansiedelung oder Verlagerung regionsfremder Unternehmen war früher das wichtigste Instrument, um strukturschwache Räume zu stärken. Heute sind die bestehenden Betriebe und Arbeitsplätze der entscheidende Ansatzpunkt. Es geht vor allem darum, die eigenständigen Kräfte der Regionen zu stärken.

Ich möchte freilich nicht mißverstanden werden. Diese Strategie des Stärkens der eigenständigen Kräfte einer Region sehen wir nicht als Ersatz der bisherigen Förderungsmaßnahmen an. Sie muß vielmehr flankierend dazu entwickelt und eingesetzt werden.

4.2 Die Bundesregierung hat verschiedene Schritte eingeleitet, um eine innovationsorientierte Regionalpolitik zu verwirklichen. Ich nenne hier nur die wichtigsten:

Wir haben das klassische Förderinstrument der Regionalentwicklung, die Gemeinschaftsaufgabe "Verbesserung der regionalen Wirtschaftsstruktur", um einige technologierelevante Komponenten weiterentwickelt. Mit Beginn des 14. Rahmenplans haben wir die bestehende Förderung vereinfacht und wirksamer ausgestaltet. Nicht nur materielle Investitionsgüter, sondern auch immaterielle Wirtschaftsgüter können künftig mit einem Zuschuß gefördert werden. Auf diese Weise wollen wir die Realisierung von besonders innovativen Investitionen erleichtern. Das bisher im Investitionszulagengesetz verankerte Verbot der Kumulation von Regionalzulage und Forschungs- und Entwicklungszulage haben wir aufgehoben. Auch technologische Einrichtungen können künftig in die Infrastrukturförderung einbezogen werden. So können künftig die Errichtung oder der Ausbau von Gründer- und Innovationszentren als kommunale Infrastrukturvorhaben gefördert werden, ebenso - probeweise - kommunale Einrichtungen zur Nutzung der neuen Techniken zur Individualkommunikation.

5. Meine Damen und Herren, die Analysen des Raumordnungsberichtes machen deutlich, daß das herkömmliche Begriffspaar Verdichtungsräume einerseits, ländliche Räume andererseits oft nicht mehr ausreicht, den sehr unterschiedlichen räumlichen Prozessen oft nicht mehr gerecht wird. Eine zunehmende regionale Differenzierung von Analysen wie von Maßnahmen erscheint uns notwendig; regionale Besonderheiten müssen wir künftig stärker berücksichtigen.

Unabhängig von aller regionaler Differenzierung schält sich freilich - zumindest im ökonomischen Bereich - ein durchgängiges Muster heraus, das das zentrale Postulat der Raumordnungspolitik, nämlich die Einheitlichkeit der Lebensverhältnisse im Bundesgebiet, zu tangieren scheint. Ich meine das auffallende Gefälle der Arbeitslosigkeit zwischen dem Süden einerseits, Norden und Westen des Bundesgebietes andererseits.

Es ist sicher kein Zufall, daß sich in letzter Zeit verstärkt die Wissenschaft dieses Themas annimmt. Läßt sich - so möchte ich jedoch kritisch fragen - aus der unbestreitbaren Tatsache des sehr hohen Gefälles der regionalen Arbeitslosenquote und in der Beschäftigtenentwicklung die auch in der Öffentlichkeit diskutierte These eines durchgängigen Süd-Nord-Gefälles ableiten?

Ich denke, gerade weil die These so populär ist, ist Vorsicht angebracht. Erlauben Sie mir deshalb einige Anmerkungen und Fragen in diesem Zusammenhang: Auffallend ist, daß im Zusammenhang mit der These eines großräumigen Süd-Nord-Gefälles oftmals nicht zwischen Entwicklungs- und Niveauunterschieden differenziert wird. So verzeichnet beispielsweise Bayern, das im Vergleich zu den

anderen Bundesländern noch in den 50er Jahren ein relativ niedriges wirt-
schaftliches Niveau aufwies, die dynamischste Entwicklung von allen Ländern
überhaupt.

Umgekehrt ist teilweise die Entwicklung in den Ländern außerhalb des süddeutschen Raumes verlaufen. So hatte Nordrhein-Westfalen ein ausgesprochen
günstiges Ausgangsniveau - aber seit Mitte der 60er Jahre nahmen dort die
wirtschaftlichen Entwicklungskräfte deutlich ab.

Ich mache auf diese unterschiedlichen wirtschaftlichen Verläufe nur aufmerksam. Der Klärung der Ursachen hierfür will ich nicht vorgreifen.

Bedeutsam erscheint mir auch die Tatsache, daß nicht nur zwischen den Bundesländern, sondern auch innerhalb der Länder selbst ausgeprägte Niveau- und
Entwicklungsunterschiede bestehen. Dies gilt, was oftmals übersehen wird, auch
für die süddeutschen Länder. Trotz der sehr positiven wirtschaftlichen Entwicklung und einer aktiven Struktur- und Landesplanungspolitik bleiben die
Unterschiede zwischen den strukturschwachen und den strukturstarken Regionen
weiterhin ausgeprägt. In Bayern ist dies sicher nicht zuletzt Folge des hohen
Anteils am Zonenrandgebiet mit all seinen negativen Effekten. Aber auch in
Baden-Württemberg mit einer vergleichsweise wesentlich günstigeren Ausgangspo-
sition sind die Unterschiede zwischen den einzelnen Regionen der gleichen
Raumkategorien doch ausgeprägter, als die Zahlen für den Landesdurchschnitt
auf den ersten Blick vermuten lassen.

Im Raumordnungsbericht 1986 haben wir auf diese Zusammenhänge ausdrücklich
aufmerksam gemacht. Die häufig vertretene Auffassung, es gebe einen unmittelbaren Zusammenhang zwischen regionalen Entwicklungsunterschieden und der regionalen Wirtschaftsstruktur, die oftmals zur Erklärung mangelnder Innovationskraft herangezogen wird, läßt sich in dieser eindeutigen Form nicht
belegen. Die wirtschaftlichen Abläufe sind komplex. Eine Analyse der Wirtschaftskraft der einzelnen Länder - aber auch der Regionstypen - zeigt, daß
von einer durchweg "schlechten" Entwicklung in den Nord- und einer durchweg
"guten" Entwicklung der Südregionen so nicht gesprochen werden kann.

Ist also schon die Aussage über ein Süd-Nord-Gefälle je nach Blickrichtung
deutlich zu differenzieren, so können monokausale Erklärungen als Ursachen für
dieses Gefälle erst recht nicht überzeugen. Es gibt unterschiedliche ökonomische Erklärungsversuche; aber es ist sicher erlaubt, auch danach zu fragen,
welches Gewicht den, ich nenne es einmal so, "politischen Variablen" - sprich
also der Konzeption und der Praxis in Politik und Verwaltung - in den einzelnen Ländern zukommt.

6. Meine Damen und Herren, sicher teilen Sie meine Auffassung, daß hier noch erhebliche Informationsdefizite bestehen und daß wir die Forschung hier weiter vorantreiben müssen. Mein Ministerium wird sich mit einigen Forschungsprojekten daran beteiligen. Dabei denken wir daran, neben rein ökonomischen Meßgrössen auch andere Kriterien in die Analyse aufzunehmen. Wir denken dabei etwa an die Wanderungsströme der Bevölkerung, die regionale Dynamik des Flächenverbrauches und verschiedenes andere.

6.1 Neben dem Raumordnungsbericht, den wir in diesem Jahr vorgelegt haben, waren die "Programmatischen Schwerpunkte der Raumordnung", die die Bundesregierung im Januar 1985 verabschiedet hat, in dieser Legislaturperiode von besonderer Bedeutung für die Raumordnungspolitik. Dabei haben wir uns von dem Grundsatz der "Koordination durch Information" leiten lassen. Die Programmatischen Schwerpunkte berücksichtigen von vornherein, anders vielleicht als frühere Ansätze der Raumordnungspolitik des Bundes, die engbegrenzte Kompetenz des Bundes in diesem Politikbereich. Das Grundgesetz hat ihm dafür nur eine Rahmengesetzgebungskompetenz eingeräumt. Natürlich handelt der Bund auch ausserhalb der Gesetzgebung in vieler Hinsicht raumordnungsrelevant, z.B. im Rahmen der bundeseigenen Verwaltung, aber auch und besonders bei Finanzhilfen und Zuwendungen. Nicht unbedeutend ist auch die koordinierende und informierende Funktion der Bundesregierung in Politikbereichen, die die Länder nach unserem Grundgesetz in eigener Zuständigkeit verwalten. Vorstellungen freilich von einer horizontal wie auch vertikal umfassenden gesamträumlichen Planung aus einem Guß wären überzogen. Sie stimmten weder mit der Verfassung noch mit der Verfassungswirklichkeit überein. Ich spreche das hier so deutlich an, weil die Erwartungen, die gelegentlich an die Raumordnungspolitik des Bundes geknüpft werden, und auch die Kritik an uns diese Realitäten oft nicht ausreichend berücksichtigen.

6.2 Wichtigstes Anliegen der programmatischen Schwerpunkte ist es, die Raumordnungspolitik des Bundes besser mit der Struktur- und Umweltpolitik zu koordinieren. Diese Koordinierungsaufgabe ist, darauf legen die Schwerpunkte ausdrücklich wert, nicht die Aufgabe allein eines Bundesressorts. Der Auftrag der Raumordnung, so stellt die Bundesregierung fest, richtet sich an alle Fachpolitiken und an alle politischen Ebenen. Denken Sie z.B. an die Bodenschutzkonzeption der Bundesregierung, die in der letzten Zeit für die Raumordnungspolitik des Bundes besonders bedeutsam war. Die Federführung für diese Bodenschutzkonzeption lag beim Bundesminister des Innern. Doch der Bundesraumordnungsminister hat dazu weit über die übliche Beteiligung anderer Ressorts hinaus ganz wichtige Beiträge geleistet. In der Öffentlichkeit ist das so gut wie nicht bekannt. Aber das ist nicht entscheidend. Die Raumordnungspolitik mit ihrer Ressort- und Politikbereiche übergreifenden Aufgabe ist zu wichtig, als daß sie allein unter Ressortgesichtspunkten betrachtet werden könnte.

7. Lassen Sie mich noch ein Wort zum Baugesetzbuch sagen, das der Bundestag heute verabschiedet. Für die Raumordnungspolitik sind daran folgende Punkte von besonderem Interesse, die ich hier freilich nur skizzenhaft zeichnen kann.

Das Baugesetzbuch formuliert den Schutz des Bodens und den sparsamen Umgang mit Grund und Boden als neuen Grundsatz, der bei der Bauleitplanung zu berücksichtigen ist. Außerdem sieht es vor, daß raumbedeutsame Vorhaben, die den in Raumordnungsplänen festgelegten Zielen der Raumordnung und Landesplanung widersprechen, unzulässig sind.

Sind umgekehrt raumbedeutsame und nach § 35 Abs. 1 privilegierte Vorhaben in Raumordnungsplänen dargestellt, so geht von diesen Darstellungen zugunsten der Vorhaben eine positive Wirkung aus: Soweit die Standortfragen bereits in den Raumordnungsplänen geprüft und abgewogen sind, können entsprechende Einwände den privilegierten Vorhaben nicht mehr entgegengehalten werden. Ist z.B. in einem Regionalplan ein Gebiet für die Naherholung vorgesehen, so können in diesem Gebiet Vorhaben zum Abbau oberflächennaher Rohstoffe nicht verwirklicht werden. Andererseits können einem solchen Abbauvorhaben überörtliche Gesichtspunkte des Umweltschutzes und des Naturschutzes dann nicht mehr entgegengehalten werden, wenn diese bereits bei der Ausweisung der Abbaufläche im Regionalplan berücksichtigt worden sind.

III. Noch ein kurzer Blick auf die vor uns liegende neue Legislaturperiode: Ein Regierungsprogramm liegt selbstverständlich noch nicht vor, doch für die Raumordnungspolitik des Bundes sehe ich in folgenden Bereichen die Notwendigkeit, aktiv zu werden:

Einmal: Wir müssen die programmatischen Schwerpunkte konkretisieren. Das sollte, so denken wir, in Form von Empfehlungen der Ministerkonferenz für Raumordnung geschehen. Die Vorarbeiten dazu haben in den Arbeitsgremien dieser Ministerkonferenz begonnen.

Zum anderen: Noch wichtiger ist das uns von verschiedener Seite nahegelegte Vorhaben einer Novellierung des Bundesraumordnungsgesetzes. Wir denken an eine für alle Länder verbindliche Aufnahme des Raumordnungsverfahrens in das Gesetz, jedenfalls in den Grundzügen. In dieses Verfahren wäre auch eine Umweltverträglichkeitsprüfung unter überörtlichen Gesichtspunkten einzubeziehen. Und wir denken auch daran, die Aussagen des Gesetzes über Ziele und Grundsätze der Raumordnung inhaltlich zu überprüfen, weil das vor 20 Jahren in Kraft getretene Raumordnungsgesetz selbstverständlich die damalige räumliche Situation und die damaligen Vorstellungen und Wertmaßstäbe widerspiegelt. Wir denken, es sei deshalb an der Zeit, zu fragen, ob die Vorschriften dieses Gesetzes den doch ganz erheblichen Änderungen in der Raumstruktur, aber auch in den wahrgenommenen Problemen noch voll entsprechen. Daß das eine Aufgabe ist, bei deren

Erfüllung wir auch auf Ihre Hilfe, Ihren Rat angewiesen sind, ist uns bewußt. Ich bitte Sie darum, und ich danke Ihnen schon jetzt dafür.

Ihrer Tagung wünsche ich nun einen guten Verlauf. Wissenschaftliche Erörterung und wissenschaftliche Erkenntnis eilen ja der Politik oft voraus. Das ist ihr gutes Recht, das ist ihre sinnvolle Funktion. Ich bin überzeugt, daß auch Ihre diesjährige Tagung neben kritischer Reflexion auch weiterführende Ansätze für eine praxis- und zukunftsorientierte Raumordnungspolitik aufzeigen wird.

Ich wünsche Ihnen dazu alles Gute.

Neueste Entwicklungen in der Produktionstechnik

von

Hans-Jürgen Warnecke, Stuttgart

Herr Präsident, meine Damen und Herren,

ich möchte Ihnen ein paar Erkenntnisse und Gedanken zur Entwicklung der Produktionstechnik vermitteln, wobei ich den schwierigeren Teil, nämlich die Schlußfolgerungen hinsichtlich der Raumstruktur, die sich daraus ergeben werden, dem heutigen Nachmittag bzw. Ihnen überlasse, weil Sie da weit mehr von verstehen als ich.

Sie wissen alle, wir befinden uns in der dritten industriellen Revolution. Sie wissen auch, daß das Wort Revolution falsch dafür ist, denn normalerweise in einer Revolution wissen sie nicht, was oben und unten ist und wie es weitergeht. Wir wissen in etwa, wo es lang geht. Trotzdem sind die Schlußfolgerungen natürlich außerordentlich schwierig, die wir ziehen. Aber wir können vielleicht zunächst mal einige Parallelen zu den vorangegangenen industriellen Revolutionen ziehen, die alle sich etwa über zwanzig bis dreißig Jahre erstreckten, ehe wieder ein einigermaßen stabilerer Zustand in der Wirtschaft und technischen Entwicklung erreicht war. Auch wir gehen davon aus, daß jetzt es wieder noch zwanzig Jahre etwa dauern wird, bis wieder ein etwas stabilerer Zustand nach dieser technischen Innovation sich einstellen wird.

In der ersten industriellen Revolution Ende des 18. Jahrhunderts mit der Entwicklung der Dampfmaschine war es möglich, Kraft und Energie etwas zu dezentralisieren, die vorher praktisch nur an Wasserkraft gebunden war, wenn wir mal von tierischer Energie absehen. In der zweiten industriellen Revolution, die weit tiefgreifender war und Ende des vergangenen Jahrhunderts stattgefunden hat mit der Entwicklung des Elektromotors und der Brennkraftmaschine, des Otto- und Dieselmotors, war es möglich, Kraft und Energie an jedem beliebigen Ort in beliebiger Menge zur Verfügung zu stellen, und ermöglichte damit eine enorme Dezentralisierung. In der heutigen dritten industriellen Revolution haben wir wieder eine enorme Entwicklung von Möglichkeiten zur Dezentralisierung. Nämlich es ist uns möglich, in zunehmendem Maße an jedem beliebigen Ort, an jedem Arbeitsplatz, an jeder Maschine Informationen schnell, aktuell und billig zur Verfügung zu stellen und auch entsprechend zu verarbeiten, um damit zu automatisieren bzw. Grundlagen für Entscheidungen zu liefern, d.h., es besteht die Tendenz und die Möglichkeit, auch in einem Produktionsbetrieb viele kleine, schnelle eigenständige Regelkreise aufzubauen. Weil sie Informa-

tionen vor Ort bringen können, können sie auch vor Ort, wo ein Problem auf-
tritt, entscheiden und entsprechend handeln und ausführen, d.h., die Trennung
zwischen Ausführen einerseits und Planen, Entscheiden andererseits, die vor
allen Dingen durch Taylor vor hundert Jahren betriebswissenschaftlich unter-
mauert, eingeführt wurde, wird heute sehr intensiv überdacht. Wir versuchen,
dieses wieder zu integrieren in kleinen Gruppen, in kleinen dezentralen Regelkreisen, Produktionsaufgaben zu erfüllen, weil sich herausgestellt hat, daß
wir damit sehr viel schneller reagieren können und sehr viel wirtschaftlicher
arbeiten können, d.h., es findet in der Produktionstechnik ein strategisches
Umdenken statt. Ich möchte dazu ein paar Thesen und Beispiele geben.

Zunächst sei dargestellt die Ursache oder der Schlüssel für die heutige Entwicklung: Der Mikroprozessor. Bild 1 soll Ihnen zeigen, daß die Entwicklung
noch lange nicht abgeschlossen ist, nämlich daß die Speicherfähigkeit der ICs,
d.h. also der integrierten Schaltkreise, noch ständig weiter steigen wird. Im
Frühjahr dieses Jahres kam der 1-Mega-Bit-Chip auf den Markt, d.h., daß wir
eine Million Bits, 0-1-Entscheidungen oder Darstellungen speichern können. Die
großen Hersteller arbeiten heute am 4-, ja am 16-Mega-Bit-Chip. Durch Verfei-
nerung der Strukturen wird es möglich sein, noch mehr Datenmengen auf klein-
ster Ebene zu speichern. Und parallel dazu - für die Nicht-Techniker: RAM
heißt Random Excess-Memory, d.h., Sie können beliebig an beliebige Stellen des
Speichers zugreifen und müssen das nicht sequentiell abarbeiten - wird ein
weiterer Preisverfall stattfinden, d.h., das Preis-Leistungsverhältnis der
Speicher- und Datenverarbeitungseinrichtungen wird weiter noch steigen bzw.
die Kosten pro Bit werden weiter heruntergehen. Wir gehen davon aus, daß diese
Entwicklung sich in den nächsten zehn bis fünfzehn Jahren noch weiter fortsetzen wird. D.h., es wird immer billiger werden, große Datenmengen zu speichern
und zur Verfügung zu stellen und Informationen zu verarbeiten. Dies ist praktisch der technische Hintergrund, wo sich nunmehr ein technisch-wirtschaftli-
ches Geschehen abspielt, das neue technische Möglichkeiten beinhaltet, insbesondere der Informationsverarbeitung, und dazu aber und daraus resultierend
gibt es neue Automatisierungsmöglichkeiten, wie z.B. die Entwicklung des
Industrieroboters, der vor zwanzig Jahren noch nicht möglich gewesen wäre,
weil wir gar nicht in der Lage gewesen wären, in der Geschwindigkeit die
Informationen zu verarbeiten, um die Antriebsmotoren der verschiedenen Gelenke
entsprechend genau und schnell anzusteuern und ihnen so Sollwerte zu geben,
wie sie sich zu bewegen haben. Heute ist das möglich mit immer höherer Geschwindigkeit und Genauigkeit.

Dieses technische Geschehen - wobei ja technischer Fortschritt kein Ziel,
sondern nur ein Mittel ist - müssen wir nun anwenden in einer sich wirtschaftlich ändernden Umwelt. Wie Sie alle wissen: Das Heraufkommen des pazifischen
Raums mit einer neuen internationalen Arbeitsteilung, in der wir Produkte und
Produktionen verlieren und in der es uns gelingen muß, daß wir uns in nach-

Bild 1: Entwicklung der IC-Komplexität und relative Kosten pro bit für
dynamische Speicher

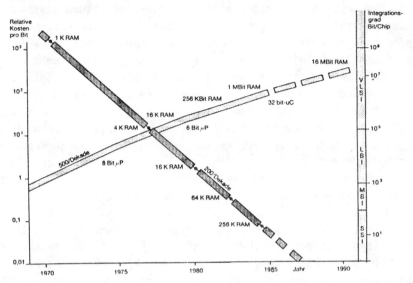

frageschwachen, kaufkraftschwachen, gesättigten Käufermärkten, wo also der
Kunde das Geschehen bestimmt, bewegen können. Sie wissen, daß wir in der
Bundesrepublik Deutschland eigentlich nur die Chance sehen, zu immer komplexeren, hochwertigeren Produkten zu gehen mit möglichst kurzer Produktentwicklungszeit. D.h., von der Idee bis zum Markt die Zeit möglichst abzukürzen, was
uns durch die Informationsverarbeitung mehr und mehr auch möglich wird. Durch
den Käufermarkt bekommen wir eine steigende Produktvielfalt, d.h., ein Produzent muß immer sehr viele Varianten anbieten können, um spezielle Käuferwün-
sche zu erfüllen. Dieses führt tendenziell zur Reduzierung der Fertigungstiefe, d.h., man wird sich auch in Zukunft sehr stark spezialisierter Zulieferanten bedienen, um damit überhaupt diese Vielfalt beherrschen zu können. Und
d.h., die Mengen pro Produkt, pro Variante gehen tendenziell zurück. Wir
können praktisch nur überleben - das einzelne Unternehmen -, indem es nicht
nur möglichst schnell neue Produkte auf den Markt bringt, sondern zu sehr
hoher Qualität. Was heißt Qualität: daß die Wünsche und Forderungen des Kunden
bestmöglich erfüllt werden.

Dieses ganze Geschehen spielt sich ab hinter einem sozialpolitischen Hintergrund. Wir gehen davon aus, daß die Arbeitsverkürzung weiter fortschreiten
wird und daß es daraus resultierend erforderlich sein wird, die Arbeitszeit
des Menschen von der Nutzungszeit der Produktionsmaschinen zu trennen, d.h.,
der Trend zur Automatisierung der Produktion wird sehr starke Impulse bekommen, damit es möglich wird, Pausen zu überbrücken, in die Nacht hinein zu
produzieren und· an Feiertagen weiterproduzieren zu können. Diese Stationen

17

werden kommen und werden zunehmend technisch möglich: daß eine Maschine sich sozusagen allein bedient durch einen Roboter und über Nacht allein produziert. Sie können daraus ableiten, daß tendenziell die Entwicklung besteht, daß an einem Produktionsstandort sehr große Kapazitäten geschaffen werden, daß eine neue Maschine zwei oder drei alte Produktionsmaschinen ersetzt, weil sie eben nicht nur schneller arbeiten - das ist eigentlich gar nicht mehr das Thema, die Prozeßzeiten sind schon so weit gedrückt, wie es nur möglich ist -, sondern daß sie länger pro Tag arbeiten kann, ohne daß deswegen sehr viel mehr Leute in Schichtarbeit gehen müssen, sondern es wird möglich sein, das mit einer relativ kleinen Überwachungsmannschaft durchzuführen. Darum ja auch die Überlegung, ob nicht eine weitere Wettbewerbsfähigkeitssteigerung trotz Arbeitszeitverkürzung möglich ist, indem Produktionsmaschinen auch am Sonnabend und Sonntag arbeiten. Dabei geht es nicht darum, daß die ganze Belegschaft Sonnabend und Sonntag in Schicht oder im Wechsel da sein müßte, sondern das betrifft etwa nach einschätzenden Überlegungen in einem Betrieb 4 % der Arbeitnehmer, die solche Maschinensysteme betreiben können. Dazu gehört auch wegen des Bildens kleiner Regelkreise in einem Produktionsbetrieb, daß ein Maschinensystem möglichst eigenständig von einer kleinen Mannschaft betreut wird, programmiert sowie die Qualität gesichert wird und daß bei Störungen repariert wird, ohne von außen einzugreifen.

Um möglichst schnell zu sein, wird die Qualifikation dieser Arbeitskräfte, die solche Produktionssysteme führen, gesteigert. Die Arbeitsinhalte werden andere werden. Wir gehen davon aus, daß insgesamt im Jahr 2000 etwa 60 bis 70 % der Arbeitskräfte nur noch notwendig sind, um die gleiche Gütermenge zu produzieren, wie es heute der Fall ist, aufgrund der in etwa angedeuteten Entwicklungen. Im industriellen Bereich passiert das gleiche, was in der Landwirtschaft bis heute noch passiert: daß immer weniger Leute in der Lage sind, die übrige Bevölkerung mit Gütern, bisher mit landwirtschaftlichen, in Zukunft mit industriellen Gütern zu versorgen.

In diesem Geschehen denkt jedes deutsche Unternehmen darüber nach: Wie es sich positioniert im internationalen Wettbewerb, der natürlich durch die zunehmenden Kommunikations- und Transportmöglichkeiten auch immer schärfer wird. Es kommt nicht so sehr darauf an, wo sie produzieren, sondern wie es ihnen gelingt, den Markt möglichst schnell und richtig zu bedienen. So fragt sich jedes Unternehmen: Welche Strategie muß ich verfolgen, um zu überleben? Sie können praktisch zwei verschiedene Strategien fahren: Sie haben möglichst viel Know-how in ihrem Produkt, so daß der Abstand zu Wettbewerbern möglichst groß wird. Ich darf es Ihnen beispielhaft an der Automobilindustrie erläutern: Oben links im Bild 2 würde ich die Firma Porsche ansiedeln. Sie hat soviel Know-how in ihrem Produkt, daß es für einen Wettbewerber uninteressant ist oder die Barriere sehr hoch ist, in dieses Gebiet auch hineinzugehen. Wie die Firma Porsche ihre Fahrzeuge produziert, ist nicht lebensentscheidend. Wenn wir

18

einen anderen Fahrzeughersteller als Gegensatz dazu betrachten, dann würde ich
rechts unten das Volkswagenwerk einordnen, das in einem hart umkämpften Markt
sich bewegen muß. Hier gibt es nur die Chance, mit höchster Automatisierung
und höchster Produktivität diese Fahrzeuge zu fertigen, wobei Automatisierung
und Qualität immer zusammengehen, denn ein Automat ist ein Qualitätstester und
auch gleichzeitig ein Qualitätssicherer: Ein Automat verarbeitet nur einwandfreie Schrauben und zieht sie einwandfrei mit einem bestimmten Drehmoment an,
so daß damit das bekannte "Montagsauto" entfällt, nicht mehr möglich ist, weil
der Roboter nur die einwandfreie Schraube verarbeiten kann und immer mit einem
bestimmten Drehmoment und Drehwinkel anzieht. Nun gibt es noch eine andere
Firma im Stuttgarter Raum, die genügend Ressourcen hat, um beides zu betreiben
und damit ihren Abstand zu Wettbewerbern relativ groß halten kann. Was ich
aber Ihnen auch damit vermitteln möchte: auch heute noch können einfache,
billige Produkte in Deutschland hergestellt werden mit internationaler Konkur-
renzfähigkeit. Man muß es sozusagen nur produktionstechnisch intelligent, auf
einer hohen Stufe tun, um hier im Wettbewerb zu bestehen.

Bild 2: Wettbebewerbsfähigkeit durch know-how-intensive Produkte
        und Produktion

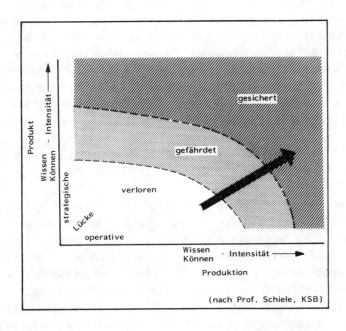

Dazu kommen nun aber weitere Strategien, die sehr stark durch dieses wirtschaftliche Geschehen bestimmt sind: Produzieren wird mehr und mehr zu einer
Dienstleistung, d.h., nur der Produzent, der sehr schnell auf ein Marktbedürf-
nis reagiert, überlebt. Er muß deswegen neben sehr produktiv auch noch sehr

19

flexibel sein. Das Fließband als ein bekanntes Betriebsmittel, um ein Produkt sehr kostengünstig zu montieren, hat zwar eine sehr hohe Produktivität - Sie können mit niedrig bezahlten, angelernten Arbeitskräften große Mengen herstellen -, aber da eine längerfristige große Mengennachfrage immer weniger der Fall ist, wir also immer mehr Vielfalt haben, fällt das Fließband in seiner Produktivität sofort ab. Denn Sie müssen bei jeder Mengenänderung, bei jeder Produktänderung das Fließband neu abstimmen. Oder es gibt soziale Entwicklungen, die das Fließband heute als Produktionsmittel in Frage stellen. Wir haben dabei ja viele einfach hintereinandergeschaltete Arbeitsplätze: Jeder Arbeitsplatz muß besetzt werden, damit der Meister morgens auf den Knopf drücken kann, daß das Fließband anläuft. Sie können also davon ausgehen, wenn am Morgen bloß 75 % der Belegschaft des Fließbandes erscheint, muß der Verantwortliche eine gewisse Zeit herumspringen, um Leute zusammenzusuchen und das Fließband voll zu besetzen, denn dann erst kann es produzieren. Das als ein kleines Beispiel, daß wir heute diese herkömmlichen Produktionsmethoden nicht nur aus technischen, sondern aus wirtschaftlichen und aus sozialen Erwägungen bzw. Erkenntnissen in Frage stellen und überdenken und zu neuen Produktionsstrukturen kommen müssen. Die Flexibilität einer Produktionsstruktur, daß also an einem Arbeitsplatz bereits gearbeitet werden kann, während links und rechts z.B. auch wegen flexibler Arbeitszeit der Platz noch nicht besetzt ist, sind Überlegungen, die heute erfüllt werden müssen. Wenn wir einmal davon ausgehen, daß Energie und Material in zunehmendem Maße eingespart werden können durch bessere Steuerungsmöglichkeiten über Automatisierung und Mikroprozessor, daß wir also Arbeit einsparen, daß wir allerdings zu höherem Kapitalbedarf pro Arbeitsplatz kommen, spielt zunehmend für die Wettbewerbsfähigkeit die Schnelligkeit der Informationsverarbeitung - Informationsverarbeitung ist ein Produktionsfaktor geworden - eine sehr große Rolle beim Produzieren.

Nun möchte ich Ihnen einige Maßnahmen - selbstverständlich auch immer dann die technische Entwicklung auf die Fabrik als solche - versuchen darzustellen:

Seit hundert Jahren sind wir so praktisch beim Aufbau einer Produktion vorgegangen: Wir haben versucht, mit möglichst - ich stelle es etwas extrem dar - niedrig qualifizierten und damit niedrig bezahlten Leuten eine Produktion aufzubauen, um zu niedrigen Kosten zu produzieren. Wir haben den Arbeitsinhalt pro Arbeitsplatz möglichst gering gestaltet, um schnell einarbeiten zu können und die Voraussetzungen möglichst niedrig zu halten. Damit sind sehr viele Schnittstellen im Arbeitsablauf geschaffen. Das gilt auch für den Bürobereich. Wir haben nicht so klar erkannt, daß jede Schnittstelle Zeit und Geld kostet. Heute erkennen wir das sehr viel klarer und sagen: Wir müssen umdenken, wir müssen möglichst qualifizierte Arbeit, möglichst umfassende Arbeitsinhalte schaffen mit möglichst wenigen Schnittstellen, um schnell zu sein, um schnell reagieren zu können und um ein Problem vor Ort entscheiden und behandeln zu können. Was hat das für Auswirkungen? Das wird im Bürobereich tendenziell

20

diese Entwicklung, nämlich der Integration der Funktionen an einem Arbeitsplatz bedeuten (Bild 3).

Bild 3: Multifunktionales Arbeitsplatzsystem

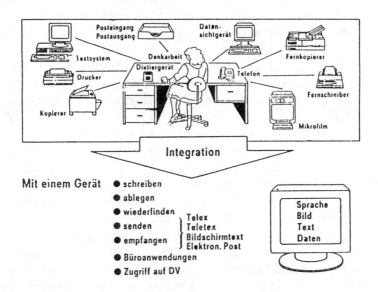

Sie wissen, daß wir versuchen, und dazu gehört auch die Breitbandverkabelung,
nicht nur Sprache und Texte durchzugeben, sondern auch gleichzeitig Bild, und
zwar in zunehmendem Maße sich bewegende Bilder, was eine ungeheuere Geschwindigkeit der Datenübertragung erforderlich macht. Die Mitarbeiterin, die im
Bild dargestellt ist, soll möglichst aufgrund der technischen Ausstattung in
der Lage sein, möglichst viele Funktionen, die im Arbeitsablauf der Bearbeitung eines Vorgangs auftreten, auch tatsächlich insgesamt abzuwickeln. Nun
ist es möglich, daß diese Arbeiten auch von der Mitarbeiterin zuhause durchgeführt werden könnten. Da ist allerdings Skepsis angebracht, denn man hätte ja
auch schon sagen können, nach der Erfindung des Telefons bräuchten wir nicht
mehr so viel zu reisen, sondern könnten uns per Telefon absprechen. Aber wir
müssen uns doch ab und zu sehen und in ganzer Größe erkennen. Diese sozialen
Funktionen spielen eine sehr starke Rolle. Insofern bezweifele ich auch - und
die ersten Erkenntnisse gehen ja auch dahin, daß sozusagen die soziale Isola-
tion, die damit verbunden wäre, tatsächlich in sehr starkem Maße zum Tragen
kommt. Andererseits kommt aber zum Tragen, daß die Zulieferanten irgendwo ihre
Produk-tionen haben, weil die Kommunikation zwischen Zulieferant und Abnehmer
- z.B. eine Automobilfabrik - über die Datenübertragung sehr schnell und sehr
einfach möglich ist. Ein kleiner oder mittelgroßer Zulieferant - egal, wo er
produziert - ist in dem Moment, wo er in der Lage ist, sich an das Kommunikationsnetz des Großen dranzuhängen und zu kommunizieren, interessant, auch in

seiner dezentralen Lage. Ich nehme an, daß dieses so kommt, währenddessen ich
nicht glaube, daß sehr stark dezentrale Einzel- oder Heimarbeitsplätze geschaffen werden.

Eine andere Entwicklung in der Produktionstechnik: Die Maschine in Bild 4 ist
ein gutes Beispiel dafür. Sie ist aus einer einfachen Drehmaschine hervorge-
gangen. Heute ist sie soweit ausgebaut, daß sie nicht nur drehen, sondern auch
bohren und fräsen kann. Als Beispiel ist das kleine, relativ komplizierte Teil
dargestellt. Es wird auf dieser Maschine komplett fertig bearbeitet. Im Gegensatz zu bisher, wo man spezialisierte Maschinen hatte und die Teile von Maschine zu Maschine transportierte, versucht man heute, Funktionen zu integrieren, sozusagen eine kleine handwerkliche Struktur zu schaffen. Wie arbeitet
der Handwerker? Er hat alle Werkzeuge um sich, die Arbeit vor sich und stellt
sie komplett fertig. So ist diese Maschine in der Lage, diese Arbeit komplett
fertigzustellen. Sie ist auch in der Lage, sich über ein Ladeportal selbst zu
bedienen, d.h., eine gewisse Zeit alleine zu arbeiten und die fertiggestellte
Arbeit zum Weitertransport bereitzustellen. Eine Untersuchung in einer Fertigung hat ergeben: Wenn es gelingt, die Maschinen so zu automatisieren - bereits wenn sie in der Lage ist, 35 Minuten alleine zu arbeiten -, haben Sie im
Zwei-Schicht-Betrieb einen Kapazitätsgewinn von 25 %. Sie überbrücken die
Frühstückspause, die Mittagspause, Sie überbrücken Verteilzeiten. In Nordba-
den-Nordwürttemberg sind fünf Minuten Erholpause pro Stunde bei Leistungslohn
zu geben, also auch 8 % Maschinenkapazitätsverlust werden überbrückt -, so daß
Sie allein durch diesen kleinen Schritt der Automatisierung enorme Kapazitätsgewinne haben. Und Sie können sich vorstellen, daß dann der Weg, durch Vergrößerung der Magazine die Maschinen noch länger alleine arbeiten zu lassen,
nicht mehr lang ist. Heute gibt es bereits Betriebe, die bei einem Zwei-

Bild 4: Dreh-Bearbeitungszentrum zur Komplettbearbeitung von
        Kleinserienteilen

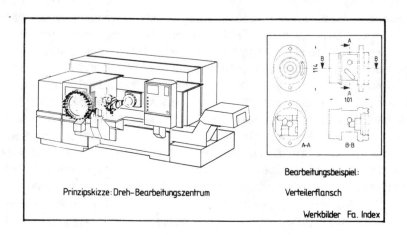

Schicht-Betrieb ihre Maschinen zwanzig Stunden mindestens ausnutzen. Die Mitarbeiter im Zwei-Schicht-Betrieb sind jeder nur jeweils acht Stunden maximal da. Aber während der Zwischenzeiten produzieren die Maschinen jeweils alleine weiter, also enorme Kapazitätsgewinne. Wir laufen damit Gefahr - genau wie in der Landwirtschaft - in Überkapazitäten hineinzulaufen. Bloß wir können uns vielleicht einen Butterberg leisten, aber wir werden uns nie einen Maschinen- oder Autoberg leisten können. In den Branchen, wo das passiert, beißen den Letzten die Hunde. Die Betriebe, die in diesem Wettlauf um die Wettbewerbsfähigkeit nicht mithalten und mitmachen, werden früher oder später wohl leider verschwinden müssen.

Nun noch ein anderes: Ich hatte Ihnen das Fließband genannt als ein Mittel, das wir überdenken. Eine moderne Montage sieht heute so aus, daß wir Gruppenarbeits- und Einzelarbeitsplätze haben. Die Mitarbeiter sind in der Lage, einen größeren Arbeitsinhalt zu erledigen. Wir haben allerdings auch gemischte Strukturen oder gemischte Arbeitsteilung, so daß nach wie vor weniger qualifizierte Mitarbeiter noch ihren Arbeitsplatz finden. Trotzdem ist eindeutig erkennbar, daß es für die ungelernten, angelernten Mitarbeiter immer schwerer wird. Vom Volkswagenwerk Kassel gibt es die Prognose für die Entwicklung der Mitarbeiterstruktur, die aussagt: Gegenwärtig sind etwa 50 % der Mitarbeiter angelernte, also ohne Fachausbildung. Man geht davon aus, daß im Jahre 1990 nur noch 20 % der Mitarbeiter ohne eine Fachausbildung sein können. Nun heißt das nicht, daß alle diese - sozusagen die Differenz von 30 % - völlig aus dem Arbeitsprozeß ausscheiden und nicht mehr einsetzbar sind, sondern sehr stark müssen innerbetriebliche Weiterbildungs- und Qualifizierungsmaßnahmen durchgeführt werden, um diesen Mitarbeitern durch eigene Ausbildung noch weiter einen Arbeitsplatz und Einsatzmöglichkeiten zu sichern.

In diesem Zusammenhang ein weiteres Strategieumdenken: Wir haben bisher immer versucht, die Prozeßzeit, die Maschinenzeit, durch bessere Werkzeuge usw. immer weiter zu senken. Was nützt es aber, wenn Sie einen Arbeitsgang schnell erledigen, und davor oder dahinter liegt die Arbeit wieder. Wir erkennen heute: Es geht darum, daß wir einen Auftrag insgesamt von Anfang bis Ende schnell abwickeln, daß wir die Betriebsmittel möglichst lange nutzen. Dieses haben uns vor etwa zwanzig Jahren beginnend die Japaner vorgemacht, die zwar technisch auch nicht mehr beherrschen und können als wir, die aber in manchen Dingen, die sie strategisch als richtig erkannt haben, dieses konsequenter durchdenken und auch umsetzen. So waren sie die ersten, die solche hochautomatisierten Fabriken gebaut haben, d.h., wo automatische Läger und automatisch fahrende Flurförderzeuge sind, die die Arbeit von den Lägern holen. Die Arbeit wird dann rechnergesteuert automatisch bereitgestellt. Die Maschinen arbeiten 24 Stunden rund um die Uhr und arbeiten jeweils immer die Magazine leer. Über Nacht laufen die Maschinen alleine. Fernsehkameras in den Arbeitsräumen der Maschinen sind zusammengefaßt im Monitorraum beim Pförtner, d.h. er kann sehen, ob alle Maschinen arbeiten und in Ordnung sind. Im Notfall hat er einen Not-Aus-Knopf und kann einen in der Nähe schlafenden Instandhalter rufen. Nun, solche Werkstattbereiche gibt es zunehmend mehr. Sie können daraus wieder eine sehr starke Konzentration der Produktionskapazitäten erkennen. Der Flächenbedarf innerhalb der Fabrik wird tendenziell in einer Richtung größer, weil man Ordnung schaffen und halten muß, damit ein Roboter oder ein Fahrzeug ohne großen Aufwand finden und handhaben kann. Die erste Voraussetzung ist dafür: Ordnung erhalten und schaffen und großzügige Flächen für Fahrwege, Bereitstellungsflächen usw. Gegenläufig ist, daß vor den Maschinen keine Warteschlangen an Material und im Lager keine Warteschlangen von Material sind, sondern daß immer nur das durchläuft oder bereitgestellt wird - auch vom Zulieferanten bereitgestellt werden darf -, was sozusagen morgen ausgeliefert wird, um die Kapitalbindung im Umlaufvermögen und in angearbeiteten Aufträgen zu senken. Es wird für Sie von Interesse sein: Die Erfahrungen mit solchen hochautomatisierten Anlagen in Japan einmal zu hören (Bild 5).

Bild 5

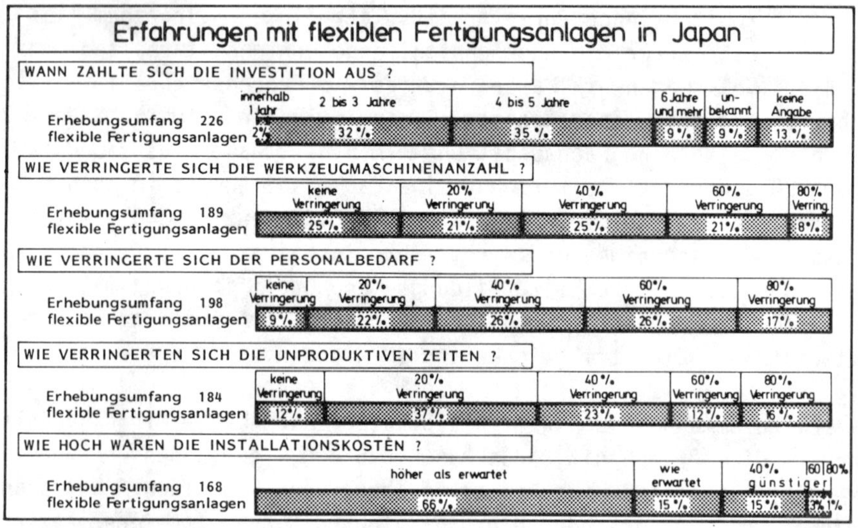

Erfahrungen mit flexiblen Fertigungsanlagen in Japan

WANN ZAHLTE SICH DIE INVESTITION AUS ?

Erhebungsumfang 226 flexible Fertigungsanlagen

innerhalb 1 Jahr	2 bis 3 Jahre	4 bis 5 Jahre	6 Jahre und mehr	unbekannt	keine Angabe
2%	32%	35%	9%	9%	13%

WIE VERRINGERTE SICH DIE WERKZEUGMASCHINENANZAHL ?

Erhebungsumfang 189 flexible Fertigungsanlagen

keine Verringerung	20% Verringerung	40% Verringerung	60% Verringerung	80% Verring.
25%	21%	25%	21%	8%

WIE VERRINGERTE SICH DER PERSONALBEDARF ?

Erhebungsumfang 198 flexible Fertigungsanlagen

keine Verringerung	20% Verringerung	40% Verringerung	60% Verringerung	80% Verringerung
9%	22%	26%	26%	17%

WIE VERRINGERTEN SICH DIE UNPRODUKTIVEN ZEITEN ?

Erhebungsumfang 184 flexible Fertigungsanlagen

keine Verringerung	20% Verringerung	40% Verringerung	60% Verringerung	80% Verringerung
12%	37%	23%	12%	16%

WIE HOCH WAREN DIE INSTALLATIONSKOSTEN ?

Erhebungsumfang 168 flexible Fertigungsanlagen

höher als erwartet	wie erwartet	40% günstiger	60%	80%
66%	15%	15%	3%	1%

Wie zahlte sich die Investition aus? In einem Drittel der Fälle in zwei bis drei Jahren, in einem Drittel der Fälle in vier bis fünf Jahren und in einem anderen Drittel können wir ruhig sagen nie - aus welchen Gründen auch immer. Die Zahl der Werkzeugmaschinen verringerte sich im Schnitt über alles um die Hälfte. Wie schon gesagt, wir gehen heute davon aus: Eine ersetzt zwei bis drei alte. Ein Problem für unseren Werkzeugmaschinenbau, daß er sich immer selbst wegrationalisiert und Gefahr läuft, zuviel Produktionskapazität in den nächsten Jahren zu haben. Der Personalbedarf ging auch in solchen Systemen etwa auf die Hälfte zurück. Und dann noch als letztes: Wie hoch waren die

Investitionskosten? In zwei Drittel der Fälle höher als erwartet. Aus dem einfachen Grunde, weil wir heute immer die Software-Kosten unterschätzen, die Anlaufkosten unterschätzen. Die Problematik, die Software fehlerfrei zu erstellen, unterschätzen wir, weil wir einfach auch noch zu wenig Erfahrung haben. Die Ingenieure trösten sich in der Weise: Wenn die Kaufleute vorher schon immer wüßten, wie teuer das wird, dann würden sie das gar nicht zulassen. Es ist also ein Thema, daß wir praktisch diese Technik noch nicht richtig beherrschen. Sie können das auch als Lern- und Lehrkosten bezeichnen, die wir ausgeben müssen. Nun, ich hatte es schon angedeutet: Wir denken darüber nach, daß die Auftragsausführung in einem Produktionsbetrieb völlig anders abgewickelt werden muß. Wir haben bisher sozusagen den Betrieb von vorn nach hinten durchgeplant und vollgestopft, wir haben am Ende kontrolliert, ob es richtig ist. Alles das ist so nicht mehr wirtschaftlich, z.B. daß ein Zulieferant am Ende eine Endkontrolle macht und der Abnehmer am Anfang wieder eine Eingangskontrolle bei denselben Teilen durchführt, ist volkswirtschaftlich Unsinn. Heute geht man so weit, daß man sagt: Wir müssen uns über unser Qualitätssicherungssystem einigen. Das führt dazu, daß die Qualitätssicherung wieder an die Maschine, an den Produktionsarbeitsplatz, zurückgeht und daß wir praktisch immer nur bedarfsgerecht versuchen, gerade das zu fertigen, was auch tatsächlich demnächst gebraucht wird, und versuchen, unsere Lagerbestände zu senken. Noch das ergänzende Bild dazu, um Ihnen die Bedeutung klarzumachen: Siemens hat in einem Jahr in seiner Gewinn- und Verlustrechnung mit 100 % angesetzte Lohn- und Lohnnebenkosten. Die Maschinenkosten stehen nur im Verhältnis dazu insgesamt 30 %. Die Kapitalkosten für angearbeitete Aufträge und Lagerbestände - das ist bis zu der gestrichelten Linie - sind etwa gleich hoch wie die Kosten für die Maschinen und Prüfmittel. Dann - das ist leider nicht transparent in der Betriebsabrechnung - schätzt man, daß der darüberstehende Berg an Kosten entsteht als Logistikkosten durch eine ungünstige Auftragsabwicklung. Es wird praktisch zuviel Steuerungs- und Änderungsaufwand betrieben. Man verliert Marktchancen und hat zu geringe Reaktionszeiten, so daß heute die Unternehmen vor allen Dingen darüber nachdenken. Sie kennen auch die Schlagwörter wie just-in-time, was aus den USA kam, oder aus Japan die Kanban-Methode. Kanban ist ein Zettel, und erst wenn der Zettel des Abnehmers beim Zulieferanten wieder erscheint, darf der den nächsten Auftrag ausliefern, um so einen schnellen Durchlauf zu haben. Das sind also vor allen Dingen strategische Überlegungen, die heute technisch möglich geworden sind. Und man geht davon aus, daß zur weiteren Automatisierung vor allen Dingen Voraussetzung ist, den Materialfluß in Ordnung zu halten. Die Containerisierung des innerbetrieblichen Transports ist unser Schlagwort. Dasselbe, was weltweit im Containertransport passiert ist, wird auch zwischen Produktionsunternehmen und in Produktionsunternehmen passieren, d.h., die einigen sich auf ein Container-, auf ein Paletten-, auf ein Magazinsystem. Und dieses Magazin ist dann Fertigungseinheit, Transporteinheit, Lagereinheit, Zuführeinheit, Montageeinheit. Erst, wenn uns das gelingt - und daran wird intensiv gearbeitet -, dann ist es möglich, an jeder Materialflußschnittstelle automatisch mit einem Roboter zu arbeiten. Wie Sie sich das vorstellen sollen oder können? Nur als ein kleines Beispiel: In Bild 6 ist solch ein standardisiertes Palettensystem dargestellt.

Bild 6: Standardisierte modulare Werkstückpalatte

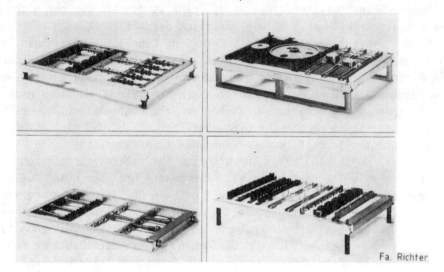

Da haben Sie Drehteile, Wellenteile, Zahnräder drauf. Die liegen alle an einer ganz bestimmten Stelle. Das kann man programmieren. Dann kann der Roboter es finden. Denn wenn wir einmal die Entwicklung beim Roboter betrachten, dann gibt es dort zwei Strategien: In Bild 7 montiert ein Roboter an einem Fahrzeug ein Rad.

Bild 7: IR 601/60 CP bei der Montage von Pkw-Rädern

Dieser Roboter ist praktisch so intelligent, daß er sehen und fühlen kann, Drehmoment messen kann. Man hat also versucht, in den Roboter alle Fähigkeiten hineinzulegen, die auch der Mensch hat, der dieses Rad montiert. Das ist heute technisch möglich, wird zunehmend noch mehr möglich, auch kostengünstiger. Trotzdem ist im Moment der Aufwand hierfür doch noch erheblich. Und man fragt sich: Ist es insgesamt die richtige Strategie? Es ist nicht insgesamt die richtige Strategie, sondern eine andere Strategie ist genau gegenläufig, die da sagt: Wir müssen das Produkt und die Produktionsabläufe so vereinfachen, daß sie nicht mehr menschengerecht sind, sondern robotergerecht. D.h. also, daß wir möglichst geordnete einfache Abläufe haben, daß wir z.B. die Fahrzeuge - und das gilt für alle anderen Produkte auch - zerlegen in einzelne Baugruppen. Diese einzelnen Baugruppen können beim Zulieferanten oder bei der Automobilfabrik dann wieder automatisch einzeln montiert oder gefertigt werden. Z.B. die Tür, die normalerweise am Fahrzeug hängt, so ist es durch die Lackiererei gelaufen - wird heute abgenommen, waagerecht hingelegt. Dann kann das "Eingeweide" von einem Roboter montiert werden, und dann, wenn es fertigmontiert ist, wird sie wieder an die Karosserie angehängt. D.h., Produkt und Produktionsabläufe versucht man so zu zerlegen, daß sie robotergerecht vereinfacht werden, um mit den heutigen Möglichkeiten der Automatisierung zu neuen Produktionsstrukturen zu kommen. Das bedeutet innerhalb der Fabrik mehr Flächenbedarf tendenziell wegen dieser Ordnung und der Automaten, die mehr Fläche benötigen. Gegenläufig ist wiederum, daß man sie pro Tag länger nutzt und daß man versucht, schnellere Durchläufe zu haben.

D.h., Sie sehen aus diesen wenigen Bemerkungen, die sich auf Ihre Thematik beziehen, daß es außerordentlich schwer ist, Schlüsse für den weiteren Flächen- und Raumbedarf für die Fertigung zu ziehen. Tendenziell wird die Fertigungstiefe zurückgehen, weil sich jedes Unternehmen - wie bereits gesagt - auf das konzentrieren muß, was es wirklich beherrscht. Alles, was nicht der Schlüssel für den eigenen Erfolg am Markt und im Produkt ist, das wird man von Zulieferanten kaufen. Klein- und Mittelbetriebe werden auch in Zukunft als Zulieferanten große Chancen haben, wenn sie sich in das Kommunikationsnetz der Großen integrieren lassen. Und jeder Zulieferant ist wieder spezialisiert auf bestimmte Produkte oder Baugruppenbereiche. Dann erscheint sofort die Frage: Soll der Zulieferant neben dem Abnehmer sitzen? Wenn Sie an einen Automobilzulieferanten denken, dann hat er ja doch Automobilkunden über die Bundesrepublik verteilt. D.h., die Entscheidung, wo er seinen Standort zu setzen hat, geht doch sehr stark mehr nach internen produktionstechnischen Gründen. Die Menge, die zu produzieren ist, ist nach wie vor für die Kosten ein Naturgesetz. Je größer die Menge ist, desto geringer - wegen der besseren Verteilung der fixen Kosten - werden die Kosten pro Stück, so daß sich ein Zulieferant innerhalb der Bundesrepublik in vielen Fällen nach anderen Standortkriterien entscheiden wird als nach der Lage des einzelnen Automobilunternehmens. Es gibt auch Ausnahmen in der anderen Richtung. Aber wir gehen davon aus, daß

sich der Standort eines Zulieferanten mehr nach Führungskräfte- und Personalbedarf und Verfügbarkeit anderer Infrastrukturmöglichkeiten richtet denn nach
der Lage seiner Abnehmer. Wobei dieses Gesetz von der Menge und den Produktionskosten seine Grenzen hat - wie Sie wissen. Im Fahrzeugbau - als ein
Beispiel - weiß man: Exakt maximal 2000 Fahrzeuge pro Tag sollte man nur in
einem Werk produzieren. Wenn es darüber hinaus geht, dann kippt das wieder um,
weil die Infrastrukturprobleme so groß werden und die internen starrhaltigen
Abläufe so groß werden, daß man dann lieber wieder ein zweites Werk baut. Nun
als letztes zur Informationstechnik doch noch ein Hinweis:

In der Produktionstechnik werden mehr und mehr Rechnerinseln oder Inseln der
Automatisierung geschaffen. Die versucht man in Zukunft zu verknüpfen zu einem
gesamten Netz. Alle Betriebe stehen aber dabei erst am Anfang. Sie haben in
den verschiedenen Bereichen in der Produktion, in der Verwaltung, in der
Entwicklung und Konstruktion zunehmend Rechnereinsatz. Die einzelnen Fachab-
teilungen marschieren voran. Und man wird versuchen, durch entsprechende
Datenstrukturen auf gemeinsame Daten und Datenbanken zurückgreifen zu können.
Viel muß hier noch geschehen, auch hinsichtlich Normung und Standardisierung.
Das wird aber nicht dazu führen, daß man nun sehr stark die Dinge miteinander
so vernetzt, daß Unabhängigkeiten verloren gehen, sondern tendenziell wird es
so sein: Wir haben zwanzig Jahre - als ein Beispiel - versucht, Produktion
zentral zu steuern. Und da Sie niemals aktuelle Daten haben, Sie ja schnell
reagieren müssen, wenn eine Maschine ausfällt oder ein Mitarbeiter nicht
erscheint, deswegen hat sich gezeigt: Die zentrale Produktionssteuerung funk-
tioniert nicht, kann nicht funktionieren. Es kann nur funktionieren, wenn wir
kleine unabhängige dezentrale Regelkreise haben, die unter Rahmenbedingungen,
die ein zentraler Rechner ihnen vorgibt, eigenständig für gewisse Zeiten
arbeiten können. D.h., trotz aller Vernetzung in den Datenstrukturen wird es -
sonst ist das doch überhaupt nicht überschaubar - bei kleinen eigenständigen
Regelkreisen auch im Produktionsablauf, auch zwischen Abnehmer und Zulieferant, zwischen einzelnen Arbeitsplätzen bleiben. Man könnte hier auch ableiten
tendenziell, daß die kleinen marktwirtschaftlichen Regelkreise immer besser
sein müssen als zentrale Planungen. Denn die Physiker, die sich mit solchen
Systemen befassen, sagen: Bei einer zentralen Planung kann nur immer ein
deterministisches Chaos entstehen, weil sie nämlich nie genau wissen, was vor
Ort tatsächlich gewünscht und benötigt wird. Nun als letztes noch - vielleicht
auch zur Beruhigung: Es wird zwar alle drei oder vier Jahre - wie eingangs
gesagt - neue Rechner und neue Mikroprozessoren mit größerer Leistungsfähigkeit geben. Es wird neue Software-Programme und -Pakete geben. Aber ehe sich
Produktionen, Produktionsbetriebe in ihrem gesamten Ablauf auf die neuen
Möglichkeiten - sie können ja nicht alle alten Systeme und Maschinen kurzfristig ersetzen, sondern sie müssen aus dem Vorhandenen versuchen nun auf die
neuen Tendenzen auszurichten. Wir sprechen also - wie auch eingangs gesagt -
in dieser Evolution über Zeiträume doch letztlich von zwanzig bis dreißig

Jahren. Aber es zeichnet sich ab, daß der Weg in die Richtung geht, den ich eben versucht habe aufzuzeigen.

AUSWIRKUNGEN NEUER TECHNIKEN AUF ARBEITSMARKT UND RAUMSTRUKTUR

Beispiele aus dem Wirtschaftsraum Mittelfranken

von
Walter Braun, Nürnberg

Herr Bundesminister, Herr Präsident,
meine sehr verehrten Damen und Herren,

es ist mir eine große Freude, daß Ihre Wahl für die Durchführung Ihrer dies-
jährigen Wissenschaftlichen Plenarsitzung auf die Stadt Nürnberg gefallen ist,
dies um so mehr, als Sie heute eigentlich ein Jubiläum feiern müßten. Sie
begehen aber die 25. Wiederkehr der Veranstaltung in diesem Kreis vornehmer-
weise dem hohen wissenschaftlichen Niveau Ihrer Akademie entsprechend schlicht
in Form einer Arbeitssitzung. Möge Nürnberg dafür einen festlichen Rahmen
bieten. Im Namen der mittelfränkischen Wirtschaft begrüße ich Sie sehr herzlich, Ihrer Tagung wünsche ich einen in jeder Hinsicht erfreulichen und Ertrag
bringenden Verlauf.

Ehe ich mich dem Thema meines Referates zuwende, darf ich Ihnen die Industrie-
und Handelskammer Nürnberg und Ihren Wirtschaftsraum kurz vorstellen:

Der Bereich dieser Kammer deckt sich mit dem Regierungsbezirk Mittelfranken.
Die Industrie- und Handelskammer Nürnberg gehört zu den ältesten Kammern des
Bundesgebietes, ihr Vorläufer war der im Jahre 1560 gegründete Nürnberger
Handelsvorstand. Heute gehören zur Kammer 13 000 im Handelsregister eingetragene und 29 000 nicht eingetragene Unternehmen. Im Kammerbezirk wohnen 1,5 Mio
Menschen. Nach der Fläche ist Mittelfranken mit 7000 qkm der zweitkleinste,
nach seinem wirtschaftlichen Gewicht aber der zweitgrößte Regierungsbezirk
innerhalb Bayerns mit einem umsatzsteuerpflichtigen jährlichen Gesamtumsatz
von ca. 90 Milliarden DM.

Rund 600 000 Menschen stehen in sozialversicherungspflichtigen Arbeitsverhält-
nissen, mehr als die Hälfte davon in produzierenden Unternehmen der Industrie
und des Hardwerks. Die Branchenstruktur ist ausgesprochen vielfältig: 75 % der
in der amtlichen Statistik ausgewiesenen Industriezweige sind in Mittelfranken
vertreten. Die größte Gruppe ist die Elektrotechnik mit 80 000 Beschäftigten,
die zweitgrößte der Maschinenbau mit 30 000 Beschäftigten, und an dritter
Stelle stehen die Eisen-, Blech- und Metallverarbeitende Industrie, die Ernährungsindustrie und die Kunststoffverarbeitende Industrie mit je ca. 10 000

Beschäftigten. Auch die Struktur der Betriebsgrößenklassen ist ausgewogen: 55 % der Beschäftigten arbeiten in mittelständischen Unternehmen, 45 % verteilen sich auf 47 Großbetriebe mit mehr als 1000 Beschäftigten.

Mittelfranken ist ein organisch gewachsener Wirtschaftsraum, der auf eine lange handwerkliche Tradition aufbaut. Seine gute Verkehrsanbindung und eine im Ausbau begriffene leistungsfähige wissenschaftlich technische Infrastruktur im Hochschulbereich tragen dazu bei, daß der Raum als Standort für technologieorientierte Unternehmen immer mehr an Bedeutung gewinnt. Dies war nicht immer so.

Meine Beobachtungen über die Entwicklung während der letzten 15 Jahre gliedere ich in vier Teile:

- Im ersten Teil befasse ich mich mit Veränderungen in der fachlichen Struktur der Wirtschaftszweige in Mittelfranken,
- im zweiten mit ihren möglichen Ursachen unter Einbeziehung der technischen Entwicklungen.
- Im dritten Teil will ich räumlich differenzierte Entwicklungen aufzeigen und wiederum unter besonderer Berücksichtigung technischer Aspkete versuchen zu begründen.
- Zum Abschluß werde ich in einem vierten Teil aus der Vielzahl der hier im Raum laufenden Aktivitäten regionalpolitisch bedeutsame Vorhaben und Pläne nennen, die zur Zeit in Mittelfranken im Gange sind oder anstehen.

Zunächst zu den Entwicklungstrends innerhalb der Wirtschaftszweige: Als Vergleichsjahr wähle ich 1974, weil erst seit diesem Jahr vergleichbares Zahlenmaterial zur Verfügung steht, und zwar nach der Statistik der sozialversicherungspflichtig beschäftigten Arbeitnehmer.

Danach entsprach der Rückgang der Arbeitsplätze in der Industrie und in den produzierenden Bereichen des Handwerks in der Zeit von 1974 bis 1985 mit einem minus von knapp 14 % annähernd dem Verlauf auf Bundesebene. Der Verlust an Arbeitsplätzen in der Produktion wurde aber in Mittelfranken durch einen Zugang bei den Arbeitsplätzen im Dienstleistungsbereich überkompensiert, so daß die Gesamtzahl der sozialversicherungspflichtig Beschäftigten in unserem Wirtschaftsraum schon 1985 über dem Niveau des Jahres 1974 lag.

In den 15 Jahren meines ehrenamtlichen Wirkens als Präsident der Industrie- und Handelskammer Nürnberg erlebte ich mit Faszination diese permanente Verschiebung der Gewichte innerhalb der Wirtschaftsbereiche des Kammerbezirkes. Im Jahr 1974 lag der Anteil der Beschäftigten im produzierenden Bereich noch bei 61 %, in der Zwischenzeit reduzierte er sich auf 52 %. Dementsprechend wuchs das Gewicht des Dienstleistungssektors. Hier waren es vor allen Dingen die modernen Dienstleistungen im engeren Sinne, die neben den traditionellen Dienstleistungen des Handels und Verkehrs, der Kreditwirtschaft und der Öffentlichen Hand an Bedeutung gewonnen haben.

Dazu gehört einerseits die Fülle der wachsenden konsum- und freizeitbezogenen Dienstleistungen von der Gastronomie über Reinigungsbetriebe bis hin zum Fitnesscenter.

Zugenommen hat aber auch die Zahl der Dienstleistungen für Unternehmen, die bestimmte Bereiche wie z.B. Spedition, Reinigung, aber auch Software-Entwicklung ausgliederten und stattdessen nun die entsprechenden Dienste am Markt kaufen.

Sie alle kennen vermutlich das Nürnberger Paradepferd unter den modernen Dienstleistungsunternehmen, die DATEV. Als der Gründer und jetzige Vorsitzende dieser genossenschaftlichen Datenverarbeitungsorganisation der steuerberatenden Berufe vor 20 Jahren die Idee der Zentralisierung der Rechenvorgänge für die Mitglieder seines Berufsstandes konzipierte, hatte er sich wohl nicht träumen lassen, daß das Unternehmen in so kurzer Zeit zu einer Organisation mit über 2000 Mitarbeitern heranwachsen würde.

Bei der Mehrzahl der Dienstleistungsbetriebe handelt es sich allerdings um kleinere Unternehmen. Im Bereich der Industrie- und Handelskammer Nürnberg hat sich die Zahl der bei der Kammer registrierten im Handelsregister eingetragenen Firmen dieser Wirtschaftsgruppe seit 1974 verdreifacht, die sozialversicherungspflichtig Beschäftigten dieses Wirtschaftszweiges stiegen in Mittelfranken seit 1974 um 50 %.

Parallel dazu beobachten wir seit dem Sommer des Jahres 1983 aber auch in der Industrie wieder einen Beschäftigtenzugang, der deutlich über der durchschnittlichen Zunahme der Industriebeschäftigten im Bundesgebiet liegt.

Die langfristigen Verschiebungen innerhalb der zur Industrie gehörenden Branchen Mittelfrankens lassen sich aus methodischen Gründen nur unvollkommen nachweisen. Ein Vergleich der jeweils ausgewiesenen Werte der amtlichen Statistik für das verarbeitende Gewerbe ergibt für den von mir gewählten Untersuchungszeitraum 1985 zu 1974 für die mittelfränkische Industrieregion im Durchschnitt aller Branchen einen Rückgang der Beschäftigten um ca. 10 %. Innerhalb der Branchen verlief die Entwicklung sehr unterschiedlich.

Zugenommen haben die Beschäftigtenzahlen im Maschinenbau unter Einschluß des Nutzfahrzeugbaus, ferner in der NE-Metallindustrie einschl. der Gießereien, bei der Kunststoffverarbeitung und bei den mittelfränkischen Herstellern von Nahrungs- und Genußmitteln. Geringfügig abgenommen hat die Zahl der Beschäftigten bei der Industriegruppe Chemie - zu der in Mittelfranken im wesentlichen die Hersteller von Schreib- und Zeichengeräten gehören - sowie in der papierverarbeitenden Industrie und in der Druckindustrie. Dagegen verzeichneten die Industriegruppen Textil, Bekleidung, Spielwaren und Eisen-, Blech- und Metallverarbeitung einen überproportionalen Beschäftigtenrückgang. Die Beschäftigtenzahl der stärksten mittelfränkischen Industriegruppe, der Elektrotechnik, sank in Mittelfranken analog zur Entwicklung im Bundesgebiet um ca. 15 %.

Rein rechnerisch sind, wie ich eingangs erwähnte, im Dienstleistungssektor mehr Arbeitsplätze entstanden, als in der Industrie verlorengingen.

In der Praxis stiegen die Arbeitslosenzahlen allerdings an, weil aus der stillen Reserve und aus den geburtenstarken Jahrgängen zusätzlich Arbeitssuchende aufgetreten sind.

Zur Zeit beträgt die Arbeitslosenquote im Bereich des Arbeitsamtes Nürnberg 6,7 %, sie liegt höher als im Durchschnitt des Landes Bayern, aber unter dem Bundesdurchschnitt von 8,2 %. Die Höhe der Arbeitslosenquote spiegelt jedoch die Verhältnisse am Arbeitsmarkt nur unvollkommen wider. Je länger die ge-

Tab. 1: Entwicklung der Einwohner- und Beschäftigtenzahl für Nürnberg und Region 7 im Vergleich zu München und Region 14

	Einwohner 31.12.				sozialversicherungspflichtig Beschäftigte insgesamt 30.06.		
	1961	1974	1985	Veränderung i.V. 85/74	1974	1985	Veränderung in v.H.
Nürnberg	474.686	509.813	465.255	- 8,8	276.443	255.911	- 7,4
Region 7	1.008.041	1.161.748	1.161.748	- 0,8	482.018	475.820	- 1,3
Region 7 ohne Nürnberg	533.355	651.935	686.987	+ 5,3	205.575	219.909	+ 7,0
München	1.085.067	1.323.434	1.266.549	- 4,3	648.217	643.002	- 0,8
Region 14	1.714.356	2.242.859	2.315.899	+ 3,3	849.869	907.688	+ 6,8
Region 14 ohne München	629.289	919.425	1.049.350	+ 14,1	201.652	264.686	+ 31,3
Region 8	363.086	369.399	361.181	- 2,2	96.230	104.882	+ 9,0
Mfr. insgesamt	1.371.127		1.513.423	- 1,2	578.248	580.702	+ 0,4
Bayern	9.515.479	10.849.122	10.973.720	+ 1,2	3.502.644	3.738.259	+ 67
Bund	56.589.100	62.054.000	6.102.242	- 1,7	20.814.524	20.378.000	- 2,1

samtwirtschaftliche Erholung fortschreitet, um so deutlicher wird, daß wir in Mittelfranken unter einem "gespalteten" Arbeitsmarkt leiden. Denn während auf der einen Seite in nahezu allen Bereichen der Wirtschaft qualifizierte Fachkräfte dringend gesucht werden, bereitet es auf der anderen Seite der Arbeitsverwaltung nach wie vor große Schwierigkeiten, Arbeitsuchende ohne oder mit mangelhafter Vorbildung in ein Arbeitsverhältnis zu vermitteln.

Lassen Sie mich meine Aussagen zur strukturellen Entwicklung der Beschäftigtenzahlen in der mittelfränkischen Wirtschaft noch einmal kurz zusammenfassen:

- Der Rückgang der Beschäftigtenzahlen im produzierenden Bereich wurde überkompensiert durch das Anwachsen des Dienstleistungssektors. Im Zuge der gesamtwirtschaftlichen Erholung fehlen in der Industrie qualifizierte Arbeitskräfte.

Ich komme damit zum zweiten Teil meiner Ausführungen und frage nach den möglichen Ursachen der Veränderungen unter besonderer Berücksichtigung der technischen Entwicklungen.

Im Schnitt aller Industriebranchen ist der Gesamtumsatz im Untersuchungszeitraum real um ca. 50 % gestiegen, je Beschäftigten erhöhte sich der Umsatz sogar um 70 %. Dies läßt darauf schließen, daß der Beschäftigtenrückgang mit der Rationalisierung des Produktionsprozesses zusammenhängt. Arbeitsplatzein-

sozialversicherungspflichtig Beschäftigte - prod. Gewerbe			sozialversicherungspflichtig Beschäftigte - Dienstleistungen			verarbeitendes Gewerbe Beschäftigte		
1974	1985	Veränderung in v.H.	1974	1985	Veränderung in v.H.	1974	1985	Veränderung in v.H.
145.191	110.473	- 24,0	130.403	144.541	+ 10,8	108.899	86.471	- 20,4
288.485	241.146	- 16,4	191.262	231.834	+ 21,2	216.065	190.763	- 11,7
143.294	130.673	- 8,8	60.895	87.293	+ 43,4	107.166	104.292	- 2,7
272.349	230.234	- 15,5	373.820	410.760	+ 9,9	188.048	172.156	- 8,5
387.735	356.712	- 8,0	455.927	543.957	+ 19,3	250.060	244.548	- 2,2
115.695	126.478	+ 9,6	82.107	133.197	+ 62,2	62.012	72.392	+ 16,7
64.210	62.371	- 2,9	29.874	40.119	+ 34,3	38.722	38.482	- 0,6
352.695	303.517	- 13,9	221.136	271.953	+ 23,0	254.787	229.245	- 10,0
2.035.206	1.916.290	- 5,8	1.427.210	1.773.112	+ 24,2	1.353.714	1.204.259	- 3,7
11.491.188	9.905.000	- 13,8	91.120.802	10.243.000	+ 12,3	8.434.000	6.943.060	- 17,7

Quelle: Bayerisches Landesamt für Statistik und Datenverarbeitung und eigene Berechnungen.

Tab. 2: Ausgewählte Industriegruppen Mittelfrankens 1985/74

	Beschäftigte			Anteil in %				Umsatz in 1.000 DM			Exportquote	
			Veränderung in v.H.	an Mittelfranken		am Bund				Veränderung in v.H.		
	1974	1985		1974	1985	1974	1985	1974	1985		1974	1985
Elektrotechnik	95.750	82.048	− 14,2	34,7	35,2	8,8	8,9	8.087.743	16.129.727	+ 99,4	40,2	45,6
Maschinenbau	32.876	31.753	− 3,4	18,9	17,8	3,2	3,3	2.619.994	11.223.612	+ 328,4	36,2	15,8
Nahrungs- u. Genußmittel	9.571	9.893	+ 3,4	14,0	11,9	2,1	2,3	1.101.698	2.436.968	+ 121,2	0,7	8,8
Chemie	8.098	7.880	− 2,7	12,5	11,9	1,3	1,4	913.364	1.729.192	+ 89,3	21,4	29,4
EBM	15.070	11.253	− 25,3	32,9	31,0	3,8	4,0	923.215	1.675.466	+ 81,5	31,7	43,5
Ne-Metallindustrie (einschl. Gießereien)	7.829	9.408	+ 20,3	45,8	37,5	6,4	5,5	767.671	1.487.052	+ 93,7	19,3	25,3
Druck	7.667	7.073	− 7,8	19,0	19,8	3,7	4,4	494.504	1.180.052	+ 138,6	6,7	15,7
Kunststoffverarbeitung	9.188	9.947	+ 8,3	23,1	23,1	4,7	4,8	523.115	1.302.328	+ 149,0	11,7	11,6
Textil	5.778	3.161	− 45,3	6,8	6,8	1,5	1,4	491.344	514.119	+ 4,6	23,1	37,8
Holzverarbeitung	7.259	7.147	− 1,5	16,4	16,4	3,1	3,8	402.702	820.574	+ 103,8	8,3	12,6
Papierverarbeitung	5.235	4.761	− 9,1	26,2	26,2	4,1	4,7	387.661	875.204	+ 125,8	7,8	14,7
Bekleidung	7.264	5.050	− 30,5	7,6	7,6	2,3	2,7	393.150	524.094	+ 33,3	10,9	13,8
Steine und Erden	4.606	3.522	− 23,5	9,4	9,4	2,1	2,3	370.632	583.627	+ 57,5	1,8	2,3
Straßenfahrzeugbau	3.249	7.352	+ 126,3	3,5	3,5	0,5	0,9	251.989	1.105.335	+ 338,6	30,3	35,1
Spielwaren	5.629	3.308	− 41,2	45,7	45,7	26,3	22,1	297.158	494.452	+ 66,4	26,7	39,8
Schuhe	3.122	3.558	+ 14,0	28,1	28,1	5,1	8,0	220.225	---	---	28,5	---
Industrie insgesamt	254.787	229.245	− 10,0	18,8	17,6	3,1	3,3	19.697.881	46.207.005	+ 134,6	28,8	29,3

Quelle: Bayerisches Landesamt für Statistik und Datenverarbeitung, München.

sparungen durch Rationalisierungsmaßnahmen sind aber für den mit Aufwand und Ertrag rechnenden Unternehmer auf lange Sicht eine unerläßliche Maßnahme zur Behauptung im Wettbewerb.

Unmittelbar positive Auswirkungen auf den Bedarf an Arbeitskräften hat nach den Beobachtungen der Kammer der Einsatz neuer Techniken zur Verbesserung der Qualität des vorhandenen Produktspektrums und zur Entwicklung neuer Produkte. In den Konjunkturberichten von Firmen der mittelfränkischen Industrie, die der Kammer über mehrere Konjunkturzyklen hinweg regelmäßig in halbjährigem Abstand zugehen, weisen Unternehmen mit innovativer Produktionspolitik immer eine überdurchschnittlich positive Entwicklung der Arbeitsplätze auf.

Firmen mit kontinuierlich steigenden Beschäftigtenzahlen finden sich in Mittelfranken aber keineswegs nur in den vielzitierten High-Tech-Bereichen, sondern auch in der traditionellen Industrie.

Dazu gehören einige Senkrechtstarter, die während der letzten Jahrzehnte aus kleinen Anfängen in die Klasse der großen mittelfränkischen Industrieunternehmen mit teilweise mehr als 1000 Beschäftigten empor gewachsen sind. Solche Unternehmen gibt es z.B. in konsumnahen Sparten wie der Spielzeugindustrie, der Sportartikelbranche bis hin zur Bekleidungsindustrie und zur Nahrungs- und Genußmittelindustrie, aber selbstverständlich auch im Investitionsgüterbereich, so in der Wälzlagerindustrie, bei der Herstellung von Präzisionswerkzeugen und bei den in Mittelfranken sehr zahlreich vertretenen Herstellern von elektronisch gesteuerten Schalt-, Meß- und Regelgeräten sowie bei den Produzenten elektronischer Bauelemente.

Die aufsteigende Entwicklung eines großen Kreises der kleineren und mittleren Industriefirmen Mittelfrankens quer durch alle Branchen führt die immer wieder geäußerte Behauptung, in der Bundesrepublik hätten nur noch High-Tech-Unternehmen eine Chance, ad absurdum. Richtig ist daran allerdings, daß alle diese Unternehmen innerhalb ihrer Branche dank eines überdurchschnittlichen Einsatzes technischer Neuerungen der Produkte den Mitbewerbern überlegen sind.

Die Feststellungen der Studie "Mikroelektronik und Arbeitsplätze" des Bundesministeriums für Forschung und Technologie, wonach Beschäftigungsgewinne im verarbeitenden Gewerbe während der zurückliegenden beiden Jahre insbesondere in den produktivitäts- und innovationsstarken Branchen zu verzeichnen waren, werden tendenziell durch die Ergebnisse der Konjunkturumfragen der Kammer bestätigt.

Diese Umfragen belegen aber gleichzeitig, daß mögliche technische Innovationen nur dort realisiert werden, wo die zu ihrer Umsetzung erforderlichen Mittel vorhanden sind. Leider fehlt dieser Aspekt in der Studie des Bundesforschungsministers. Die Konjunkturberichte der Firmen aus unserem Kammerbezirk lassen in allen Branchen und bei Firmen aller Größenklassen einen unmittelbaren Zusammenhang zwischen der Beurteilung der Ertragslage sowie den Erwartungen der Firmen für die weitere Entwicklung des Geschäftsganges einerseits und der Entwicklung der Investitionstätigkeit andererseits erkennen. Je höher die Gewinne und je besser die Ertragserwartungen, um so größer sind die Investitionen in Sachanlagen und um so positiver entwickelt sich dementsprechend der Beschäftigtenstand der Unternehmen.

Ertrag und Beschäftigung können, wie die Bundesbank in einer im April dieses Jahres vorgelegten Studie treffend feststellt, gleichsam als die beiden Enden einer Wirkungskette angesehen werden, zwischen denen die Eigenmittel und die Investitionen in technische Neuerungen als Bindeglieder stehen.

Dies heißt aber mit anderen Worten, wir können in der Wirtschaft nur dann mit einer nachhaltigen Erhöhung des Arbeitsplatzangebotes rechnen, wenn die Unternehmen über einen längeren Zeitraum hinweg so gut verdienen, daß ihr Spielraum für die Selbstfinanzierung von Investitionen auf der Basis eines erhöhten Eigenkapitalanteils wieder zunimmt.

Nach den Beobachtungen der Deutschen Bundesbank hat die Investitionsschwäche der frühen achtziger Jahre maßgeblich zu dem starken Einbruch der Beschäftigtenzahlen in dieser Zeit beigetragen. Der Altbundeskanzler Schmidt brachte diese Zusammenhänge auf den knappen Nenner "die Gewinne von heute sind die Investitionen von morgen und die Arbeitsplätze von übermorgen".

Es bedarf einer behutsamen, auf Kontinuität angelegten Wirtschaftspolitik, um den Unternehmen das für Investitionen unerläßliche Vertrauen in die künftige wirtschaftliche Entwicklung zu vermitteln. Wo diese Basis fehlt, werden technisch noch so überzeugende Lösungsansätze als Schubladenprojekte ungenutzt veralten. Eine wesentliche Ursache der heute so hohen Arbeitslosenzahlen sehe ich darin, daß dieses Klima während der siebziger Jahre nachhaltig gestört war.

Das derzeitige Überangebot an ungelernten Arbeitskräften ist aber auch ein Indiz für ein gestörtes Gleichgewicht in der Lohnstruktur.

Durch die Verkrustung der zu zahlenden Arbeitsentgelte in überregional gültigen Tarifverträgen mit Sockelbeträgen für die unteren Tarifgruppen, die ausgerechnet in der von Arbeitslosigkeit schon seit Jahren am stärksten betroffenen Gruppe der ungelernten und angelernten Kräfte kontinuierlich überproportional anstiegen, wurden diese Arbeitskräfte so teuer, daß es für die Unternehmen in immer stärkerem Umfang zwingend wurde, menschliche Arbeitsleistung durch kapitalaufwendige, aber letzten Endes geringere Kosten verursachende technische

38

Apparaturen zu ersetzen. Insgesamt sollten die Verhältnisse am Arbeitsmarkt in Anpassung an die Dynamik des wirtschaftlichen Geschehens noch wesentlich flexibler werden.

Ich darf meine Überlegungen zu den Ursachen des wirtschaftlichen Strukturwandels in Mittelfranken zusammenfassen:

- Das Wachstum des Umsatzvolumens hat mit der Entwicklung der Arbeitsproduktivität in der Industrie nicht Schritt gehalten.
- Die Schrumpfung der Gewinne beeinträchtigte den Investitionsspielraum.
- Die überproportionale Anhebung der Arbeitsentgelte für einfache Tätigkeiten und die mangelnde Flexibilität beim Abschluß von Arbeitsverträgen förderten den Rationalisierungsdruck.

Ich wende mich nun dem 3. Teil meines Referates zu und frage nach den räumlichen Auswirkungen des Einsatzes neuer Technonogien. Dazu darf ich zunächst einige Begriffe klarstellen.

Wir unterscheiden in Mittelfranken zwei Planungsregionen: die hochverdichtete Industrieregion Mittelfranken mit den vier kreisfreien Städten Nürnberg, Erlangen, Fürth und Schwabach und den angrenzenden Landkreisen und die noch ausbaufähige Region Westmittelfranken, die Fördergebiet im Sinne der "Gemeinschaftsaufgabe zur Verbesserung der regionalen Wirtschaftsstruktur" ist.

In dem von mir gewählten Untersuchungszeitraum 1974 bis 1985 fand in Mittelfranken bei der regionalen Verteilung der sozialversicherungspflichtig Beschäftigten eine Dezentralisierung statt. Einem Rückgang der Gesamtzahl der Beschäftigten in Nürnberg um 7 % stand eine gleichstarke prozentuale Zunahme in der übrigen Industrieregion gegenüber, in der Region Westmittelfranken ist die Zahl der Arbeitsplätze sogar um 9 % gewachsen. Bei den Arbeitsplätzen im produzierenden Bereich betrug das Minus in Nürnberg 24 %, in der übrigen Industrieregion 9 %, in Westmittelfranken aber nur 3 %. Andererseits war die Zunahme der Arbeitsplätze im tertiären Sektor in Nürnberg mit plus 11 % bedeutend niedriger als im Umland mit plus 43 und in der Region Westmittelfranken sogar mit einer Steigerungsrate von 62 %.

Die Verschiebungen hatten zur Folge, daß heute in der Industrieregion außerhalb Nürnbergs die Zahl der Beschäftigten im produzierenden Gewerbe größer ist als in der Stadt Nürnberg.

Im Jahre 1974 waren die Relationen noch umgekehrt gewesen; das Wachstum der Industrie vollzog sich also außerhalb der Nürnberger Stadtgrenzen. Dafür entfällt aber auf die Beschäftigten im tertiären Sektor in der Stadt Nürnberg

heute ein Anteil von über 50 % an der Gesamtzahl der Beschäftigten; dies entspricht der zentralörtlichen Rangteilung der Stadt.

Die Veränderungen im regionalen Wirtschaftsgefüge haben aus meiner Sicht nur
wenig mit der Prozeß- oder Produktionsinnovation in den Unternehmen zu tun,
sie dürften eher mit der Verknappung und Verteuerung des Grundstücksangebots
im Verdichtungsraum und mit der Verbesserung der Verkehrsinfrastruktur zusam-
menhängen. Diese manifestierten sich vor allen Dingen im Ausbau des Fern-
straßennetzes, im U-Bahnbau und in der nun anlaufenden Realisierung eines S-
Bahnnetzes im Verdichtungsraum. Die relativ günstige Entwicklung der Industrie
in der Industrieregion außerhalb Nürnbergs dürfte vorrangig den Fühlungsvor-
teilen des Verdichtungsraumes im Bereich der wissenschaftlich-technischen
Infrastruktur zuzuschreiben sein, auch das im Vergleich zu Westmittelfranken
vielseitigere Angebot an Arbeitskräften veranlaßt die Firmen in der Nähe der
großen Städte zu bleiben bzw. dort ihre Produktionsstätten zu errichten.

Ein typisches Beispiel für die Wechselwirkungen zwischen Industrie und Universität sind die mannigfachen Beziehungen zwischen dem Siemenskonzern und der
Universität in der Stadt Erlangen.

Aber auch die Philips Kommunikations Industrie, die erst vor wenigen Jahren
Nürnberg als Unternehmenssitz wählte, ließ uns wissen, daß die Nähe von Universität und Fachhochschule dabei ein ausschlaggebender Standortfaktor gewesen
sei, nicht zuletzt im Blick auf die Anwerbung des wissenschaftlichen Nachwuchses. Das Haus Siemens hat übrigens auch im Nürnberger Stadtgebiet neue Grund-
stücke erworben und führt zur Zeit umfangreiche bauliche Investitionsmaßnahmen
durch, ebenso die Robert Bosch GmbH.

In jüngster Zeit mehren sich andererseits Betriebsansiedlungen in Westmittelfranken. Sie erfolgen meines Erachtens nicht wegen technischer Neuerungen,
sondern weil die Investoren die günstige Verkehrslage im Einzugsbereich des
Autobahnkreuzes Feuchtwangen, die dort gewährten öffentlichen Finanzierungs-
hilfen bis zu 20 % der Investitionssumme und die niedrigeren Grundstückspreise
nutzen. Es ist ferner zu beobachten, daß ein technischer Aspekt, der während
der vergangenen Jahrzehnte verschiedentlich zu Auslagerungen führte, im Zuge
der Anwendung neuer Techniken an Bedeutung zu verlieren scheint, nämlich der
Flächenbedarf. Noch vor wenigen Jahren dominierte im Industriebau die einge-
schossige Bauweise, allenfalls für Büroräume war eine Unterbringung in höher
gelegenen Stockwerken akzeptabel.

Bei dem vor kurzem abgeschlossenen Neubau eines Werkes zur Herstellung passi-
ver elektronischer Bauelemente in Nürnberg zeigte sich eine gegenläufige
Entwicklung: Die Firma errichtete einen 4-stöckigen Neubau und brachte die
Büroräume in den unteren, die Fertigung aber in den oberen Stockwerken unter,

weil dort geringere Probleme mit der Reinigung der Luft bestanden, die für diese Art der Produktion absolut staubfrei sein muß.

Der Trend, wonach innovationsstarke Unternehmen Standorte in der Nähe von Verdichtungsräumen bevorzugen, ist auch in einer Untersuchung des Bundesministers für Raumordnung, Bauwesen und Städtebau zur Erfassung regionaler Innovationsdefizite zu erkennen. Sie ergab, daß in ländlichen Regionen mit ungünstiger Struktur eine geringere Anzahl innovierender Unternehmen anzutreffen ist als in den anderen Regionen der Bundesrepublik Deutschland. Nach den Ermittlungen dieser Studie gehört Westmittelfranken in diesem Sinne zu den innovationsschwächeren Gebieten.

In sogenannten altindustrialisierten Regionen ermittelt die Studie ebenfalls unterproportionale Innovationsaktivitäten, ein vielschichtiges Problem, das u.a. mit der Überalterung der Bausubstanz zutun hat bei Fabrikationsgebäuden, die ohne Erweiterungsmöglichkeiten im Zuge des Wachstums der Städte von der Wohnbebauung eingekreist wurden. Ich möchte nicht ausschließen, daß solche Faktoren mit zu dem starken Rückgang der Industriebeschäftigtenzahlen im produzierenden Gewerbe der Stadt Nürnberg beigetragen haben.

In Nürnberg hatte die industrielle Entwicklung Bayerns ihren Anfang genommen, erst nach dem Zweiten Weltkrieg wurde die Stadt in ihrer Rolle als größte Industriestadt Bayerns von München abgelöst.

Ich habe aber den Eindruck, daß die Nürnberger Industrie im Zusammenhang mit dem durch die Mikroelektronik ausgelösten Schub der technischen Neuerungen jetzt im Begriff ist, diese Strukturschwäche zu überwinden.

Unabhängig von der regionalen Verteilung der Industrie beobachtet die Kammer als weitere raumwirksame Auswirkung von technischen Entwicklungen eine Rückverlagerung von Produktionstätigkeiten aus dem Ausland, weil mit Hilfe der neuen automatisierten Fertigungsmethoden bestimmte Produkte in der Bundesrepublik in besserer Qualität hergestellt werden können als im Lohnveredlungsverfahren durch ausländische Kooperationspartner.

Schließlich beobachten wir bei Unternehmen der Zulieferindustrie die Tendenz, Betriebsstätten räumlich in die Nähe der Kunden zu verlagern. So wollen Firmen aus Norddeutschland in Süddeutschland produzieren, um von hier aus den süddeutschen Markt bedienen zu können. Mittelfranken bietet dafür ideale Standortbedingungen; die drei großen süddeutschen Verdichtungsräume um Frankfurt, Stuttgart und München können von hier aus jeweils in rund 2 Autostunden erreicht werden.

Das Heranrücken mit Produktionsstätten und Auslieferungslagern in die Nähe der Abnehmer hängt auch mit der Straffung der Materialwirtschaft zusammen, die erhöhte Anforderungen an die Organisation eines reibungslosen Nachschubs an Vormaterialien und Zulieferprodukten stellt.

Meine Damen und Herren, ich fasse den dritten Teil meines Referates zusammen:

In den vergangenen 12 Jahren fand bei der regionalen Verteilung der Arbeitsplätze in Mittelfranken ein Prozeß des Ausgleichs statt vom hochverdichteten Kern des Verdichtungsraumes ins Umland und in die Randgebiete. Die Ursachen der räumlichen Verlagerung hängen nur zum Teil mit technischen Faktoren zusammen.

Lassen Sie mich nun im letzten Teil meiner Ausführungen einige raumbedeutsame Maßnahmen nennen, die zur Zeit im Gang sind oder die wir anstreben.

In Westmittelfranken ist neben der Forführung des Ausbaus der Fernverkehrsstraßen ein weiteres Jahrhundertprojekt im Gang: Im Zusammenhang mit dem Bau des Main-Donau-Kanales realisiert die Bayerische Staatsregierung ein Projekt zur Überleitung von Wasser aus dem Raum der Donau und Altmühl ins wasserarme Becken von Rednitz und Pegnitz. Im Rahmen dieses Vorhabens entstehen in Südwestmittelfranken drei große Speicherseen, die in ihren Ausmaßen dem oberbayerischen Tegernsee, dem Schliersee und dem Königsee vergleichbar sein werden. Teile dieser Seenlandschaft sind schon geflutet, Sie werden morgen Gelegenheit haben, diese Bereicherung des mittelfränkischen Landschaftsbildes kennenzulernen. Ich zweifle nicht daran, daß durch diese unter Einsatz modernster Technologien durchgeführte öffentliche Investitionsmaßnahme eine Belebung im Ausflugsverkehr und auch im Fremdenverkehr eintreten wird.

Dennoch wird es notwendig sein, auch weiterhin in Westmittelfranken private Investitionen zu fördern, um so zur Vermehrung des Angebotes an qualitativ attraktiven Arbeitsplätzen beizutragen. Dies ist erforderlich, um dem noch immer vorhandenen Trend zur Abwanderung entgegenzuwirken und einer sozialen Erosion in diesem Wirtschaftsraum vorzubeugen, denn besonders abwanderungsgefährdet sind gerade die jungen strebsamen Arbeitskräfte, die sich in den großen Verdichtungsräumen bessere Aufstiegschancen erhoffen.

Bestrebungen zur Behebung des nach der Studie des Bundesforschungsministeriums in Westmittelfranken bestehenden Innovationsdefizites sind im Gang. Die Kammer ist hier jedoch nach reiflicher Prüfung der örtlichen Gegebenheiten und eingehenden Gesprächen mit westmittelfränkischen Unternehmen zu dem Ergebnis gekommen, daß es nicht angezeigt sein dürfte, in Westmittelfranken in Nachahmung des ostbayerischen Technologietransfer-Institutes OTTI eine entsprechende neue Institution ins Leben zu rufen. Wir meinen vielmehr, daß es im Hinblick auf die gute Verkehrsanbindung Westmittelfrankens zum Verdichtungsraum Nürnberg effizienter wäre, die Aktivitäten der hier ansässigen Institutionen in Westmittelfranken auszubauen. Die Landesgewerbeanstalt Bayern, die ihren Sitz in Nürnberg hat, und die Fachhochschule Nürnberg haben schon entsprechende Schritte durch die Veranstaltung von Wanderausstellungen und Sprechtagen in die Wege geleitet.

Wenn es darüber hinaus noch gelingen könnte, mehr Unternehmen in Westmittelfranken als bisher zur Durchführung von industriellen Forschungs- und Entwicklungsarbeiten mit Hilfe der Fördermöglichkeiten des Bundesforschungsministeriums zu veranlassen, so wären wir einen weiteren Schritt vorwärts gekommen.

Dagegen vermag ich bis jetzt noch keine Ansatzpunkte für die Nutzung der modernen Informationstechnologie in Westmittelfranken zu sehen. Hier fehlen uns Erfahrungen, weil die technischen Voraussetzungen durch die Bundespost noch nicht gegeben sind. Mit einschlägigen Vorleistungen durch die zum Sektor der Informationstechnologien gehörenden Industrieunternehmen ist gerade in strukturschwachen Räumen nach den bisherigen Informationen der Kammer nicht zu rechnen, weil sich derartige Erschließungsmaßnahmen wegen der weitläufigen regionalen Streuung der Unternehmen für die Firmen wohl kaum bezahlt machen würden. Andererseits möchte ich jedoch dringend davor warnen, daß die Deutsche Bundespost ihrerseits den Ausbau der Verkabelung unter Renditegesichtspunkten auf die Verdichtungsräume begrenzt. Vielmehr sollte die Post gerade in diesem Bereich entsprechend ihrer volkswirtschaftlichen Verantwortung für eine flächendeckende Versorgung den Ausbau des gesamten Netzes vorantreiben.

Allerdings bedarf es zu einer breiteren Nutzung der modernen Informationstechnologien auch bei den Anbietern elektronisch übertragbaren Wissens, insbesondere bei den Datenbanken, noch einer ganzen Reihe von Lernschritten zur Verbesserung der Attraktivität dieser Medien.

Weil ich mir sicher bin, daß der Sprung ins Informationszeitalter den Wettbewerb der Unternehmen in wesentlicher Weise mitbestimmen wird, begrüße ich die Initiativen der Bayerischen Staatsregierung, diese Entwicklungen in Bayern voranzutreiben.

Zwei raumwirksame mittelfränkische Initiativen zur Stärkung der Innovationskraft unseres Wirtschaftsraums darf ich noch erwähnen: In einem beispielhaften Akt von Gemeinsinn schlossen sich mittelfränkische Unternehmer vor einigen Jahren zu einem Förderkreis Mikroelektronik zusammen und brachten den stattlichen Spendenbetrag von 7 Mio DM auf. Aus diesem Kapital wurde an der Universität Erlangen-Nürnberg der erste bayerische Stiftungslehrstuhl geschaffen als Lehrstuhl für Integrierte Bauelemente, ein zweiter Lehrstuhl für Rechnergestütztes Entwerfen wurde in Anerkennung dieser Eigenleistung der Wirtschaft

von der Bayerischen Staatsregierung finanziert. Aus dem Spendenaufkommen wurde
ferner der Grundstein gelegt für ein anwenderorientiertes Forschungsinstitut
auf dem Gebiete der Mikroelektronik, das inzwischen von der Fraunhofer-Gesell-
schaft als vorläufige Arbeitsgruppe für integrierte Schaltungen übernommen
wurde.

Die zweite Initiative ist die Errichtung eines Innovations- und Gründerzen-
trums im mittelfränkischen Verdichtungsraum. Dieses Zentrum wird von einer
Betriebsgesellschaft der Städte Nürnberg, Erlangen und Fürth unter vertragli-
cher Mitwirkung der beiden Kammern der gewerblichen Wirtschaft getragen, auf
die Dauer von 5 Jahren wird das Bayerische Wirtschaftsministerium das Projekt
mit insgesamt 2 Mio DM unterstützen.

Eine ähnliche Einrichtung befindet sich übrigens in München, und in Würzburg
wird zur Zeit ein drittes Zentrum dieser Art aufgebaut.

Weitere raumwirksame Investitionsprojekte wurden durchgeführt oder stehen an:
Der Ausbau des Nürnberger Messegeländes, das sich durch die Durchführung der
jährlich wiederkehrenden internationalen Spielwarenmesse und die periodische
Veranstaltung einer Reihe von anderen Fachmessen einen guten Namen unter den
deutschen Messeplätzen erworben hat, der Neubau der Landesgewerbeanstalt Bayern mit einem Investitionsaufwand von 150 Mio DM, die Erweiterung des Nürnberger Flughafens, und vor allen Dingen die beschlossene Einbindung Nürnbergs in
das System der Hochgeschwindigkeitszüge der Deutschen Bundesbahn. Gerade die
zuletzt genannten beiden Projekte erscheinen mir für eine erfolgreiche Einbindung des mittelfränkischen Wirtschaftsraumes in die hochtechnisierte Wirtschaft der Zukunft lebensnotwendig zu sein. Mittelfranken liegt zwar zentral
in Süddeutschland, aber es befindet sich wegen der Folgen des Zweiten Welt-
kriegs doch in einer Randlage zur EG und ist deshalb in besonderer Weise auf
eine gute überregionale Verkehrsanbindung angewiesen.

Zur Qualifizierung des Nachwuchses und zur Verbesserung der wissenschaftlichen
Ressourcen der Wirtschaft schreiten die Maßnahmen zum Ausbau der technischen
Fakultät an der Universität Erlangen-Nürnberg fort.

Auch bei der Fachhochschule in Nürnberg mit den Ausbildungsrichtungen Technik,
Wirtschaft, Sozialwesen und Gestaltung ist ein großer Erweiterungsbau im Gang.
Es wird die Einrichtung eines Studienganges Produktdesign angestrebt in Ver-
bindung mit der Gründung einer Institution außerhalb der Hochschule, deren
Aufgabe es sein soll, das Designbewußtsein in der Wirtschaft zu fördern und in
Zusammenarbeit mit freiberuflichen Designern Hilfestellungen bei der Lösung
von Designaufgaben zu leisten.

Schließlich möchte ich noch auf Initiativen der Kammer hinweisen: In Anbetracht des während der Rezession nur schwach gedämpften Mangels an Facharbeitern hat die Ausbildungsbereitschaft der Unternehmen stark zugenommen. Zur Zeit sind bei der Industrie- und Handelskammer Nürnberg rund 50 % mehr kaufmännische und gewerbliche Ausbildungsverhältnisse registriert als im Jahr 1970. Die Berufsbilder werden kontinuierlich den Anforderungen der Wirtschaft angepaßt. Mit Unterstützung aus Landesmitteln wird demnächst in Nürnberg der Grundstein für die Errichtung eines von der Kammer betriebenen Berufsbildungszentrums gelegt. Sein Schwerpunkt soll bei der beruflichen Weiterbildung liegen. Damit will die Kammer dem chronischen Mangel an qualifizierten Arbeitskräften entgegenwirken. Regen Zuspruch finden ferner die Existenzgründungs-Seminare, die die Kammer seit Jahren anbietet, in wenigen Wochen übrigens erstmals im Rahmen einer Sonderveranstaltung für technologieorientierte Interessenten.

Seit 1980 haben über eineinhalbtausend Teilnehmer diese Gelegenheit zur Förderung des unternehmerischen Nachwuchses wahrgenommen.

Meine Damen und Herren,

nicht jedes der von mir genannten Vorhaben dient unmittelbar der Einführung oder Verbreitung von technischen Neuerungen, aber alle sind als Antwort unseres Wirtschaftsraumes auf die Herausforderung zu verstehen, die sich aus der permanenten Weiterentwicklung der Technik ergibt. Die parallel laufende Akzeptanz dieser Herausforderung durch Wirtschaft und Öffentliche Hand bietet unserem Wirtschaftsraum die Chance, sich im Wettbewerb mit anderen Räumen zu behaupten.

Lassen Sie mich meine Überlegungen schließen mit einem Zitat von Professor Merkle, dem langjährigen Chef des Hauses Bosch: "Es ist nicht unser Schicksal, von der Technik beherrscht zu werden, sondern unsere Aufgabe ist, sie zu beherrschen".

TECHNISCHE ENTWICKLUNGEN ALS PROBLEM DER RAUMORDNUNG

von
Peter Treuner, Stuttgart

Gliederung

1. Zur Strukturierungsbedürftigkeit der Fragestellung

2. Räumliche Wirkungspotentiale neuer Techniken

    2.1 Entwicklungen im Telekommunikationsbereich
    2.2 Entwicklungen im Bereich der industriellen Produktion
    2.3 Entwicklungen im Bereich der Agrarproduktion
    2.4 Entwicklungen im Bereich der Transport- und Versorgungsinfrastruktur

3. Determinanten der räumlichen Wirkungen

    3.1 Tendenzen auf den Faktor- und Produktmärkten
    3.2 Entwicklung der Verhaltensweisen
    3.3 Gesellschaftliche Rahmenbedingungen

4. Zusammenfassung

1. Zur Strukturierungsbedürftigkeit der Fragestellung

Das Präsidium und der Wissenschaftliche Rat der Akademie für Raumforschung und Landesplanung haben kürzlich ein Memorandum "Anforderungen an die Raumordnungspolitik in der Bundesrepublik Deutschland" vorgelegt. Die Ziffer 2 dieses Memorandums enthält drei Sätze, die zu der uns gestellten Frage hinführen:

"Weitreichende Änderungen in der Branchenstruktur und im Produktionsablauf der Wirtschaft sind absehbar; das hat Konsequenzen für Einkommen, Beschäftigung und die räumliche Verteilung der Standorte. Einerseits werden Märkte erweitert oder neu geschaffen, andererseits in vielen Branchen Arbeitskräfte freigesetzt und Kapital entwertet. Daraus ergeben sich unterschiedliche positive und negative Wirkungen für die Regionen."

Das eigentliche und noch ungelöste Problem liegt - wie offensichtlich klar erkannt wurde - in der tatsächlichen oder auch nur potentiellen Gleichzeitigkeit von Wirkungen, die im Sinne unserer bisherigen raumordnungspolitischen Zielsetzungen als positiv oder als negativ zu werten sind. Diese Hervorhebung scheint mir deswegen wichtig zu sein, weil - wie das "Memorandum" andeutet, ohne es auszusprechen - in der gegebenen Situation sich grundlegend ändernder Rahmenbedingungen insbesondere im demographischen Bereich es möglicherweise neu festzulegen gilt, wie denn positive von negativen Wirkungen zu unterscheiden sind, welche Kriterien der Wertung im Hinblick auf eine zukünftige Politik verantwortungsvollerweise zugrunde zu legen sind.

Die uns interessierenden Veränderungen im Bereich der neuen Techniken sind dabei nicht nur hinsichtlich ihrer räumlich relevanten Wirkungsrichtungen selbst noch unklar, sondern auch von der Weiterentwicklung wichtiger - auch räumlicher - Rahmenbedingungen abhängig.

Wenn wir uns also der Fragestellung technischer Veränderungen als eines Problems der Raumordnung heute zuwenden, dann muß zunächst eine werteorientierte Strukturierung des Problems erfolgen, bevor man hoffen kann, interpretierenden Antworten im Hinblick auf raumordnungspolitische Folgerungen näher zu kommen. In diesem Sinne werden wir uns nacheinander drei Hauptaspekten zuwenden, nämlich

- den räumlichen Wirkungspotentialen neuer Techniken,
- den Determinanten der zu erwartenden räumlichen Auswirkungen solcher neuer Techniken und
- den Kriterien einer raumordnungspolitischen Bewertung der möglichen Wirkungen neuer Techniken.

2. Räumliche Wirkungspotentiale neuer Techniken

Hinsichtlich der räumlichen Wirkungen der absehbaren neuen Techniken besteht noch erhebliche Unklarheit. Allenfalls läßt sich eine weitgehende räumliche Ambivalenz praktisch aller erkennbaren potentiellen Veränderungen als gemeinsames Merkmal vermuten, wie wir mit den folgenden zusammenfassenden Beschreibungen, die später in Thesen und Antithesen einmünden, zu zeigen versuchen werden.

2.1 Entwicklungen im Telekommunikationsbereich

Die zum großen Teil bereits in erster Anwendung befindlichen neuen Techniken des Telekommunikationsbereiches, die zunächst als Antwort auf die immer umfangreicher und wichtiger werdenden Bedürfnisse nach vielfältig differenzierten, verläßlichen und schnell zugänglichen Informationen entstanden und inzwischen auf vielfältige Weise Voraussetzung und Bestandteil nicht nur der Produktionsplanung, sondern auch von Systemen der Produktionstechnik geworden sind, haben in der Öffentlichkeit bisher wohl am meisten Aufmerksamkeit gefunden. Dies ist in Anbetracht der direkten Anbindung der privaten Haushalte an einige Elemente dieses Technikbereichs leicht zu verstehen. Aufgrund ihrer technischen Ausgestaltung könnten die meisten dieser neuen Techniken zur Folge haben, daß die Kosten für den "Transport" von Informationen von einem Ort zu einem anderen praktisch von der zu überbrückenden Entfernung unabhängig werden. In aller Regel wird die Dauer der Inanspruchnahme eines Systems zu dem im Verhältnis zur Entfernungsüberwindung wichtigeren Kostenfaktor. Jeder Nachfrager hat bei gleicher Nachfrageintensität - im Prinzip - an jedem Standort mit gleichen Kosten der Informationsübermittlung zu rechnen.

Dieser die Bedeutung der Entfernungsdimension der räumlichen Struktur vermindernden Wirkung der neuen Techniken stehen allerdings mindestens zwei gewichtige Tatsachen entgegen. Erstens verbleibt trotz aller technischer Möglichkeiten ein menschlicher Faktor des Bedürfnisses nach unmittelbarer interpersoneller Kommunikation, der zwar möglicherweise im Hinblick auf die dafür aufzuwendenden Zeiten an Bedeutung verlieren könnte, in seiner standortrelevanten Bedeutung von den Analytikern der Technik aber vielleicht unterschätzt wird; die spektakuläre Rennaissance Manhattans und anderer schon totgesagter Wirtschaftszentren, und zwar gerade durch Konzentrationstendenzen in solchen Branchen - wie z.B. den Geschäftsbanken -, die sich früh die Vorteile der neuen Telekommunikationssysteme zu eigen machten, gibt jedenfalls Anlaß zu eher vorsichtigen Einschätzungen. Zweitens aber wird das dekonzentrierend wirkende Prinzip tatsächlich erst dann seine Wirkung entfalten können, wenn die erforderlichen technischen Einrichtungen auch tatsächlich überall geschaffen worden und verfügbar sind. Dies aber wird aller Voraussicht nach nicht in einer räumlich neutralen oder gar die Problemräume bevorzugenden Weise geschehen, so daß man durchaus vermuten kann, daß die Verwirklichung der neuen Systeme zumindest zeitweise die relative Standortgunst der wirtschaftsstarken und das heißt der raumordnungspolitisch problemloseren Räume weiter fördern wird.

Ob das räumliche Unterschiede ausgleichende Potential der Wirkungen der neuen Telekommunikationstechniken sich insgesamt mehr oder weniger oder überhaupt entfalten können wird, hängt daher in jedem Fall entscheidend von der Art der Organisation und der zeitlichen Verwirklichung eines raumabdeckenden und effektiv zugänglichen Angebots an technischen Einrichtungen ab.

2.2 Entwicklungen im Bereich der industriellen Produktion

Hinsichtlich der Entwicklungstendenzen im Bereich der industriellen Güterproduktion ist offensichtlich eindeutig, daß der Einsatz der in Entwicklung

49

befindlichen neuen Techniken erhöhte Anforderungen an die Qualifizierung der Arbeitskräfte stellen wird, die zur Planung und Vorbereitung des effizienten Einsatzes, zur Bedienung und zur Wartung und Anpassung der neuen Anlagen erforderlich sind. Mit der weiteren Erhöhung der Flexibilität der Produktionsanlagen steigt zwar tendenziell die Wettbewerbsfähigkeit der sie einsetzenden Unternehmen; zugleich wird aber auch die Risikoempfindlichkeit der immer kapitalintensiveren Investitionen größer. Schließlich führen die hohen Anforderungen an die Planungs- und Produktionsflexibilität innerhalb der Unternehmen zugleich auch zu höheren Anforderungen an die "Peripherie" der Unternehmung, an die Zugänglichkeit und die Bereitstellung der extern zu beschaffenden Vorleistungen.

Hinsichtlich des räumlichen Wirkungspotentials dieser Veränderungen besteht noch keine Klarheit. Es ist einerseits durchaus denkbar, daß die sogenannten "Fühlungsvorteile" bzw. in einem engeren Sinne die "urbanization economies" insbesondere hinsichtlich des Zugriffs auf differenzierte Märkte hochqualifizierter Arbeitskräfte zulasten der traditionellen Standortfaktoren weiter an Bedeutung gewinnen und insofern räumliche Konzentrationstendenzen begünstigen werden. Andererseits könnte die Tatsache, daß alle nicht mehr im engeren Sinne rohstoffabhängigen Fertigungen im Prinzip an jedem denkbaren Standort erfolgen können, auch zu einem die Entwicklung der Standortstruktur in entgegengesetzter, konzentrationsmindernder Richtung beeinflussenden Faktor werden.

2.3 Entwicklungen im Bereich der Agrarproduktion

Im Bereich der Agrarproduktion besteht kein Zweifel daran, daß unter rein mengenmäßigen Gesichtspunkten die Erzeugung von Lebensmitteln künftig immer weniger Fläche erfordern wird. Die Größenordnung - und die regionale Verteilung - der Flächen, die zukünftig nicht mehr benötigt werden, hängt allerdings in erster Linie von den rahmensetzenden Grundsatzentscheidungen der gemeinschaftlichen Agrarpolitik ab und erst in zweiter Linie von der Verfügbarkeit bzw. der Wirtschaftlichkeit des Einsatzes neuer Produktionstechniken. Solche neuen Produktionsmöglichkeiten wirken sich einerseits - in den klassischen Bereichen der Nahrungsmittelproduktion - überwiegend flächensparend aus, andererseits könnten sie - insbesondere dann, wenn es um die Produktion von Primärenergieträgern oder von industriell zu verwertenden Rohstoffen gehen würde - neue Ansprüche an die Flächennutzung stellen.

Was in dieser Hinsicht realisiert werden könnte, hängt sowohl von den internationalen Preisentwicklungen im Rohstoffbereich als auch von der Politik der Gemeinschaft ab, so daß man nur feststellen kann, daß der Spekulation Tür und Tor geöffnet sind. So unbestimmt aber die Entwicklungswahrscheinlichkeiten sind, so sicher eröffnen sie neue Freiheitsgrade für Zielsetzungen der räumlichen Entwicklung, die von der Raumordnung und Landesplanung in Anspruch genommen werden könnten.

2.4 Entwicklungen im Bereich der Transport- und Versorgungsinfrastruktur

Schließlich haben wir uns noch den Entwicklungen im Bereich der Transport- und der Versorgungsinfrastruktur zuzuwenden. Ein wachsendes Umweltbewußtsein hat zu steigenden Anforderungen an die Vorbereitung und Rechtfertigung von Trassen- und Standortentscheidungen geführt, die einerseits die Forderungen nach neuen, effizienteren und problemloseren technischen Lösungen verstärken, andererseits aber zugleich deren Realisierung schwieriger werden lassen. Die Stichworte Abfallverwertung und Hochgeschwindigkeitsbahnen mögen hier ausreichen; beide Beispiele verdeutlichen, daß die Vorteile, die die neuen Techniken im Vergleich zu den bisher realisierten Lösungen bieten - es sei hier nur auf Deponien und Fluglärm hingewiesen -, oft kaum noch in die immer mehr vordergründig politisierten Entscheidungen eingehen. Die Tatsache, daß die Raumordnung - insbesondere auf der Ebene der Regionalplanung - heute viele ihrer aktuellen Herausforderungen in den beiden hier angesprochenen Bereichen findet, verdeckt oft die neuen Freiheitsgrade, die durch die Anwendung der neuen technischen Möglichkeiten errungen und für die Verwirklichung der Ziele einer umfassend konzipierten räumlichen Entwicklungspolitik genutzt werden könnten.

Es gibt gerade in diesem Bereich relativ eindeutige Aussagen hinsichtlich der potentiellen räumlichen Auswirkungen. Durch Abfallaufbereitung zum Beispiel könnte das Deponieproblem und damit das Entstehen neuer späterer "Altlasten" zwar nicht endgültig gelöst, aber doch in einem früher nicht vorstellbaren Maße reduziert werden; ähnliches gilt für Immissionen in Luft und Wasser. Es ist zu vermuten, daß schon die heute verfügbaren Techniken in durchaus vertretbaren Kostenrahmen die Restriktionen jeder räumlichen Planung ganz erheblich reduzieren helfen können, wenn sie in umfassend begründeten, die Zuständigkeiten der Fachbehörden übergreifenden räumlichen Konzepten realisiert werden könnten.

3. Determinanten der räumlichen Wirkungen

Der zweite Hauptaspekt unserer Erörterung betrifft die Determinanten der räumlichen Auswirkungen des Einsatzes der neuen Techniken. Für unsere Analyse muß es ausreichen, drei Gruppen wesentlicher Determinanten zu unterscheiden, nämlich

- die Gegebenheiten und Entwicklungstendenzen der betroffenen Faktor- und Produktmärkte,

- das Verhalten der Unternehmer- und der Privathaushalte sowie
- die gesellschaftlich gesetzten bzw. neu zu setzenden Rahmenbedingungen.

3.1 Tendenzen auf den Faktor- und Produktmärkten

Am klarsten scheinen die - allerdings teilweise gegenläufigen - Tendenzen auf den betroffenen Märkten abzusehen zu sein.

A. Faktormärkte

Auf den Faktormärkten stehen zwei Haupttendenzen nebeneinander. Erstens scheint alles dafür zu sprechen, daß hinsichtlich der Rohstoffe und der Vorprodukte, der maschinellen Anlagen und des technischen Wissens, auf dem Wege über Kosten und Preise, die schon die letzten Jahrzehnte kennzeichnende Zunahme der internationalen Arbeitsteilung in den Bereichen hoher Produktspezialisierung weiterhin bestimmend bleiben wird. Diese Tendenz fördert die Standortattraktivität derjenigen Räume - und nicht nur ihrer namengebenden zentralen Städte -, die international bekannt und vergleichsweise gut und sicher erreichbar und die dadurch im ganz traditionellen Sinne des Wortes, aber eben in einem neuen, weltweiteren Maßstab ganz einfach die besseren Marktorte sind. Je mehr die Wirtschaft der Bundesrepublik international verflochten ist, desto mehr fördert diese Verflechtung eine Tendenz räumlicher Konzentration der außenhandelsorientierten und der mit ihnen verflochtenen Wirtschaftsunternehmen. Dies gilt unbeschadet der Tatsache, daß sich gut etablierte Spezialunternehmen auch internationaler Bedeutung in Einzelfällen auch in abseitigen Standorten halten und sogar neu entwickeln konnten und weiter werden halten und entwickeln können.

Hinsichtlich des Faktors Arbeit spricht vieles für eine klare Tendenz zur Verstärkung der relativen Bedeutung höherer, spezialisierterer und dynamischerer Qualifikationen. Die praktische Fähigkeit, in abstrakten Systemzusammenhängen zu denken und zu handeln, wird offensichtlich zunehmend nicht nur für die großen und kleinen Produktionsstätten des industriellen Fertigungsbereichs, sondern auch für viele Bereiche der Nahrungsmittelproduktion, des Betreibens von Infrastruktureinrichtungen insbesondere in den Bereichen der Wasser-, Abwasser- und Abfallbetriebe, mancher Dienstleistungen und anderer unter dem Gesichtspunkt des technischen Fortschritts bisher kaum beachteter Bereiche eine Grundanforderung an die einzusetzenden Fachkräfte.

Dabei ist die Fähigkeit des Weiterentwickelns und Systemveränderns von wachsender Bedeutung; sie wird immer höhere Anforderungen an die Bereitschaft zu kontinuierlicher Weiterbildung stellen.

52

Wenn wir weiter davon ausgehen,

- daß die Bereitschaft zur großräumigen Wohnortmobilität eher ab- als zunehmen dürfte,
- daß die Ergiebigkeit großer zusammengehöriger regionaler Arbeitsmärkte im Hinblick auf hochspezialisierte Fachkräfte rein probabilistisch immer größer ist als die der kleineren Arbeitsmärkte ländlicher Regionen, und
- daß wegen dieser Agglomerationstendenzen auch die sich zunehmend spezialisierenden Einrichtungen der Fort- und Weiterbildung (jedenfalls für den Bereich der an Bedeutung gewinnenden Kurzprogramme) vollständiger und vielfältiger in den großen Verdichtungsräumen als in den Zentren ländlicher Räume zu finden sein werden,

dann spricht wiederum vieles dafür, daß die von den neuen Techniken ausgehenden Wirkungen tendenziell mehr die großen als die kleinen Agglomerationen begünstigen, und das heißt, große Teile der ländlichen Räume in wachsende Schwierigkeiten bringen werden.

B. Produktmärkte

Auf den Märkten der unter Einsatz der neuen Techniken herzustellenden Produkte scheinen ebenfalls zwei in ihren räumlichen Auswirkungen gegenläufige Tendenzen nebeneinander wirksam zu werden. Einerseits führt im Bereich der Industrie und der mit ihr verbundenen entwicklungs- und produktionsorientierten Dienstleistungen die sich fortsetzende Tendenz zu immer höherer Spezialisierung wegen der damit relativ immer kleiner werdenden Nachfrage zu einer Tendenz der räumlichen Ausweitung der Absatzmärkte, also zu einer immer größeren Bedeutung des interregionalen und internationalen Exports, und begünstigt damit wiederum die Standorte guter Erreichbarkeit, d.h. insbesondere die größeren Agglomerationen.

Andererseits aber eröffnen

- die Möglichkeit des infolge der Anwendung neuer Techniken billigeren, schnelleren und kundenorientierteren Produzierens auch von Massen- und Konsumgütern,
- die weitere Abnahme der relativen Bedeutung der Transportkosten in vielen Produktionsbereichen und
- die quasi-ubiquitäre Qualität der Ferntransportinfrastruktur

den auf den Zugang zu größeren Märkten angewiesenen Produktionsbetrieben die Produktion auch in dezentralen, aber verkehrsgünstig gelegenen Standorten.

3.2 Entwicklung der Verhaltensweisen

Welche der technisch möglichen und wirtschaftlich vertretbaren Pfade der Verwirklichung des technischen Fortschritts eingeschlagen werden und wie sie sich
räumlich auswirken werden, hängt in starkem Maße auch von den Entwicklungen
der Verhaltensweisen sowohl der Unternehmer als auch der privaten Haushalte
ab. Die Unternehmer, die Umfang und Standort der von ihnen zu verantwortenden
Investitionen zu bestimmen und zu verantworten haben, müssen in erster Linie
die mit ihren Entscheidungen verbundenen Risiken und Ertragsaussichten gegen-
einander abwägen und beurteilen. Die Logik, daß - ceteris paribus - eine
Investition umso interessanter ist und daher umso eher realisiert wird, je
weniger sie mit Risiko behaftet ist und je mehr Ertrag sie verspricht, gilt
natürlich auch hier. Beide Kriterien beinhalten aber neben ihren allgemeinen,
vor allem für die einzelnen Investitionsentscheidungen relevanten traditionellen Elementen der Rentabilität und der Liquidität in zunehmendem Maße auch
Gesichtspunkte, die über die Ausschließlichkeit und Dominanz der früheren
quantitativen Beurteilungen hinausführen. Nicht nur einige wenige herausgeho-
bene Bürger dieser Gesellschaft, sondern kontinuierlich breiter werdende Gruppen zahlen für ein Auto einer bestimmten Marke oder für einen Urlaub in einem
bestimmten Gebiet mehr, als es den quantifizierbaren Verkehrs- oder Erholungs-
leistungen eigentlich entspräche. In ähnlicher Weise ist die Nachfrage nach
Investitionsgütern oft stark von anderen als den reinen Kostengesichtspunkten
bestimmt. Diese Tendenz trägt zur Etablierung von Entscheidungsweisen und von
Unternehmen bei, die nicht ganz leicht in das theoretische Konzept einer
marktwirtschaftlichen Organisation einzuordnen und dennoch für die Wirklich-
keit von großer und anscheinend zunehmender Bedeutung sind.

Der kurze Hinweis auf dieses Phänomen muß hier genügen, um darauf aufmerksam
zu machen, daß die Abschätzung der Entwicklungen auf den Faktor- und Produkt-
märkten dadurch zunehmend einem neuen, noch schwer faßbaren Risiko ausgesetzt
ist.

Schließlich müssen wir uns denjenigen Rahmenbedingungen unserer gesellschaftlichen Entwicklung zuwenden, deren Veränderung bzw. Erörterungsbedürftigkeit
schon heute klar erkennbar auf der Tagesordnung steht, auch wenn wir ihre
Behandlung - und hier darf ich noch einmal auf das "Memorandum" hinweisen -
weiter vor uns herschieben.

3.3 Gesellschaftliche Rahmenbedingungen

An erster Stelle ist auf die Perspektive der demographischen Entwicklung
hinzuweisen, die uns in absehbarer Zeit vor die Frage stellen wird, ob die
Gesellschaft der Bundesrepublik sich mit einer langfristigen Reduzierung ihrer

Bevölkerungszahl abfinden und sich - auch mit ihrer räumlichen Struktur - darauf einstellen will (was mit neuartigen Entscheidungsherausforderungen verbunden, aber nicht unmöglich sein würde) oder ob sich die Bundesrepublik zu einem echten Einwanderungsland mit all den damit verbundenen Veränderungen, Chancen und Gefahren entwickeln soll. Je nachdem, ob der eine oder der andere Weg bewußt gewählt oder auch nur de facto akzeptiert würde, würden die einzelnen räumlichen Wirkungspotentiale der neuen Techniken positiv oder negativ zu werten und dementsprechend politisch zu beurteilen und möglicherweise zu beeinflussen sein.

An zweiter Stelle und eng mit dem demographischen Aspekt verbunden ist die Frage nach der Art und dem akzeptablen Grad der internationalen Verflechtung im wirtschaftlichen Bereich zu sehen. Bisher noch gibt es - mit der großen und problematischen Ausnahme der Agrarpolitik - einen weitgehenden faktischen Konsens dahingehend, daß die Vorteile der Teilhabe an einer weitgehenden internationalen Arbeitsteilung so klar überwiegen, daß Erwägungen von Abkoppelungen leicht in die Kategorie illusionärer, nicht ernst zu nehmender Minderheitenüberlegungen verwiesen werden können. Es wird aber immer mehr auch vorstellbar, daß dieser Konsens abbröckeln und einer anderen Grundhaltung Platz machen könnte, die sich mehr auf tatsächliche oder auch nur vermutete Möglichkeiten besinnen würde, sich mit dem alleine, aus eigener Kraft realisierbaren Spektrum der Lebensentfaltung zu bescheiden. Ein Teil der Energiedebatte der letzten Jahre weist in Ansätzen in eine solche Richtung, auch wenn es noch an einer breiten, langfristig orientierten und grundsätzlich geführten Auseinandersetzung mit einer solchen Alternative fehlt. Auch hier wäre die mögliche Konsequenz eine grundsätzlich andere Bewertung der räumlichen Wirkungspotentiale der neuen Techniken.

Beide Aspekte könnten oder müßten - je nachdem, welche Grundoptionen gewählt werden - zu einem neuen Nachdenken über die praktische Bedeutung der gesellschaftlichen Oberziele führen, das z.B. auch das bisher uneingeschränkt aufrecht erhaltene Postulat eng interpretierter gleichwertiger Lebensbedingungen für die Bewohner aller Raumtypen zu überprüfen hätte. Es ist in der Tat fraglich, ob das alte Ziel heute noch von einer Mehrheit der Bürger in den verschiedenen Räumen der Aufrechterhaltung für wert gehalten wird. Eine solche Neubesinnung könnte zu differenzierenden neuen Bewertungen der sich aus den neuen Techniken ergebenden Gestaltungspotentiale führen.

4. Zusammenfassung

Wenn wir die vorgetragenen Überlegungen zusammenzufassen versuchen, dann kann dies wegen der in vieler Beziehung ungeklärten Situation nicht im Sinne eines abgewogenen Ergebnisses geschehen, das wir weiterführenden Überlegungen und Planungen im Bereich von Raumordnung und Landesplanung zugrunde legen könnten. So faszinierend und provozierend manche der neuen Entwicklungen im Bereich der angewandten Technik sind, so wenig wissen wir tatsächlich noch über ihre wahrscheinlichen Auswirkungen auf die zukünftige räumliche Entwicklung. Es ist eine der wichtigsten Aufgaben der Raumforschung und der Raumordnung der nächsten Jahre, diese Unsicherheit einzuengen und die noch verbleibenden bzw. die neu entstehenden Handlungsspielräume für gestaltende oder anpassende Eingriffe des Staates und der Gemeinden frühzeitig zu erkennen. Die heutige Tagung soll einen Beitrag zu dieser Erkenntnisfindung leisten, und die Arbeitskreise des Nachmittags sollen in ihrer Einengung auf spezielle, besonders relevant erscheinende Bereiche neuer Techniken die kritische Auseinandersetzung mit möglichen Tendenzen und ihrer raumordnungspolitischen Wertung fördern. In diesem Sinne kann daher die Zusammenfassung nur versuchen, provokative Thesen und Antithesen hinsichtlich der räumlichen Wirkung und Bedeutung der neuen Techniken zu formulieren, die als Fragen die Erörterungen in den Arbeitskreis möglichst befruchten sollen.

Sechs solcher besonders herausfordernd erscheinender Thesen-Paare seien daher abschließend zur Diskussion gestellt.

1. Der Einsatz neuer Techniken im Telekommunikationsbereich wird die räumlich differenzierende Wirkung der Informationskosten aufheben und damit die Zugänglichkeit von Unternehmen und Betrieben außerhalb der Verdichtungsräume bzw. deren Wettbewerbsfähigkeit erhöhen, so daß dadurch räumliche Dezentralisierungstendenzen verstärkt und die zukünftigen Entwicklungsaussichten der Nicht-Verdichtungsräume verbessert werden.

   und/oder

   Die Verbesserung der Telekommunikationsmöglichkeiten fördert in den größeren Unternehmen die Möglichkeiten der Trennung der höherwertigen dispositiven und Entwicklungsaktivitäten (Tendenz zur Agglomeration in den Verdichtungsräumen) von den ausführenden Aktivitäten, insbesondere in den Bereichen der Großserienfertigung einfacherer Produkte (Tendenz zur Dezentralisierung), und trägt damit tendenziell zu einer weiteren Verschlechterung der qualitativen Entwicklungsaussichten der Wirtschaft in den nicht in unmittelbarer Nähe zu Verdichtungsräumen gelegenen ländlichen Bereichen bei.

56

2. Die zunehmende Spezialisierung bei der Entwicklung und Fertigung neuer Produkte fördert die internationalen Austauschbeziehungen auch auf den Faktormärkten und verstärkt so die Standortgunst der großen, international bekannten und gut erreichbaren Standorte in den großen Verdichtungsräumen.

und/oder

Die Verbesserung der Leistungsfähigkeit und die Verbilligung der Telekommunikationsmittel auch und gerade im internationalen Bereich sowie die quasi-ubiquitäre Qualität der Verkehrsinfrastruktur stärken die relative Standortgunst der Räume außerhalb der Verdichtungsgebiete und fördern damit Dezentralisierungstendenzen vor allem der potentiell schnell wachsenden Fertigungs- und Dienstleistungsbereiche, die der Entwicklung in den Nicht-Verdichtungsräumen zugute kommen können.

3. Neue Fertigungstechniken insbesondere im Investitionsgüterbereich tragen tendenziell immer spezifischeren, komplexeren und mehr Flexibilität erfordernden Bedürfnissen Rechnung und fördern daher eine Tendenz zur Agglomeration nicht nur der absatzorientierten Entwicklungs-, Vermarktungs- und Leistungsbereiche der Unternehmen, sondern auch von deren Produktionsstätten in den Verdichtungsräumen, die eine größere Nähe zu Vorlieferanten und Abnehmern ermöglichen.

und/oder

Die Tendenz zur Entwicklung und zum Einsatz immer anpassungsfähigerer neuer Fertigungstechniken fördert die Produktdifferenzierung der anbietenden Unternehmen und führt damit zu immer verschiedeneren Absatzmärkten, so daß Standortanforderungen hinsichtlich der Erreichbarkeit eines spezifischen Absatzmarktes immer mehr an Bedeutung verlieren und damit viele Orte - auch solche außerhalb der Verdichtungsräume - zu potentiellen Gewerbe- und Dienstleistungsstandorten werden.

4. Die zunehmende Spezialisierung auf die Fertigung immer höherwertiger Produkte erfordert immer mehr den direkten und jederzeitigen Zugang zu möglichst großen und differenzierten Märkten für qualifizierte Arbeitskräfte und fördert damit die relative Standortattraktivität der großen Verdichtungsräume.

und/oder

Die Bedeutung des direkten und jederzeitigen Zugangs zu großen und differenzierten Märkten qualifizierter Arbeitskräfte verbessert auch die Standortattraktivität der kleineren Verdichtungsgebiete und der größeren Städte im Einzugsbereich der großen Verdichtungsräume, so daß mit einer Verstärkung der Dezentralisierungstendenzen zugunsten der verdichtungsnahen Teile der ländlichen Räume zu rechnen ist.

5. Die Tendenz zu einer immer stärker industrialisierten Produktionstechnik für landwirtschaftliche Erzeugnisse sowohl im Nahrungsmittelbereich wie im Bereich möglicher neuer Produkte des Energie- und Rohstoffsektors trägt zur weiteren Relativierung der Bedeutung traditioneller landwirtschaftlicher Zielsetzungen für die Raumordnungspolitik bei und erhöht damit die Freiheitsgrade der zukünftigen Gestaltung.

und/oder

Neue Produktionstechniken im agrarischen Bereich eröffnen den Besitzern landwirtschaftlich nutzbarer Flächen verbesserte Einkommens- und Entwicklungschancen und stärken damit die Bedeutung der ländlichen Räume im Gesamtzusammenhang der Raumordnungspolitik und der landesplanerischen Gestaltung.

6. Verbesserte Umwelttechnik kann die konfliktträchtigen Standortentscheidungen dem Umfang nach vermindern und damit zukünftige räumliche Planungen erleichtern.

und/oder

Neue Umwelttechnik erfordert in vielen Fällen größere Anlagen und läßt damit das Auswählen und Festlegen von Standorten, die oft regionale Bedeutung haben, zu einem immer schwerer zu lösenden Problem der räumlichen Planung werden.

ARBEITSGRUPPE 1

WIRKUNGEN DER BIOTECHNOLOGIE IN DER LANDWIRTSCHAFT AUF DIE RÄUMLICHE ENTWICKLUNG

EIN ABRISS DER BIOTECHNOLOGIE

Grundsatzpapier

von
Günther Thiede, Luxemburg

Gliederung

1. Einleitung

    1.1 Begriffsbestimmung
    1.2 Geschichtlicher Rückblick
    1.3 Bedeutung der Biotechnologie
    1.4 Anwendungsmöglichkeiten und Potentiale

2. Biotechnische Verfahren

    2.1 Allgemeines
    2.2 Humanmedizin
    2.3 Erschließung von Lagerstätten
    2.4 Umwelt
    2.5 Ernährung
    2.6 Pflanzliche Erzeugung
    2.7 Tierische Erzeugung
    2.8 Nachwachsende Rohstoffe

3. Auswirkungen

    3.1 Chancen und Risiken der Biotechnologie
    3.2 Auswirkungen auf die Landwirtschaft
    3.3 Auswirkungen auf die ländlichen Räume

Literatur

Anmerkungen

1. Einleitung

1.1 Begriffsbestimmung

Unter Biotechnologie wird in allgemeiner Form "die Steuerung und Nutzung biologischer Systeme zur gezielten Produktion von Stoffen verstanden. Die Biotechnologie beinhaltet dementsprechend die Produktion, Isolierung, Abwandlung und Verwendung von Stoffen aus Biosynthesen, wobei die Stoffe von Mikroorganismen oder deren Stoffwechselprodukten, pflanzlichen oder tierischen Zellen produziert sein können[1])." Diese Definition wird der Broschüre des Bundeslandwirtschaftsministeriums "Biotechnologie und Agrarwirtschaft" vorangestellt.

Sie ist relativ weit gefaßt und bezieht sich nicht, wie an anderer Stelle[2]) ausgeführt ist, ausschließlich auf "die großtechnische Herstellung eines Produktes in einem biologischen Prozeß."

Nach P. Kraus[3]) hat Schneiderman von der Firma Monsanto eine dreigeteilte Definition für Biotechnologie aufgestellt:

1. Die Anwendung von Mikroorganismen, von pflanzlichen oder tierischen Zellen oder Zellbestandteilen, wie beispielsweise Enzymen, zur technischen Herstellung von Nutzstoffen.

2. Gezielte Veränderung von Mikroorganismen, Pflanzen oder Tieren durch Einbau von gewünschten Eigenschaften mit Hilfe von rekombinierten DNA-Techniken, von Zellfusion und anderen Methoden, die nicht auf traditionellen züchterischen Techniken beruhen.

3. Die Anwendung der Molekularbiologie zum besseren Verständnis von Vorgängen in Zelle und Organismus zum Zwecke der Veränderung oder Wiederherstellung von Funktionen.

Die unter 1 aufgeführten Nutzstoffe können Antibiotika ebenso sein wie in Zellkultur gewonnene Pflanzeninhaltstoffe, fermativ hergestellte Zitronensäure ebenso wie die in Kläranlagen eingesetzten Mikroorganismen.

Punkt 2 spricht speziell die Gentechnologie an, mit deren Hilfe z.B. Insulin hergestellt wird oder z.B. in eine Pflanze eine oder mehrere Resistenzen gegen Schaderreger eingebaut werden.

Der dritte Punkt widmet sich vor allem der Grundlagenforschung für die in den beiden ersten Punkten aufgeführten Verfahren.

60

Die bisher genannten Definitionen schließen nicht unbedingt die heute in der Tierzucht angewendeten Techniken zur besseren Nutzung der Erbanlagen von Hochleistungstieren ein, wie sie z.B. bei der künstlichen Besamung und bei der künstlichen Mikroteilung von Embryonen vorgenommen werden. Im weitesten Sinne sollte man als Biotechnologie auch die Methoden einbeziehen, bei denen z.B. sogenannten Austragekühen Embryonen besonders wertvoller Spitzentiere eingepflanzt werden.

In diesem Beitrag wird deshalb Biotechnologie in dieser weitest ausgelegten Auffassung verstanden. In Anlehnung an H. Katinger kann man also unter Biotechnologie "die integrierte Anwendung der Prinzipien der Biologie und der Verfahrenstechnik mit dem Ziel der ... Nutzung des Potentials von Mikroorganismen, Zell- und Gewebskulturen" verstehen[4].

An biotechnologischen Maßnahmen sind zahlreiche Wissenschaftsdisziplinen beteiligt: Mikrobiologie (Molekularbiologie), Zellbiologie, Biochemie, Gentechnologie, Biophysik, Bioverfahrenstechnik und nicht zuletzt Pflanzen- und Tierzucht. Neuerdings kann man auch die Bioelektronik dazu zählen, wodurch Verbindungen zur herkömmlichen Halbleitertechnologie und zur Elektrotechnik hergestellt werden[5].

1.2 Geschichtlicher Rückblick

Die Biotechnologie hat zwar in den letzten zehn Jahren eine ungeheure Bedeutung erlangt. Sie ist als neues Schlagwort und als Wundermittel der Neuzeit in aller Munde. Sie wird jedoch schon seit mehreren tausend Jahren[6] praktisch angewendet, ohne daß sie dabei ausdrücklich so benannt wurde.

Bierähnliche Getränke waren sicherlich die ersten Produkte, die schon von den Sumerern und Babyloniern in primitiver Form durch Gärung hergestellt wurden, möglicherweise auch schon 3000 vor Christi.

Die Weinbereitung ist ein weiteres historisches Beispiel. Die Konservierung von Lebensmitteln mit Hilfe von Milchsäurebakterien, die ein so saures Milieu schaffen, daß andere Mikrobakterien nicht mehr zu wachsen vermögen, wird ebenfalls seit Jahrtausenden genutzt. So lernte man auf diese Weise auch Käse herzustellen.

Mit Hilfe der Essigsäurebakterien wurde bereits im Mittelalter in Frankreich in einem industriellen Verfahren Weinessig gewonnen ("Orleans-Verfahren"), indem vergorene Säfte unter Einwirkung von Sauerstoff zu Essigsäure oxydiert wurden. Die langen Erfahrungen in der Gärungstechnologie führten in unserem Jahrhundert zur Herstellung von Molkereiprodukten, Sauerteig, Backhefe und

Rohwurst, wobei in allen Fällen aktive Mikroorganismen die biotechnische Umwandlung herbeiführten.

Biotechnische Verfahren wurden in den ersten Jahrzehnten unseres Jahrhunderts mehr und mehr eingesetzt, so zum Beispiel für die Herstellung von Aceton und Citronensäure. Das Zeitalter der Antibiotika begann dann im Jahre 1928 mit der Entdeckung des Penicillins durch Alexander Fleming, auch wenn die großtechnische Herstellung erst 15 Jahre später erfolgte. Erster Höhepunkt der großtechnischen Fertigung war die 1982 erfolgte Produktion von Human-Insulin mit Hilfe des Bakteriums Escherichia coli. Dabei wurden zum ersten Male gentechnische Methoden eingesetzt. In der Gentechnologie werden der Austausch oder die

Übersicht 1: Einige Daten zur Geschichte der Biotechnologie

ab 3000 v. Chr.	Herstellung von Bier und milchsauren Nahrungsmitteln
ab 1500 v. Chr.	Herstellung von Wein
Beginn der Zeitrechnung	Herstellung von Weinessig
Frühes Mittelalter	Entwicklung der Gerbverfahren und der Flachsrotte
1881	Herstellung von Milchsäure in einem Gärungsprozeß
1915	Herstellung von Aceton und Butanol in einem Gärungsprozeß
1920	Citronensäure-Produktion mit Hilfe von Aspergillus niger
1928	Entdeckung des Penicillins
1943/44	Beginn der Penicillin-Produktion
ab 1944	Entdeckung weiterer Antibiotika
1949	Gewinnung von Vitamimin B_{12} aus Mikroorganismen
1949	Durchführung mikrobiologischer Steroid-Umwandlungen im technischen Maßstab
1957	Produktion von L-Glutaminsäure
ab 1960	Produktion von technischen Enzymen
1972	Entdeckung der Restriktions-Endonucleasen und Neukombination von DNA-Fragmenten
1982	Produktion von Human-Insulin mit Hilfe von Escherichia coli

Quelle: G. Gottschalk et al., S. 11.

Neukombination von DNA[7])-Fragmenten, also der Träger der Erbinformationen, vorgenommen. Die Vermehrung von speziell gesuchten Hormonen oder anderen Stoffen erfolgt dabei über Bakterienzellen, in deren genetische Ausstattung das gesuchte synthetische Gen "eingeklinkt" wird. In der Wirtszelle spielt das synthetische Gen dann die Rolle eines Kuckucks-Eies.

In der Landwirtschaft haben biotechnologische Verfahren und Produkte schon immer die Tier- und Pflanzenproduktion bereichert[8]). Symbiosen zwischen Mikroorganismen und Pflanzen, wie bei den Schmetterlingsblütlern, die ihren Stickstoff (aus der Luft) von Knöllchenbakterien beziehen, sind uns von der Evolution beschert worden. Genau so besteht im Pansen der Wiederkäuer zwischen der mikrobiellen Darmflora und dem Tier eine Symbiose. Die Technik des Einsilieren von Grünfutter, bei der Mikroorganismen auf den Gärungsprozeß einwirken, ist ein Beispiel eines von Menschenhand bewußt herbeigeführten biotechnologischen Prozesses in der Landwirtschaft.

1.3 Bedeutung der Biotechnologie

Die Biotechnologie gilt heute - neben der Mikroelektronik - als eine der Schlüsseltechnologien der Zukunft. Sie befindet sich in einer Phase starken dynamischen Wachstums. Ihre Auswirkungen auf die Welt von morgen lassen sich nur schwer abschätzen, zumal wir erst mehr am Anfang der Entwicklung stehen und die heute bereits angewendeten Verfahren und Techniken vermutlich nicht mehr als erste Anstöße einer - auch für die Fachleute - vielfach noch unbekannten Reise in die Zukunft sind. Dabei ist der Durchbruch zur kommerziellen Ausnutzung der Biotechnologie eigentlich erst Anfang der siebziger Jahre erfolgt. Bei einer so jungen Wissenschaft und der damit immer noch unerschlossenen Grundlagenforschung, sind neue Erkenntnissprünge zu erwarten, die sicherlich große Teile des Lebens auf der Erde zunehmend beeinflussen werden. Das Innovationspotential der Biotechnologie ist noch unerschöpflich. Es ist zugleich eine Herausforderung des menschlichen Geistes, wobei Chancen und Risiken gleichermaßen zu beurteilen und zu gewichten sind.

In allen Industriestaaten wird die Entwicklung der Biotechnologie staatlich gefördert. Nach Angaben des Bundesministeriums für Forschung und Technologie[9]) wurden in den USA 1983 vom Staat 511 Mio. Dollar und von der Industrie für die Grundlagenforschung an den Hochschulen ca. 300 Mio. Dollar bereitgestellt. Frankreichs Regierung brachte für das "Mobilisierungsprogramm Biotechnologie" 1985 umgerechnet 320 Mio. DM auf. Die Bundesregierung hat ein Programm "Angewandte Biologie und Biotechnologie 1985-1988" verabschiedet, das für vier Jahre 766 Mio. DM vorsieht[10]). Für die Europäische Gemeinschaft wurde auf dem Gebiet der Biotechnologie für den Zeitraum von 1985 bis 1989 ein Forschungsaktionsprogramm mit einer Finanzausstattung von 55 Mio. ECU (rund 120 Mio. DM) ausgelegt[11].

Der Weltumsatz der industriell genutzten biotechnischen Verfahren wird, einschließlich halbtechnischer Verfahren, derzeit auf 250 Mrd. Dollar geschätzt, davon allein 220 Mrd. Dollar im Nahrungs- und Gemüsebereich[12]. Allerdings wächst der Anteil von Pharmaka und Chemikalien ständig.

Für biotechnologisch erzeugte Produkte und Wirkstoffe im engeren Sinne wird ein Weltmarktvolumen von 40 Mrd. DM angegeben, und zwar mit jährlichen Zu-

Übersicht 2: Biotechnologie - Potential

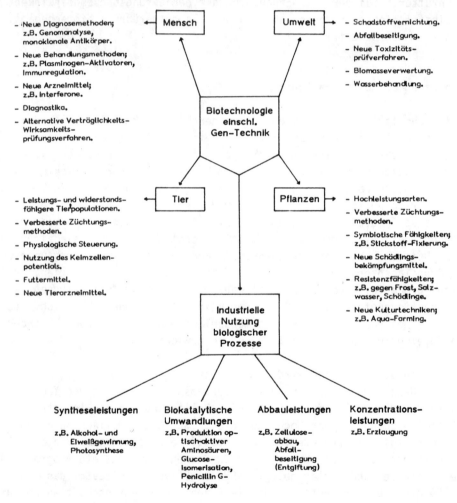

Quelle: Bundesministerium für Ernährung, Landwirtschaft und Forsten: Biotechnologie und Agrarwirtschaft, S. 13.

wachsraten von 8 %. Daran hat der Pharmabereich mit 25 Mrd. DM einen Hauptanteil[13]. Dies liegt zur Hauptsache an der heute bereits praktizierten gentechnischen Herstellung von Interferonen, Insulin, Lymphokinen, Wachstumshormonen, Impfstoffen und monoklonalen Antikörpern. Die Landwirtschaft hat nach den 1984 veröffentlichten Angaben nur einen Anteil von 1,29 Mrd. DM. Die Policy Research Corporation in Chicago rechnet jedoch mit einem Marktvolumen im Jahre 1995 von 50 bis 100 Mrd. Dollar[14].

1.4 Anwendungsmöglichkeiten und Potentiale

Die Übersicht 2 veranschaulicht das Potential der Biotechnologie auf Menschen, Tiere, Pflanzen und Umwelt. Es gibt zugleich Beispiele für die industrielle Nutzung biologischer Prozesse.

Aus der Sicht der nutzbaren Erzeugnisse vermittelt Übersicht 3 einen Einblick in die vielfachen Verwendungsmöglichkeiten von Mikroorganismen für biotechnologische Zwecke, wobei die Zellen als Reaktoren fungieren.

Übersicht 3: Nutzbare Produkte von Mikroorganismen

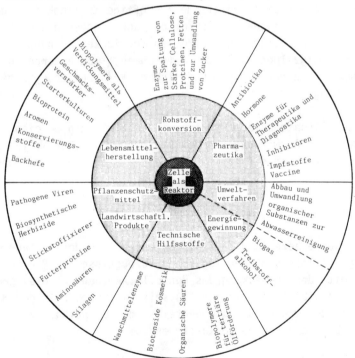

Quelle: Bundesministerium für Ernährung, Landwirtschaft und Forsten: Biotechnologie und Agrarwirtschaft, S. 14.

2. Biotechnische Verfahren

2.1 Allgemeines

Gegenüber den herkömmlichen mechanischen, chemischen oder thermischen Verfahren haben biotechnologische Verfahren den Vorteil, daß sie weitgehend unter natürlichen Umweltbedingungen ablaufen und daher für vergleichbare Produktionsleistungen zumeist weniger Aufwand erfordern. Da die produktiven Teile wesentlich höher konzentriert sind, ist die stoffliche Produktion auf der Basis von Zell- und Gewebskulturen oft wirksamer als auf der Basis ganzer Pflanzen oder Tiere. Ein Rind von 500 kg Körpergewicht erzeugt z.B. pro Tag ca. 500 g Protein. Aus der gleichen Menge Hefe können aber in der gleichen Zeit 50 000 kg Protein erzeugt werden[15]. Die Vermehrung von Pflanzen auf der Basis von Zellen oder Gewebeteilen und ihre Regeneration zu ganzen Organismen kann wesentlich schneller und flächenunabhängiger als auf geschlechtlichem Wege erfolgen.

Nachstehend werden die wichtigsten bekannten Anwendungsmöglichkeiten von biotechnologischen Verfahren nach Einsatzbereichen aufgeführt. Dabei werden die z.Z. bereits im Einsatz befindlichen Verfahren zunächst geschildert, danach aber auch Ausblicke auf sich anbietende zukünftige Möglichkeiten gegeben. Die für die Zukunft angerissenen Möglichkeiten haben indessen zum Teil spekulativen Charakter. Die Einschätzung der realen Möglichkeiten hängt einmal von der Erwartung der im einzelnen zitierten Autoren ab, zum anderen aber auch vor allem von dem Stand der wissenschaftlichen Vorarbeiten, insbesondere der Grundlagenforschung.

Da sich aus den Einsatzgebieten im landwirtschaftlichen Bereich voraussichtlich die stärksten Auswirkungen neuer biotechnologischer Verfahren auf den Raum ergeben werden, sind die Kapitel 2.6 bis 2.8 ausführlicher gehalten.

2.2 Humanmedizin

Im Kapitel 1.3 wurde bereits darauf hingewiesen, daß der weitaus größte Teil der heute hergestellten biotechnologischen Erzeugnisse dem Pharmabereich zuzuordnen ist. Mit der Entdeckung des Penicillins begann die großtechnische Herstellung von Antibiotika, die bereits seit Jahrzehnten in der medizinischen Praxis eingesetzt werden und die heute auf der Grundlage von Pilzen oder Bakterien z.T. biotechnisch hergestellt werden.

Zahlreiche Impfstoffe, Vitamine und Hormone werden heute in Großserien auf biotechnologischem Wege gewonnen. Das gleiche gilt für bestimmte Diagnostika, wie z.B. den Enzymen zum Nachweis von Stoffwechselstörungen oder des Herzin-

66

farktes. Mikroorganismen werden in Teilbereichen der Produktion von Ovulationshemmer ("Pille") ebenfalls eingesetzt, da rein chemische Verfahren zu teuer sind.

Als Beispiel sei die synthetische Insulinherstellung skizziert: Seit 1982 ist Insulin, das gentechnologisch erzeugt wird, auf dem Markt. Bakterienkulturen werden in einen Fermenter gefüllt. Eine kleine Menge Bakterienkulturen (Starter) wird hinzugegeben, denen gentechnisch die Erbinformation für menschliches Insulin (es besteht aus 51 Aminosäuren) eingepflanzt worden ist. Unter der Einhaltung bestimmter Bedingungen (z.B. Temperatur, Sauerstoffzufuhr), die vollautomatisch elektronisch geregelt werden, produzieren die Bakterien das Insulin, bis eine bestimmte Zelldichte erreicht ist. Aus dieser angereicherten Bakterienkultur wird über biochemische Reinigungsschritte das Insulin gewonnen. Dieses wird später dem Diabetiker injiziert; es gelangt also auf diese Weise in sein Blut. Zur Zeit forscht man indessen nach einem Wirkstoff, der in Pillenform den Diabetikern gegeben werden kann: Da Aminosäuren im Magen abgebaut werden, sucht man nach einer Verbindung, die in der räumlichen Molekülstruktur dem Insulin sehr stark ähnelt[16].

Große Hoffnungen werden auch in die biotechnologische Herstellung von Interferonen gesetzt, die gegen Viruskrankheiten und vielleicht auch gegen einige Krebsarten gegeben werden können.

Wachstumshormone gegen Kleinwüchsigkeit sind bereits auf dem Markt[17]. Bei der gentechnischen Herstellung von Faktor VIII gegen die Bluterkrankheit ist 1984 die Klonierung und Expression des kompletten Faktor-VIII-Gens gelungen; bis zur Marktreife des Produktes werden aber noch einige Jahre vergehen[18].

Bei der Abwehr von Krankheitserregern spielen monoklonale Antikörper eine wichtige Rolle. Mit Hilfe von Gen- und Zellfusionstechniken werden chemisch reine Antikörper mit gleichbleibender Qualität in beliebiger Menge hergestellt. Dabei wird eine antikörperproduzierende Zelle mit einer sich unendlich teilenden Zelle fusioniert. Die Anwendungsmöglichkeiten sind vielfältig, von der Behandlung von Infektionskrankheiten bis hin zum Erkennen von Verunreinigungen in Lebensmitteln. Der Nobelpreis 1984 für Medizin wurde für diese epochale Entwicklung verliehen[19].

2.3 Erschließung von Lagerstätten[20]

Biotechnische Verfahren können vielfach dazu beitragen, Rohstoffe zu erschließen und zu verarbeiten, Lagerstätten z.B. von Kohle, Erdöl und Erzen besser auszunutzen, chemische Grundstoffe herzustellen oder neuartige Rohstoffquellen, wie landwirtschaftliche Abfälle und nachwachsende Biomasse, wirtschaftlich nutzbar zu machen.

Bestimmte Metalle, z.B. Kupfer, Uran und Zink, können aus geringwertigen Erzen "bakteriell ausgelaugt" oder aus bisher wirtschaftlich nicht ausbeutbaren Lagerstätten gewonnen werden. Mit dieser Methode sind auch wertvolle Metalle oder solche, die eine Umweltgefährdung darstellen, wie Quecksilber und Kobalt, aus Abraumhalden, Klärschlämmen, Hafen- und Flußsedimenten, Flugaschen und Filterstäuben zurückzugewinnen.

Die Förderungsrate aus den derzeit nur zu ca. 35 % ausschöpfbaren Erdöllagerstätten kann mit mikrobiellen Polysacchariden, wie Xanthan, erheblich erhöht werden. Auch für den Steinkohlebergbau können biotechnische Methoden langfristig von Interesse sein, um Restkohlen aus nicht vollständig abgebauten Lagerstätten oder Halden zu nutzen, oder um Kohlen in größeren Tiefen, die dem konventionellen Bergbau nicht mehr zugänglich sind, bakteriell zu förderbaren flüssigen oder gasförmigen Produkten aufzuarbeiten.

Erzauslaugung bei Kupfer mit Hilfe von Bakterien wird z.B. in den US-Staaten Utah und New Mexiko bereits in großem Umfang angewandt, wobei dieses Verfahren auch auf Uran- und Zinnerze ausgedehnt werden könnte. Dieses neue Arbeitsgebiet der Biotechnologie kann auch als Geotechnologie bezeichnet werden[21].

2.4 Umwelt

Bei den zahlreichen Umweltproblemen haben die Beseitigung von Abwasser, Abluft und Abfall besonderes Schwergewicht. Die Abfallindustrien der Europäischen Gemeinschaft beschäftigen 3 Mio. Menschen und behandeln jährlich über 2 Mrd. t an Abfällen. Zur Zeit werden drei Viertel dieser Abfälle verbrannt. 80 % dieser Menge könnten jedoch für Rohstoffe und Energiegewinnung wieder verwendet werden[22]. Dazu bieten sich biotechnische Verfahren an.

Neue Verfahren der aeroben und anaeroben Abwasserreinigung für industrielle, landwirtschaftliche und kommunale Abwässer gehören genau so dazu wie biologische Erdfilter oder spezielle Bakterienfilter für die Beseitigung von Ballast- und Schadstoffen in der Abluft.

Die Bundesregierung weist darauf hin, daß für "die gesamte Abfallaufbereitung aber auch die Entwicklung neuer technischer Verfahren und Anlagen"[23]. Dabei sei es das Ziel, gentechnische Organismen zu konstruieren, die gezielt toxische und schwer abbaubare Stoffe, z.B. Dioxin, verwerten können oder besonders giftige Stoffe, wie Schwermetalle, herauslösen und einer Wiederaufarbeitung zugänglich machen.

DDT als äußerst wirksames Insektizid mußte in Europa verboten werden, weil es biologisch nur extrem langsam abbaubar ist und sich in höheren Organismen stark anzuhäufen begann. In Laborversuchen wurde bereits ein synthetisches Protein entwickelt, das in der Lage ist, DDT zu binden. Dies ist ein erster Schritt für die gentechnische Einschleusung dieses Proteins in ein Bakterium, das dann die Massenproduktion des Enzyms zur Bindung von DDT herbeiführen könnte[24].

Umweltprobleme in der landwirtschaftlichen Produktion ergeben sich vor allem bei dem Einsatz von Stickstoffdünger und chemischen Schädlingsbekämpfungsmitteln. Im Kapitel 2.6 wird kurz darauf eingegangen, wie mit Hilfe der Biotechnologie durch die Veränderung der Nutzpflanzen der Einsatz von chemischen Produktionsmitteln deutlich verringert werden kann.

Zu den Umweltproblemen lassen sich auch die heute noch in größerem Umfang durchgeführten Tierversuche rechnen, die von Wissenschaft und Forschung zur Gewinnung neuer Erkenntnisse durchgeführt werden. Anstelle von Tierversuchen werden in zunehmendem Maße Testmethoden an Zell- und Organsystemen verwendet, z.B. zur Bewertung von Arzneimitteln gegen Herz- und Kreislauferkrankungen, gegen Krebs und Rheuma, auch bei der Herstellung von Impfstoffen[25].

2.5 Ernährung

Dieses Kapitel befaßt sich ausschließlich mit biotechnologischen Methoden, wie sie für die direkte Ernährung des Menschen eingesetzt werden. In den Kapiteln 2.6 bis 2.8 werden die Aspekte behandelt, die bei der landwirtschaftlichen Produktion anfallen.

Unter den Speisen und Getränken, die mit Mikroorganismen hergestellt oder veredelt werden, stehen umsatzmäßig die alkoholischen Getränke an erster und die Milchprodukte an zweiter Stelle. Die alkoholische Gärung wird mit Hefen durchgeführt. Der weitaus größte Teil des Gärungsalkohols geht allerdings nicht in den Genußmittelsektor, sondern als Zwischenprodukt, Lösungsmittel oder Energieträger (Treibstoff) in die Chemie[26].

Früher wurde Käse, Salami, Sauerkraut und Wein im wahrsten Sinne des Wortes hausgemacht[27]. Heute steht eine moderne Technologie dahinter, bei der die Komposition und die Anzucht von Starterkulturen von großer Bedeutung sind.

Während die Milchsäure-Gärung früher zur Haltbarmachung verwendet wurde, steht heute der Veredelungsgedanke im Vordergrund. Joghurt wird mit Hilfe von zwei Milchsäurebakterienarten hergestellt. Gentechnische Arbeiten an dem Bakterium, das an der Joghurtproduktion hauptsächlich beteiligt ist (Lactobacillus), sind weit fortgeschritten, nachdem es zunächst so aussah, als wenn sich dieses Bakterium Eingriffen in seine Erbsubstanz widersetzen würde. Jetzt gehen Spekulationen dahin, daß es über biochemische Verfahren möglich werden könnte, es so zu verändern, daß es auch Antibiotika und evtl. auch zusätzliche Nahrungskomponenten, wie bestimmte Vitamine oder Aminosäuren, erzeugt[28].

Bei Käse werden sowohl Enzyme wie auch Mikroorganismen benutzt. Das wichtigste Enzym ist das Labferment Rennin, das heute noch aus dem vierten Magen von säugenden Kälbern gewonnen werden muß. Seine Gewinnung ist relativ teuer, und es ist weltweit knapp. Deshalb arbeitet man an der künftigen gentechnischen Herstellung.

Die Zahl der bei der Erzeugung von Lebensmitteln eingesetzten Produkte der Biotechnologie ist sehr groß, besonders bei der Gewinnung von Enzymen, die den verschiedenartigsten Lebensmitteln zugesetzt werden. Daneben werden mit Hilfe von biotechnologischen Verfahren auch Fruchtsäuren (z.B. Zitronensäure, Milchsäure), Aminosäuren (z.B. Glutaminsäure, Lysin), Geschmacksstoffe (z.B. bei Fertiggerichten), Aromastoffe (z.B. Essigsäure) und Geliermittel gewonnen.

F. Hülsemeyer[29] hat errechnet, daß die biotechnologisch (fermentativ) hergestellten Produkte der Ernährungswirtschaft der Bundesrepublik Deutschland im Jahre 1983 mit einem Produktionswert von über 28 Mrd. DM einen Anteil von 14 % am Gesamtumsatz von Ernährungsindustrie und Ernähungshandwerk (rund 200 Mrd. DM) erreicht haben. Übersicht 4 enthält nähere Einzelheiten.

Übersicht 4: Biotechnologisch (fermentativ) hergestellte Produkte der
Ernährungswirtschaft in der Bundesrepublik Deutschland 1983

Produkt	Produktions-volumen (1000 t bzw. hl)	Produktions-wert (Mio. DM)
Bier	91 000	10 140
Käse	970	4 120
Sauerrahmbutter	500	4 000
Sauerteig-/Hefeteigbrote	2 440	3 360
Wein	13 000	3 084
Rohwürste	223	2 257
Joghurt	444	1 156
Sauerkraut	90	130
Anchosen	11	92

Quelle: Statistisches Jahrbuch über Ernährung, Landwirtschaft und Forsten. Münster-Hiltrup 1984.

Die weitere Entwicklung wird vom Bundesministerium für Ernährung, Landwirtschaft und Forsten wie folgt gekennzeichnet:

"Neben der Gewinnung neuer Nahrungsmittel auf mikrobieller Basis spielen für zukünftige Anwendungen die genetische Verbesserung der eingesetzten Bakterien und Pilze und die biotechnische Gewinnung von Enzymen und natürlichen Aroma- und Geschmacksstoffen eine entscheidende Rolle. Ihr Einsatz kann zu erheblichen Kosteneinsparungen und höheren Produktionsqualitäten gegenüber herkömmlichen Verfahren führen. Durch verbesserte Konservierungsmethoden können insbesondere die Haltbarkeit erhöht, das Risiko mikrobieller Lebensmittelvergiftungen vermindert, der Einsatz von Zusatzstoffen verringert, toxikologisch problematische Rückstände vermieden und Energie eingespart werden[30]."

Die Herstellung von Imitationsnahrungsmitteln gehört auch in dieses Kapitel. So ist vor einem Jahr in Großbritannien ein biotechnologisch hergestelltes Mykoprotein in Form einer pikanten Pastete auf den Markt gekommen, das als Fleischersatz verkauft wird. Dieses Mykoprotein entsteht aus der Züchtung eines fadenförmigen Pilzes auf einem aus Getreiden gewonnenen Substrat. Die Ähnlichkeit der Textur dieses Imitationserzeugnisses mit Fleisch ist sehr groß. Imitationserzeugnisse für Milch, die in den USA aus Soja und in Großbritannien aus Bohnen gewonnen werden, sind auch auf dem Markt.

Die Bundesregierung hat in ihre Zielplanung die Entwicklung neuer Nahrungsmittel aus Leguminosen durch Fermentation in Anlehnung an die von alters her in Ostasien mit Soja praktizierten Verfahren aufgenommen[31]. Ganz allgemein gilt, daß die führenden Kulturenhersteller an der Konstruktion neuartiger, genetisch manipulierter Kulturen arbeiten. Die ersten werden wahrscheinlich innerhalb der nächsten fünf Jahre auf dem Markt sein[32].

Pflanzliche Erzeugung

Die Pflanzenzucht setzt mehr und mehr biotechnologische Verfahren ein, bei denen die Züchter neue Wege beschreiten. Bisher mußten sie mit ganzen Pflanzen arbeiten. Da der natürliche Lebensrhythmus der Pflanzen (in der Regel ein Jahr) eingehalten werden mußte, konnten neue Sorten erst nach 15 bis 18 Jahren Entwicklungsarbeit gezüchtet und der Landwirtschaft zur Verfügung gestellt werden. Bei den neuen Techniken wird ein Teil der Zuchtarbeit auf das Niveau der Zell- oder Gewebskultur reduziert, wobei mit Hilfe von invitro-Kulturen das Erbgut der Pflanze neuen Bedingungen angepaßt, also manipuliert, werden kann. Bei dieser Technik kann das erfolgte Einkreuzen eines Gens an einer kleinen Gewebsprobe bereits innerhalb von wenigen Stunden nachgewiesen werden. Diese Kombination von klassischer Züchtung mit genetischer Diagnostik wird

z.B. bei der Züchtung neuer Getreidesorten praktiziert[33]. Die Züchter alter
Art arbeiten heute mit Agrikulturchemikern und Molekularbiologen zusammen.
Dennoch bleibt die konventionelle Zuchtarbeit vorerst noch immer vorherr-
schend.

Bei den neuen Zuchttechniken spielen invitro-Kulturen eine entscheidende Rolle: In einer Petrischale von 9 cm Durchmesser haben so viele Pflanzen Platz
wie auf 1 ha Ackerfläche. Durch die Reduktion der Pflanzenkultur auf das
Niveau der Zell- und Gewebskultur und die anschließende Regeneration zur
vollständigen Pflanze greift die Biotechnologie, auch mit Hilfe der Gentechnik, mit hohem Zeitgewinn in die Züchtung ein. Allerdings wird die herkömmliche Zuchtarbeit zumeist nicht ersetzt, sondern lediglich beschleunigt.

Man unterscheidet Zell- und Gewebekulturen. Bei den Zellkulturen werden im
direkten Zugriff mikrobiologische Techniken zur Mutation, Selektion und gene-
tischen Manipulation bei dafür isolierten Zellen eingesetzt. Die große Zahl
der Zellen gestattet z.B. das Auffinden seltener Mutanten. Die Zellen werden
dabei mit dem Schadstoff behandelt, gegen den man resistente Pflanzen sucht.
Die Masse der Zellen stirbt bei dieser biochemischen Selektion ab. Wenn man
Glück hat, verbleiben jedoch einige, die widerstehen und die dann zum Heraus-
züchten resistenter Sorten verwendet werden können.

Es gibt viele Varianten der Zell- und Gewebekultur. Die Meristemkultur bringt
einen entscheidenden Vorteil mit sich: Auch wenn die Ausgangspflanze von
Bakterien und Viren befallen war, können die vegetativen Nachkommen ohne
Krankheitsbefall sein[34]. Junge meristematische Gewebe (das sind Bildungsge-
webe), beispielsweise die Vegetationskegel von Sproßspitzen, sind besonders
regenerationsfreudig. Sie bilden in kurzer Zeit millionenfache Nachkommen, die
- wegen der klonalen (nicht-geschlechtlichen) Vermehrung - erbgleich und mit
der Ursprungspflanze identisch sind. Da die jungen Triebe in der Regel virus-
frei sind, kann es mit der Meristemkultur gelingen, virusfreie Pflanzen zu
züchten, z.B. Kartoffeln. Dabei ist es ohne weiteres möglich, das Pflanzgut
für einen Hektar Anbaufläche aus nicht mehr als einer Kartoffel zu gewinnen.
Weltweit sind derzeit mit Hilfe der Meristemkultur rund 100 Pflanzenarten
vermehrt worden. Dazu zählen auch Kartoffeln, Mais, Sojabohnen, Cassavo und
Bohnen[35].

Will man Kreuzungen genetisch weit verwandter Arten versuchen, bietet sich die
Embryokultur an. Embryonen aus solchen geschlechtlichen Kreuzungen sterben
aber vorzeitig ab, weil das mütterliche Nährgewebe (das Endosperm) nicht
normal arbeitet. Deshalb wird der Hybridembryo nach der Bestäubung herausope-
riert und auf künstlichem Nährmedium zum keimfähigen Embryonen herangezogen.
Auf diese Weise entsteht eine Pflanze, die auf natürlichem Wege nicht zu

Übersicht 5:

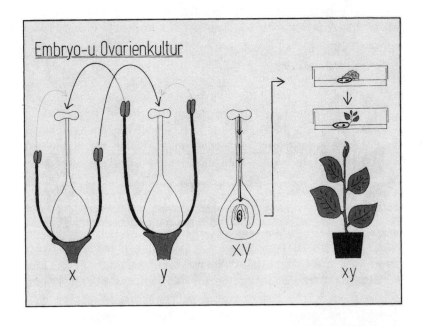

Quelle: Mix, G.: Gewebekulturtechniken eröffnen der Pflanzenzüchtung neue Wege. IMA, Hannover o.J., S.7.

erzeugen ist und die die gesuchten Eigenschaften beider Eltern in sich ver-
eint. Übersicht 5 veranschaulicht diese Embryo- und Ovarienkultur.

Ähnliche Verfahren sind auch mit der Behandlung von Antheren (das sind Staub-
gefäße mit Pollen) möglich. Dies sei am Beispiel der Arbeit mit Haploiden[36]
geschildert: Die Pollen, die sich vor der Reifeteilung befinden und die als
Geschlechtszellen nur einen halben (haploiden) Chromosomensatz haben, werden
in der Petrischale bis zum Kallus (das ist durch unorganisiertes Wachstum
entstandenes Gewebe) großgezogen und dann durch Behandlung mit dem Alkaloid
Colchizin zum di-haploiden Chromosomensatz gebracht. In jedem Gen liegen damit
zwei identische Kopien (die ja beide vom selben "Elternteil" stammen) vor, so
daß die daraus großzuziehende Pflanze, im Gegensatz zur Pflanze nach einer
normalen Befruchtung, reinerbig ist. Dies wiederum erleichtert die Auslese der
für die weitere Zucht zu verwendenden Pflanzen. Infolge des einfacheren Erb-
ganges treten bestimmte Genkombinationen bei den Keimzellen ungleich häufiger
auf als unter diploiden Kreuzungsnachkommen[37]. Das ganze Verfahren ist zeit-
sparender. Viele landwirtschaftliche Sorten sind bereits auf diese Weise
gezüchtet worden, auch Weizen, Mais, Reis und Kartoffeln.

Übersicht 6:

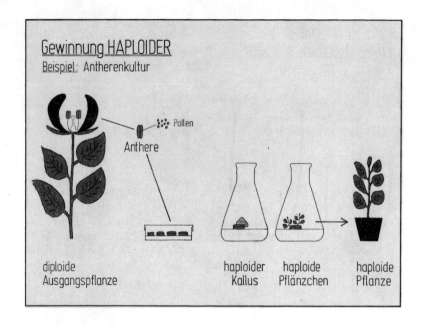

Quelle: Mix, G., a.a.O., S.9.

Andere, in ihren Möglichkeiten noch weiterreichende Manipulationen sind die mit Protoplasten von meist nur sehr weit verwandten Pflanzen. Diese Protoplasten sind isolierte, nicht-geschlechtliche Zellen, z.B. aus den Blättern, denen die Zellwände mit Hilfe von Enzymen entfernt wurden. Derartig isolierte Protoplasten lassen sich leicht zu ganzen Pflanzen regenerieren.

Bei der somatischen Hybridisierung schließen sich die Zellkerne der Protoplasten von zwei zu kreuzenden Pflanzarten unter bestimmten Bedingungen zu einer einzigen Hybridzelle zusammen. Nach entsprechender Behandlung beginnt sie sich zu teilen. Daraus bildet sich ein Kallus, aus dem dann anschließend auf einem entsprechenden Nährboden eine neue Pflanze heranwachsen kann. Die auf diese Weise regenerierte Pflanze wird als somatische Hybride bezeichnet. Sie ist also eine durch vegetative Zellerbung aus zwei unterschiedlichen Herkünften gewonnene Pflanze. Im Ergebnis erhält man eine "geklonte" Pflanze und damit eine neue Art aus zwei entfernten Verwandten, die durch geschlechtliche Vermehrung nicht erzeugt werden kann. Dies ist z.B. bei der "Tomoffel" gelungen, einer Kreuzung aus Tomate und Kartoffel. Dieser Hybrid hat jedoch nur wissenschaftliches Interesse, da er weder Tomaten noch Kartoffel hervorbringt. Nach Hess[36] lassen somatische Hybride zwischen weit entfernten Arten wenig erhoffen.

74

Unter den wichtigsten landwirtschaftlichen Kulturpflanzen sind bisher beim Weizen Sorten bekannt, denen z.B. eine kleine Roggentranslokation eingebaut worden ist, und zwar mit dem Zuchtziel der Mehltau- und Rostresistenz. Doppelhaploide Wintergersten wurden gezüchtet, die resistent gegen das Gelbmosaikvirus sind, das bis zu 70 % Ertragsausfall bewirken kann. Bei Kartoffeln ist es über Protoplasten gelungen, Resistenzen gegen den Schadpilz Fusarium zu selektionieren. Bei Zuckerrüben arbeitet man z.B. noch an der Hybridzucht. Gegen die Phomakrankheit bei Raps gibt es bereits resistent gezüchtete Sorten.

Die bisher geschilderten Verfahren geben die prinzipiellen Arbeitsweisen bei den verschiedenen biotechnologischen Manipulationen wieder. Je nach Pflanzenart sind unterschiedliche Schwierigkeiten zu überwinden. Die größten Hindernisse ergeben sich bei der Regeneration zu ganzen Pflanzen. Deshalb konnten bisher auch nicht mehr als Teilerfolge erzielt werden. In der mittleren Zukunft dürften allerdings deutliche Fortschritte zu erwarten sein, zumal die Grundlagenforschung ständig weiter ausgebaut wird.

Noch schwieriger gestaltet sich der bisher noch nicht geschilderte Einsatz der Gentechnologie ("genetic engineering"). Dabei wird versucht, einzelne oder mehrere Gene, also die Träger ganz bestimmter Erbanlagen (z.B. jene, die für hohe Ertragsleistungen verantwortlich sind), aus der DNA[39], der Summe aller Erbanlagen eines Individuums, zu isolieren und dann dieses Gen oder diese Gene in die Erbanlagen (DNA) eines anderen Individuums einzuschleusen. Dieses

Übersicht 7:

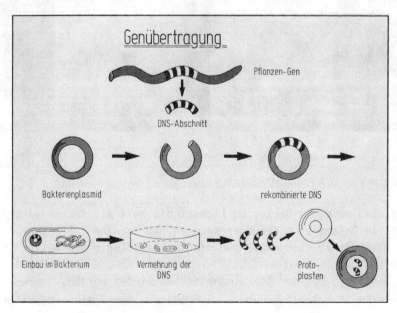

Quelle: Mix, G., a.a.O., S.6.

Übertragen erfolgt mit Hilfe eines Vektors, meist eines Bakteriums, das als "Gen-Taxi" dient. Es übernimmt in einem Plasmid den gesuchten DNA-Abschnitt und vermehrt ihn. Danach werden die in diesem Vektor vermehrten (pflanzlichen) Gene wieder isoliert und in die Protoplasten der mit den fremden Genen anzureichernden Pflanze übertragen. Daraus wird dann anschließend versucht, ganze Pflanzen zu regenerieren.

In der Praxis der Genübertragung wird häufig das Agrobacterium tumefaciens (Wurzelhalsgallenbakterium) als Vektor verwendet. Es induziert Tumore, die über ein Plasmid (Ti-Plasmid) in den Zellkern der Pflanze DNA-Teile übertragen können. (Übersicht 8). Durch den Einbau der T-DNA werden die betreffenden Pflanzenzellen verändert.

Übersicht 8: Weizenpflanzen in Reagenzgläsern auf Agrar:
links ohne, rechts mit Rhizobien

Die Pflanzen sind drei Wochen alt.

Quelle: Institut für Genetik und Pflanzenphysiologie Hohenheim.

Neuerdings wird auch das Bakterium Escherichia coli als Vektor verwendet. Ganz offensichtlich lassen sich Genübertragungen mit beinahe beliebiger DNA vornehmen. Nach Hess öffnet sich damit für die Gentechnologie ein weites Feld[40].

Eine neue Methode, bei der Sterilschritte vermieden werden, verwendet Pollen als Supervektoren. Dabei können auch Fremdgene durch Mikroinjektionen in die Pollen eingebracht werden. "Das weltweite Interesse rührt daher, daß das

System nicht nur überaus einfach ist, sondern auch bei Getreide anwendbar sein sollte[41])."

In der Öffentlichkeit wird immer wieder auf die Zukunftsperspektive verwiesen, Pflanzen zu konstruieren, die den für ihr Gedeihen benötigten Stickstoff selbst produzieren. Bei den Leguminosen siedeln sich bekanntlich an den Wurzeln stickstoffbildende Bakterien an, die in Symbiose mit der Pflanze leben und ihren Stickstoff an die Pflanze abgeben.

Die Gentechniker arbeiten daran, die Stickstoff-Fixierung direkt in die Erbanlagen von Pflanzen zu transferieren und sie dort zur Wirkung zu veranlassen. Ein Weg wäre, die bakteriellen Gene der Stickstoffbildung mit Hilfe des gerade geschilderten Gentransfers vom Bakterium in die Pflanze zu übertragen. Nach anfänglichem Optimismus ist man heute wesentlich vorsichtiger in der Beurteilung dieser Möglichkeit geworden, da 17 verschiedene Gene beteiligt sind und ihr Zusammenspiel mit der neuen Wirtspflanze noch nicht überschaubar ist[42]).

Die Alternative, der bessere Erfolgsaussichten zugesprochen werden, liegt in der gentechnischen Übertragung der Nodulin-Gene (Knöllchen-Gene) und anderer für die Symbiose zwischen Leguminosen und Rhizobien notwendiger Pflanzen-Gene auf Nicht-Leguminosen, zum Beispiel Getreide. Da die Gene aus Pflanzen stammen, ist offensichtlich ein leichteres Zusammenspiel der Erbanlagen zweier Organismen möglich.

Hess[43]) stellt die Bedeutung eines anderen Verfahrens heraus, bei dem es nicht um eine Genübertragung, sondern um die Vergesellschaftung von Pflanzen (z.B. Weizen) mit luftstickstoffbindenden Bakterien (meistens Azospirillum) geht. Erst vor rund zehn Jahren entdeckte man im Wurzelbereich von Futtergräsern und Getreide luftstickstoffbindende Bakterien, teilweise in erheblichen Mengen. Reagenzglas-Versuche haben nun gezeigt, daß die Weizenwurzeln Kohlehydrate (Saccharose) ausscheiden, die wiederum die Azospirillen anlocken. Die Bakterien bilden nämlich allein keinen Luftstickstoff, wohl aber, wenn sie aus der Saccharose-Spaltung der Pflanze Energie bekommen. Daraus folgt, daß man durch den Einsatz von Bakterien (die in Fermentern herangezogen werden) bei gleichem Ertrag Stickstoffdünger sparen kann[44]).

Die Zahl der bis heute gelungenen Gentechnologischen Manipulationen an Pflanzen, die für die Landwirtschaft wichtig sind, ist allerdings relativ gering, vor allem, wenn man sie an dem Erwartungshorizont für künftige Möglichkeiten und dem ursprünglichen Optimismus mißt. Am weitesten fortgeschritten sind sie bei den sogenannten Modellpflanzen Tabak, Petunie und Stechapfel. Zweikeimblättrige Pflanzen sind wesentlich leichter zu handhaben als einkeimblättrige Pflanzen, zu denen das Getreide zählt.

Außerhalb Europas ist es durch Klonen auf der Grundlage von Gewebekulturen gelungen, den Ertrag von Ölpalmen (Malaysia) zu steigern. In den USA gelang die Veredelung der kalifornischen Kiefer. Ein Papier der EG-Kommission[45] zitiert G.H. Kidd aus einem Kongreßbericht, nach dem "die neue Pflanzengenetik der Gewebekulturen, DNA-Rekombinationen und Hybridisierungstechnik ... neue Möglichkeiten eröffnet (hat). Schon jetzt gibt es im Handel neue Sorten von Mais, Reis, Ölpalmen, Raps, Luzerne, Tomaten, Kartoffeln, Möhren, Kohl und Zuckerrohr." Er meint zugleich, daß die Einzelhandelsumsätze mit verbessertem, der neuen Genetik zu verdankendem Saatgut von 8 Mio. Dollar im Jahre 1985 auf 6800 Mio. Dollar im Jahre 2000 steigen werden (US-Dollar von 1983).

Die Übertragung von Genen mit Hilfe der Gentechnologie bereitet den Forschern die größten Schwierigkeiten, insbesondere die Regeneration zu ganzen Pflanzen. P. Kraus berichtete noch im September 1985, "daß es noch keine Pflanzensorte gibt, bei der eine landwirtschaftlich relevante Eigenschaft auf gentechnische Methoden zurückzuführen ist[46]." Bei den gentechnischen Verfahren hat die Bundesrepublik Deutschland gegenüber dem Ausland einen beträchtlichen Nachholbedarf[47]."

Demgegenüber wurde in den USA im Oktober 1985 das erste amerikanische Patent für eine gen-modifizierte Maissorte erteilt, die große Mengen des Eiweißstoffes Triptophan liefert. Anderen amerikanischen Forschern gelang es[48], Tomaten und Tabakpflanzen durch gentechnische Manipulation gegen Mosaik-Viren resistent zu machen, indem man das dafür zuständige Gen in die Chromosomen der betreffenden Pflanzen einschleuste. Aus Belgien wurde im April 1986 gemeldet[49], daß es gelang, ein Bakteriengen auf eine Tabakpflanze zu übertragen, das ein für Raupen giftiges Protein synthetisiert. Insektenlarven, die von den Tabakblättern gefressen hatten, gingen innerhalb von drei Tagen ein.

Bezüglich der Stickstoff-Fixierung durch Pflanzen gibt es pessimistische und optimistische Meinungen. H. Katinger von dem Institut für angewandte Mikrobiologie in Wien zählt zu den Optimisten. Nachdem Programme mit Stickstoff-Fixierung bei Maispflanzen zu Teilerfolgen geführt haben, meint er: "Es ist damit zu rechnen, daß noch bis Ende dieses Jahrtausends mit einer neuen Generation von "Düngerorganismen", die mit entsprechend aufzubauenden komplementären Technologien produziert werden, die N-Mineraldünger nach und nach abgelöst werden[50]." Auf noch ehrgeizigere Zielsetzungen, nämlich Nutzpflanzen die Fähigkeit zur direkten Assimilation des Luftstickstoffes einzuklonieren, werde man allerdings noch sehr lange warten müssen.

Es ist nicht verwunderlich, daß sowohl Optimismus wie Pessimismus in der Beurteilung der zukünftigen Möglichkeiten der Biotechnologie in der Pflanzenproduktion nebeneinander zu finden sind. Die Tatsache, daß ganz erhebliche Impulse aus dieser neuen Wissenschaftsrichtung zu erwarten sind und es wahrscheinlich zu erheblichen Umwälzungen kommen wird, dürfte gesichert sein. Es fragt sich nur, wie schnell und in welchen Etappen.

Die zukünftige Gentechnologie an Pflanzen dürfte auch die Umweltbelastungen aus der landwirtschaftlichen Produktion vermindern helfen. Das gilt nicht nur, wenn es gelingt, stickstoffbildende oder -fixierende Nichtleguminosen zu konstruieren. Das gilt auch bei der in Arbeit befindlichen Übertragung von Resistenzgenen gegen Pestizide im weitesten Sinne (Mittel gegen Viren, Bakterien, Pilze, Nematoden, aber auch Unkräuter). Damit würden insgesamt weniger chemische Mittel Anwendung finden. Verschiedene Konzerne versuchen "Gene gegen Breitbandherbizide in Pflanzen einzubringen. Dies würde bedeuten, daß man in Zukunft nicht mehr mit z.B. mehreren Unkrautvertilgungsmitteln besprüht, sondern nur noch mit einem einzigen[51]."

Die Gesamtbelastung mit chemischen Mitteln sinkt entsprechend. Damit würde die Landwirtschaft der Zukunft in bestimmten Fällen weniger als heute die Umwelt belasten.

2.7 Tierische Erzeugung

Bei der Erörterung der Definition des Begriffes "Biotechnologie" war schon darauf hingewiesen worden, daß in diesem Beitrag eine weitgehende Auslegung bevorzugt wird. Auf diese Weise werden auch die Manipulationen an den Erbanlagen der Tiere, bei der Zeugung und beim embryonalen Wachstumsprozeß mit einbezogen.

Im Grunde genommen ist die künstliche Besamung bereits eine biotechnische Manipulation am lebenden Tier. Der Siegeszug der künstlichen Besamung ist bekannt. Heute werden nach R. Hahn[53] in der Bundesrepublik bei Rindern jährlich 6 Mio. Erstbesamungen durchgeführt, und der Anteil der Milchviehbetriebe, die Besamungsstationen angeschlossen sind, liegt bei 93 %. Dadurch ist der Aktionsradius des männlichen Samenspenders a) räumlich, b) zeitlich und c) in der Fortpflanzungshäufigkeit um ein Vielfaches erweitert. Mit dem Tiefgefrieren des Spermas kann die Vererbungsfähigkeit eines besonders guten männlichen Zuchttieres bis weit nach seinem Tode bewahrt werden. Es kommt vor, daß mit Hilfe der künstlichen Besamung von einem Spitzenbullen als Vatertier an die 100 000 Kälber geboren werden. Frühtests für Jungbullen sind ein weiteres Ziel. Auf diese Weise lassen sich in der Tierzucht herausragende Eigenschaften einzelner männlicher Tiere viel umfangreicher und viel schneller in die Breite der Tierzucht hineintragen. Daß die Milchleistungen je Kuh einen so unerwartet schnellen Aufschwung genommen haben (Bundesrepublik: 1950 = 2560 kg, 1984 = 4607 kg), ist sicherlich zu einem guten Teil der künstlichen Besamung zuzuschreiben.

Nach ihrem Siegeszug bei den Rindern ist die künstliche Besamung auch bei Schweinen eingeführt worden. Allerdings liefert eine Eberejakulat nur 20-30 Samenportionen, während heute beim Rinderbullen 300-600 Portionen aus einer Samenentnahme gewonnen werden können. Immerhin werden heute in der Bundesrepublik bereits ungefähr 15 % aller Sauen künstlich besamt.

Bei den weiblichen Tieren kann gleichfalls die natürliche Fortpflanzungsrate erhöht werden, wenn auch längst nicht im gleichen Umfang wie beim männlichen Tier mit Hilfe der künstlichen Besamung.

Dies geschieht mit dem Embryotransfer, der heute ein ausgereiftes biotechnologisches Routineverfahren zur Steigerung des Zuchtfortschrittes geworden ist. 1985 wurden weltweit mindestens 150 000 Kälber auf diese Weise erzeugt[52]; in

Übersicht 9: Schematische Übersicht nach den Ablauf des Embryotransfers
(nach Lampeter, 1977)

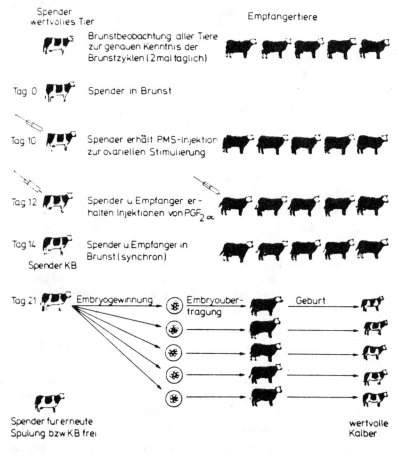

Quelle: Stöve, K. u. Kalm, E., a.a.O., S. 4.

der Bundesrepublik wurden 1985 6374 Embryonen übertragen[54]. Die Grundidee des Embryotransfers ist es ..., aus dem Keimzellenvorrat im Eierstock durch biotechnologische Maßnahmen möglichst oft hintereinander eine ganze Serie von befruchtungsfähigen Eizellen abzurufen.

Hochwertige Kühe werden mit dem Sperma von Elitebullen im Eileiter befruchtet. Die entstehenden Eizellen (Emybronen) werden auf unblutige Weise ausgespült und auf weniger wertvolle Tiere transferiert und von diesen ausgetragen. Stöve und Kalm[55] fassen unter "Embryotransfer" folgende biotechnologische Maßnahmen zusammen:

- Superovulation der Spenderkühe mit Hilfe von Hormonen (anstelle des Einzeleisprunges wird eine Vielzahl von Eisprüngen je Kuh erreicht),
- Zyklussynchronisierung von Spender- und Empfängertieren mit Hilfe eines Hormons (alle beteiligten Tiere müssen zur gleichen Zeit in die Brunst gelangen),
- Künstliche Besamung der Spenderkühe,
- Gewinnung, Beurteilung und Transfer der Embryonen (Die Gewinnung der Eizellen erfolgt in einem bestimmten Stadium, solange sie noch keinen Kontakt mit der Gebärmutter aufgenommen haben (ab fünften Tag); der Transfer erfolgt unblutig).

Die Übersicht 9 zeigt schematisch den Ablauf.

Es ist bei den Rindern möglich, Embryonen, die übrigens erstaunlich widerstandsfähig sind, in geeigneten Kulturmedien bis zu 30 Stunden zu lagern. Das Tiefgefrieren und damit die Aufbewahrung für Jahrzehnte ist auch möglich und für zukünftige tierzüchterische Eingriffe von außerordentlicher Bedeutung.

Bei Schweinen wird der Embryotransfer ebenfalls durchgeführt, wenn auch in wesentlich geringerem Umfang. Allerdings sind (geringe) chirurgische Verfahren erforderlich, und zwar sowohl bei der Gewinnung wie auch bei der Übertragung der Embryonen. Embryotransfer bei Schweinen kann z.B. durchgeführt werden, um neue Gene in geschlossene Herden einzuführen oder den Neuaufbau verseuchter Bestände durchzuführen[56]. Die Kurzzeitlagerung von Schweine-Embryonen ist zwar möglich, allerdings kein Tiefgefrieren. Bei Schafen ist der Embryotransfer ebenfalls möglich, zumal die Brunstsynchronisation erprobt ist.

Um die Fortpflanzungsmöglichkeit besonders wertvoller Kühe weiter zu erhöhen, wurde in den letzten Jahren am Tierzuchtinstitut in München eine Methode zur Teilung von Embryonen entwickelt[57]. Diese Mikromanipulation wird weltweit angewendet. Sie erbringt zur Zeit eine Halbierung des Embryos. Eine Trennung in vier oder acht Teilembryonen wird in der Zukunft für möglich gehalten[58]. Damit werden eines Tages von einer besonders wertvollen Kuh als Lebensleistung vielleicht mehr als 100 Kälber bereitgestellt werden können, gegenüber nur vier Kälbern im Durchschnitt bei den natürlichen Geburtsvorgängen. Somit wird auch mütterlicherseits Erhebliches zum Zuchtfortschritt beigetragen werden können. Die Erstellung monozygoter Zwillinge bzw. Drillinge usw. kann als Vorläuferstadium der Klonierung angesehen werden[59].

Die Wissenschaft arbeitet aber nicht nur an der Teilung von Embryonen, sondern auch an ihrer Aggregation. "Die Aggregation von ganzen Embryonen oder Embryohälften ermöglicht es Embryonen zu bilden, die aus Zellen verschiedener Eltern bestehen. Wenn diese Embryonen zur Trächtigkeit führen und an der Entwicklung der Zellen von beiden Ausgangsembryonen beteiligt sind, entstehen Individuen mit vier Eltern[60]." Derartige Chimären sind von großem wissenschaftlichem Interesse, vor allem für die Entwicklungsgenetik und Immungenetik.

R.H. Foote von der Cornell-universität in der USA hält es nicht für ausgeschlossen, daß wir mit Hilfe der Mikromanipulation "vielleicht eines Tages Kälber mit zwei Vätern und ohne Mutter züchten" (können). Die doppelte Befruchtung der Eizelle und die anschließende Entfernung der mütterlichen Anlage mache diesen Kunstgriff gegen natürliche Bedingungen möglich[61]. H. Kräusslich meint zur Bedeutung dieser auch für ihn möglichen Androgenese, daß "in der nächsten Generation Spermien und Eizellen erzeugt werden, die ausschließlich die genetische Information eines besonders wertvollen Vatertieres enthalten[62]." Allerdings gibt es auch pessimistische Stimmen.

Mittelfristig könnte möglicherweise auch eine invitro-Produktion von Embryonen möglich werden: Es müssen dann nicht mehr die Spendertiere (beim Embryotransfer) zur Superovulation gebracht werden. Vielmehr werden aus Ovarien, die bei der Schlachtung anfallen, tertiäre Oozyten gewonnen. Sie werden invitro gereift, befruchtet und kultiviert, bis sie die entsprechenden Stadien erreicht

haben, die für den Transfer in Spenderkühe (oder für wissenschaftliche Weiterbehandlungen) gewünscht werden[63].

Parthenogenetische Fortpflanzung von Tieren, d.h. Entwicklung aus Eizellen ohne Mitwirkung von Spermien, wird in der Zukunft der Tierzucht nicht ausgeschlossen: Nach der Befruchtung wird der männliche Vorkern entfernt, und danach werden durch besondere zellbiologische Methoden die Eizellen diploidisiert[64], oder sogar durch die Zellkerne von Körperzellen ersetzt. Damit wird das Klonen von Tieren möglich. Bei Fröschen (mit relativ großen Eiern) ist diese Fortpflanzung ohne vorherige Befruchtung relativ einfach. Sie ist aber auch bei Mäusen bereits gelungen. Sollte es möglich werden, mit Zellkernen, die von erwachsenen Tieren stammen, eine vollständige Embryonalentwicklung hervorzurufen, so wären Individuen beliebig und identisch zu vermehren. "Die Chancen, daß dies auch bei landwirtschaftlichen Nutztieren gelingen wird, werden zur Zeit gar nicht gering eingeschätzt[65]." Dabei ist wohl in erster Linie das embryonale Klonen gemeint. Somatisches Klonen, d.h. Vervielfältigung von normalen Zellen, ist viel schwieriger.

"Retortenkälber", also Kälber, die durch Befruchtung im Reagenzglas entstehen, gibt es in der Zwischenzeit auch. Erstmalig glückte dieses Experiment 1981 an der Universität von Pennsylvanien (USA). Ein Vorteil dieses Verfahrens wird in der erheblichen Ersparnis an Sperma gesehen, so daß das Erbgut von Spitzenbullen noch weiter verbreitet werden kann.

Die Tierzüchter hoffen seit langem das Geschlecht der zu züchtenden Tiere im voraus bestimmen zu können. Bei Spermien ist dies bisher nicht gelungen. Für die Geschlechtsbestimmung bei Embryonen stehen zur Zeit zwei Methoden zur Verfügung[66]: Einmal durch Bestimmung der Geschlechtschromosomen (XX oder XY). Sie ist wenig befriedigend und dürfte deshalb kaum für die Praxis in Frage kommen. Die zweite Methode arbeitet mit Antigenen, die sich nur mit männlichen Embryonen verbinden. Bei Mäusen wurde eine Sicherheit von 80 % erreicht. Bei Nutztieren wird sie erprobt. Erste positive Ergebnisse liegen bei Rindern vor. Bei einer dritten Methode soll mit Enzymen gearbeitet werden[67].

Die Geschlechtsbestimmung hat erhebliche praktische Bedeutung: So könnten z.B. beim Embryotransfer für die Milchviehherden ausschließlich weibliche Embryonen übertragen werden, während für das Besamungszuchtprogramm männliche Embryonen Verwendung finden.

Daß die Gentechnologie nicht nur in der Pflanzenzucht, sondern auch im Tierbereich möglich ist, wurde der Welt durch ein Titelbild der Zeitschrift "Nature" von Ende 1982 ganz besonders deutlich vorgeführt. Es zeigte neben einer normalen Maus eine Riesenmaus, die synthetisch erzeugt worden war. Es gelang einem amerikanischen Forschungsteam, ein zunächst isoliertes Ratten-Gen, das die Information eines bestimmten Wachstumshormons enthielt, mit Hilfe der Mikrochirurgie in die Erbanlagen von Mäusezellen einzuschleusen. Dieses kombinierte Ratten-Mäuse-Gen wurde dann in die Eileiter von Mäusemüttern placiert. Nach erfolgter natürlicher Befruchtung wurden neben normal großen auch Supermäuse geboren, die rund 50 % größer waren als normale Mäuse.

Dieses wissenschaftliche Experiment hat bewiesen, daß es auch in der Tierzucht möglich ist, mit gentechnischen Methoden in das Fortpflanzungsgeschehen einzugreifen. Mäuse sind zwar genetisch relativ einfach konstruierte Tiere, so daß ein Vergleich zu den Säugetieren höherer Ordnung nicht ohne weiteres möglich ist. Dennoch sollte man es nicht völlig ausschließen, daß es eines fernen Tages doch möglich werden könnte, mit Hilfe der Gentechnik, Riesenrinder oder Riesenschweine zu konstruieren.

Übersicht 10: Durch Gentechnik in München entstandene Riesenmaus neben einer
normal großen Maus

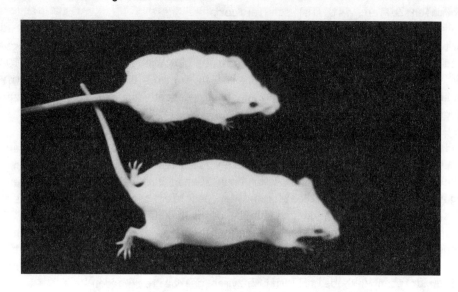

Quelle: Institut für Tierzucht und Tierhygiene der Universität München.

Eine Meldung[68] von Juli 1986 besagt, daß in Australien ein Lamm geboren
worden ist, dessen Embryo in einem frühen Stadium mit zusätzlicher genetischer
Information für die Synthese von Wachstumshormon ausgestattet wurde. Mit einer
Zinkdosis soll dieses zusätzliche Erbgut mit Hilfe eines Promotors jetzt
aktiviert werden, so daß - so hofft man - ein besonders großes Schaf entsteht.

Nach D. Smidt "haben entsprechend entwickelte Techniken grundsätzlich die
Isolierung von Genen, die Untersuchung ihrer Struktur und ihre Einbringung in
einzelne Zellen sowie in befruchtete Keimbahnzellen und damit in das entsprechende Lebewesen ermöglicht"[69].

Die Kultur von totipotenten Zellen (das sind jene wenigen Zellen, die zur
Entwicklung der Gewebe und Organe beitragen - die anderen Zellen haben andere
Aufgaben) ist gleichfalls ein Wunschbild der Gentechniker. Wenn es gelingt,
diese wenigen Zellen im Embryonalknoten zu isolieren und zu kultivieren, kann
man große Zahlen totipotenter Zellen gewinnen, die über Chimären wieder in die
Keimbahn eingeschleust werden können[70]. Daraus würden transgene Tiere entstehen. Auf diese Weise böte sich auch ein Weg zum Klonen von Tieren.

Ein anderes Anwendungsgebiet der Gentechnologie ist bei der Prophylaxe vor
Tierseuchen oder -krankheiten erschlossen worden. So wird in Zukunft die
Bekämpfung der Maul- und Klauenseuche (MKS) nicht mehr durch die Impfung von

84

ganzen, vorher inaktiv gemachten Vieren erfolgen, sondern durch ein Viruspro-
tein, das gentechnisch erzeugt wird. Es ist nämlich gelungen, den Gen-Ab-
schnitt, der die Bildung des immunisierenden Eiweißes im MKS-Virus steuert, zu
erkennen und diese Erbanlage in Bakterien einzubringen. Diese Bakterien wurden
über die Gentechnik veranlaßt, große Mengen der eingeschleusten Virus-Erban-
lage zu produzieren. Tierversuche bestätigen, daß hiermit ein lebenslanger
Schutz gegen MKS-Viren erzielt werden kann. Die auf diese Weise gewonnenen
Erfahrungen will die Wissenschaft auch auf andere Impfstoffe übertragen. So
ist es z.B. in Frankreich gelungen, einen gentechnischen Impfstoff gegen die
Tollwut beim Fuchs zu erzeugen[71].

Bei anderen Methoden der Molekulargenetik versucht man die physiologischen
Vorgänge bei der Verdauung zu beeinflussen. Nach Katinger[72] "besteht heute
die konkrete Möglichkeit, Endosymbiosen von Mikroorganismen in Tieren neu zu
etablieren oder in ihrer Effizienz zu manipulieren, wobei realistisch ab-
schätzbar ist, daß damit etwa einem Schwein zu einem ähnlich wirksamen Ver-
dauungsvorgang verholfen werden kann wie einem Wiederkäuer." Dazu führt er an
anderer Stelle[73] aus: "Alle wichtigen Bestandteile eines modernen Mischfut-
ters, wie Aminosäuren, Antibiotika, Hormone und Impfstoffe werden heute in
Mikroorganismen in Bioreaktoren erzeugt. Methoden der Genchirurgie würden es
heute ermöglichen, alle diese Substanzen zu produzieren und in die natürliche
Darmflora von Masttieren, wie zum Beispiel Schweinen, zu übertragen." Biotechnische Prozesse werden damit in den Verdauungstrakt verlagert, ohne hierfür am
Masttier selbst manipulieren zu müssen.

W. Jöchle[74] berichtet über erste Erfahrungen und Versuche, z.B. die Pansen-
flora mit neuen Eigenschaften auszustatten, nämlich mit der Fähigkeit zur Synthese limitierender Aminosäuren wie Lysin. Die Verfügbarkeit von Vitaminen
könnte auch verbessert werden. Das größte Problem ist z.Z. nicht die Modifika-
tion der Mikroorganismen, sondern die Sicherung ihres Überlebens[75].

Damit werden auch die Leistungs- oder Wachstumsförderer angesprochen, deren
Wirkung auf einer Beeinflussung der Darmflora und der Nährstoffaufnahme be-
ruht. Im Darm wird bei der Zugabe dieser Stoffe einerseits weniger Eiweiß
abgebaut, andererseits die Durchlässigkeit der Darmwand für die Nährstoffe
erhöht. Mastschweine verwerten z.B. ihr so angereichertes Futter um 5 % besser, so daß je Schlachtschwein rund 12 kg Futter eingespart werden können[76].

Wachstumshormone sind in den USA zugelassen. Einer US-Firma ist es gelungen,
die Gene zu isolieren, die beim Hähnchen das Wachstumshormon produzieren. Mit
gentechnischen Mitteln wurde über Bakterienkulturen für seine Vervielfältigung
gesorgt, so daß unbegrenzt neue Wachstumshormone zur Verfügung stehen. Es soll
damit möglich werden, das Wachstum von Hähnchen um 15 % zu beschleunigen[77].

Seit langer Zeit wird z.B. mit dem Wachstumshormonen (GH) und dem Wachstums-
hormon-Releaser-Hormon (GHRH oder GHRF) experimentiert. Beide Polypeptide sind
biotechnologisch herstellbar, und ihre Wirksamkeit konnte an größeren Tierzah-
len über längere Zeit geprüft werden. Es kam dabei zu "dramatischen Milchlei-
stungssteigerungen bei Hochleistungskühen", ebenso beim Gewichtszuwachs von
Fleischtieren[78]. Versuche mit dem natürlichen Hormon Somatotropin, das neuerdings gleichfalls gentechnisch vermehrbar ist, ergaben bei verschiedenen Ver-
suchsanstellungen mit Kühen Milchmehrleistungen von bis zu 41 %[79]. Es mußte
allerdings täglich gespritzt werden. Zur Zeit wird daran gearbeitet, Implan-
tate herzustellen, mit denen das Hormon über längere Zeit dem Körper zugeführt
werden kann.

Mit den Wachstumshormonen kann aber auch gentechnisch gearbeitet werden. Dazu
meint Brem[80]: "Sollte es ... gelingen, transgene Rinder zu erzeugen, die
einen höheren Wachstumshormonspiegel haben und die diese genetische Information auch an ihre Nachkommen weitergeben, so könnte man in einer einzigen
Generation eine Produktionssteigerung erzielen, für die man ansonsten 20 bis
30 Jahre brauchen würde."

In den Bereich der Tierernährung gehört auch die Verbesserung der Futterver-
sorgung mit Hilfe von biotechnologischen Verfahren[81]. Dazu gehört u.a. die
Gewinnung von neuen Futterstoffen, wie z.B. die von Mikroprotein auf der Basis
von Erdöl (Paraffin), Gasöl oder Methanol. Es handelt sich um Einzellerpro-
tein, das biotechnologisch aus bestimmten Bakterien, Hefen oder einigen Pilzen
gewonnen werden kann. Der hohe Gehalt an Eiweiß ist mit den besten Fischmehlen
vergleichbar. Es kann auch im Austausch mit Soja verwendet werden.

Der mikrobielle Aufschluß von Rest- und Abfallstoffen, um daraus wertvolle
Futtermittel zu gewinnen oder bestehende Futtermittel zu verbessern, gehört
auch dazu. Schließlich sei auf die biotechnologische Konservierung von Futter-
mitteln verwiesen, beispielsweise bei der Herstellung von Silofutter.

Bei der Lektüre dieses Kapitels wird manchem Leser, vor allem jenen, die nicht
mit der Landwirtschaft vertraut sind, Zweifel aufkommen, ob die vom Menschen
erdachten, erprobten oder geplanten Eingriffe bei den Nutztieren, besonders
hinsichtlich ihrer Fortpflanzung oder Vermehrung, hingenommen werden können.
Dabei wird vor allem die Parallele zu dem Menschen gesehen und - natürlich -
die Anwendung der geschilderten Verfahren bei den menschlichen Zellen abge-
lehnt.

Der Tierzüchter sieht das so: Bei seinen Eingriffen folgt er im Prinzip den
Regeln der Natur, insbesondere denen der in Millionen von Jahren gewachsenen
Evolution. Nur, daß er die in der natürlichen Evolution gegebenen Möglichkei-
ten um Riesenschritte potenziert. Im Unterschied zu anderen Spitzentechnolo-

gien verwendet die Biotechnologie biologische Mittel. Die Natur wird also bei den Zell- und Genmanipulationen vom Menschen bewußt, aber nach natürlichen Grundlagen gestaltet. Liegt hier nicht eine Aufgabe des schöpferischen Menschen?

H. Kräusslich, Direktor des Instituts für Tierzucht und Tierhygiene in München, meint[82]: "Persönlich bekenne ich, daß ich in der Tierzucht keine ethischen Schranken für die Anwendung der neuen Techniken sehe, da sich ethisch gegenüber der bisherigen Situation nichts ändert. Seit langer Zeit läßt der Mensch Nutztieren bei der Paarung keine Wahl und trifft die Selektionsentscheidungen nach eigenem Ermessen ... Der Widerstand der meisten Menschen gegen die Anwendung neuer Biotechniken, das tiefe Unbehagen, das diese Menschen befällt, ... liegt m.E. vor allem in der anthropozentrischen Betrachtungsweise der höheren Tiere. Die Angst, daß die beim Tier eingesetzten Verfahren auch beim Menschen angewandt werden könnten, wurde bei den gewohnten Techniken und Verfahren verdrängt. Mit der Entwicklung jeder neuen Technik wird diese Angst neu entfacht." Ethische Schranken für den Menschen sieht H. Kräusslich aber durchaus: "Für mich ist Tierzucht eine der Grundlagen unserer Kultur und Menschenzucht ein Tabu"[83].

2.8 Nachwachsende Rohstoffe

Im Zusammenhang mit den in der EG erzeugten landwirtschaftlichen Überschüssen werden in zunehmendem Maße Überlegungen angestellt, verstärkt anstelle von Nahrungs- und Futterpflanzen nachwachsende Rohstoffe anzubauen. Mittel- und langfristig könnte damit auch ein Beitrag zur erforderlichen Neuausrichtung der Agrarpolitik geleistet werden. Nach einem Bericht der Bundesregierung[84] zeichnen sich zwei Verwendungsbereiche ab: "Einerseits hat die chemische Industrie einen hohen Bedarf an Naturstoffen, wie Stärke, Zucker, Cellulose und Hemicellulose sowie an pflanzlichen Ölen und Fetten. Andererseits könnte Agraralkohol als Kraftstoffkomponente bedeutsam werden." Allerdings erschwere die Preissituation, vor allem bei Mineralöl, eine breitere Markteinführung.
Obwohl biotechnologische Verfahren nur zu einem Teil angewendet werden, z.B. bei der Züchtung von Pflanzensorten, die besser als bisher an die Erfordernisse der Industrie angepaßt sind, oder z.B. bei der Herstellung von Bioalkohol oder bei anderen biotechnologisch gesteuerten industriellen Umwandlungsprozessen, wird in diesem Kapitel doch auf die Gesamtheit der schrittweisen, wenn auch nur teilweisen Umstellung der Produktion auf nachwachsende Rohstoffe eingegangen. Dabei wird gleich vorausgeschickt, daß im EG-Ministerrat erste politische Grundsatzentscheidungen zugunsten der nachwachsenden Rohstoffe getroffen worden sind. Die EG-Industrie wird künftig Stärke und Zucker zu weltmarktähnlichen Preisen aus dem EG-Raum beziehen können. Außerdem sollen

für den Einsatz von EG-Getreide zur Herstellung von Agraralkohol gemeinschaftliche Beihilfen gewährt werden können[85].

Die Übersicht 11 zeigt, welche Pflanzenarten in der Bundesrepublik für die Erzeugung von nachwachsenden Rohstoffen in Frage kommen. Für die Erzeugung von Stärke und ihre Folgeprodukte kommen von den heute im Anbau befindlichen Kulturen Weizen, Mais und Kartoffeln in Frage, für die Erzeugung von Zucker

und Folgeprodukte Zuckerrüben und Gehaltsrüben, für die Erzeugung von Öl und Folgeprodukte Raps und Rübsen und für die Erzeugung von Eiweiß und Folgeprodukte Ackerbohnen und Erbsen[86]. Bei weiteren Pflanzen sind gewisse z.T. regional begrenzte Anbaumöglichkeiten gegeben, z.B. Wurzelzichorie und Topinambur (Stärke), Leindotter, Öllein, Senf, Mohn und Sonnenblumen (Öl). Faserpflanzen werden z.Z. in der Bundesrepublik nicht angebaut. Für Flachs, Faser-

Übersicht 11: Planzenarten, Naturstoffe und Folgeprodukte

Planzenarten	Naturstoffe	Folgeprodukte
Beta-Rübe	Zucker	Zucker: Ethanol, chemische Syntheseprodukte, Lösungsmittel
Kartoffel	Stärke	
Wurzelzichorie	Zucker[1]	Polyfructosane: Fructrosesirup
Topinambur	Stärke[1]	Stärke: Ethanol, Kunstoffe (Polymerprodukt, Thermoplaste, Elastomere, Polyurethanschäume, Polyolefine), Fasern, Hilfsstoffe für chemische Synthese- u. technische Produkte, Klebstoffe u.a.
Möhre	Zucker	
Mais	Stärke	
Weizen	Stärke	
Erbse	Stärke	
Buschbohne	Stärke	
Winterraps (Rüpsen)	Öle und Fette	Öle: Tenside, Lacke, Kunststoffe, Weichmacher, Netzmittel, Emulgatoren, Additive, technische Hilfsstoffe, Schmierstoffe, Wachse, Pharmazeutika u.a.
Leindotter	Öle und Fette	
Öllein	Öle und Fette	
Senf	Öle und Fette	
Sonnenblume	Öle und Fette	
Nachtkerze	Öle und Fette	
Faserlein (Flachs)	Fasern	Textilfasern, technische Fasern
Hanf	Fasern	Technische Fasern
Ackerbohnen	Eiweiß	Klebstoffe u.a.
Ackererbsen	Eiweiß	

1) Polyfructosane
Quelle: Institut für Pflanzenbau und Pflanzenzüchtung der FAL, Braunschweig-Völkenrode.
Entnommen aus: Deutscher Bundestag, a.a.O., S. 22.

hanf und Fasernessel gibt es aber Anbauflächen in Nachbarländern und damit auch Möglichkeiten in der Bundesrepublik.

Die heute von der westdeutschen Landwirtschaft angebauten Kulturen sind fast ausschließlich auf die Erzeugung von Nahrungsstoffen gezüchtet worden. Um sie industriell besser nutzen zu können, ist es erforderlich sie so umzuzüchten, daß sie hohe Massenerträge an Industrierohstoffen liefern. Um die zeitlich lange züchterische Umgestaltung abzukürzen, werden biotechnologische Verfahren angewendet, wobei selbst Gen-Manipulationen vorgenommen werden. Übersicht 12 zeigt, an welchen Pflanzenarten in der Bundesrepublik biotechnologische Arbeiten im Gange sind.

Übersicht 12: Planzenarten, an denen biotechnologisch gearbeitet wird

| Planzenart | Angewendete Methoden | | | | | Gentechnische Selektion auf Resistenz geg. Krankheiten u. Streßfaktoren |
	In-vitro vegetative Vermehrung	Erzeugung Haploider	Protoplastenfusion Isolierung (P)	Fusion (F)	Genmanipulation	
Beta-Rüben	+		+ P			+
Kartoffeln	+	+	+ P/F		+	+
Topinambur	+	+				
Wurzelzichorie	+		+ P			
Mais	+	+	+ P			+
Weizen		+	+ P			+
Ackerbohne	+					
Erbse	+		+ P			+
Buschbohne	+		+ P			+
Lupine	+		+ P			
Raps	+	+	+ P/F			+
Senf	+					
Mohn	+	+				
Sonnenblume	+	+	+ P		+	+
Wolfsmilch	+					
Öl- und Faserlein	+	+				
Hanf	+					
Brennessel	+					

Anmerkung: Nur in den mit + oder Symbolen gekennzeichneten Feldern wird gearbeitet.
Quelle: Institut für Pflanzenbau und Pflanzenzüchtung der FAL, Braunschweig-Völkerode.
Entnommen aus: Deutscher Bundestag, a.a.O., S. 37.

Bei den Umzüchtungen werden große Veränderungen in den Erträgen erwartet; sie sind übrigens auch erforderlich, um die industrielle Verwertung wirtschaftlich zu gestalten. So erwartet M. Dambroth[87] für die Stärkekartoffel der Zukunft, die der Ethanolherstellung dienen soll, Erträge von ungefähr 1000 dt je Hektar. Im Durchschnitt des Bundesgebietes werden dagegen heute bei Speisekartoffeln rund 300 dt je Hektar geerntet. Die Beta-Rübe der Zukunft, die gleichfalls für die Ethanolverwertung angebaut werden soll, könnte 1400 dt je Hektar erbringen, gegenüber rund 500 dt je Hektar bei der heutigen Zuckerrübe zur Zuckergewinnung. Heute werden bei der Umwandlung in Ethanol bei der (heutigen) Kartoffel 5000 Liter Ethanol je Hektar gewonnen, im Jahre 2000 sollen es 9300 Liter sein. Bei der Beta-Rübe kommt man heute auf 5 bis 6000 Liter Ethanol je Hektar. Die Voraussage für das Jahr 2000 liegt bei 7 bis 9000 Liter[88]. Derartige Ertragssteigerungen beeinflussen natürlich auch die Wirtschaftlichkeitsberechnungen. Ob der Anbau dieser Energie liefernden Pflanzen im Jahre 2000 aber rentabel sein wird, hängt auch von den dann geltenden Preisen für das Rohöl ab.

Auch bei den Ölsaaten bisherigen Anbaus sind durch Züchtungsmaßnahmen wesentlich höhere Erträge zu erwarten. Neue Arten sind in der Erprobung bzw. in der Herauszüchtung aus Wildformen, z.B. der kreuzblättrigen Wolfsmilch, Cuphea-Arten, der Andenlupine oder (längerfristig) des chinesischen Ölrettichs und der Ölcrambe[89].

Da die Bundesrepublik ungefähr 50 % ihres Holzbedarfes einführen muß, ist es sinnvoll, die Erzeugung von Lignocellulose nachhaltig zu steigern, auch auf Böden, die bisher der Nahrungserzeugung dienten. Selektionszüchtung, Kreuzungszüchtung, Verklonung und Resistenzzüchtung (später auch somatische Hybridisierung und genetische Beeinflussung) können innerhalb von wenigen Jahrzehnten zu Zuwachssteigerungen bis zu 20 % führen[90]. Schnellwuchsbestände mit kurzen Umtriebszeiten (z.B. Pappel, Aspen und Weiden) bringen mit 10 bis 15 t Trockenmasse je Jahr und Hektar Erträge, die vier- bis sechsfach höher liegen als der Durchschnittsertrag der Wälder der Bundesrepublik[91]. Darüber hinaus wird auch an Bestände mit mittleren Umtriebszeiten (10 bis 20 Jahre) gedacht.

Inwieweit die biotechnologische Forschung bei Forstpflanzen gediehen ist, berichtet M.R. Ahuja[92]. Bei mehr als 50 Baumarten sind Pflänzchen durch die Anwendung von Gewebekulturen regeneriert worden. Allerdings sind die Techniken noch nicht so weit fortgeschritten, daß eine große Zahl von Pflanzen unter Feldbedingungen geprüft werden konnte. Gentechniken werden bei Forstpflanzen erst in weiter Zukunft erwartet, da grundlegende Voraussetzungen erst von der Forstgenetik erarbeitet werden müssen.

H. Willer, der zuständige Referent für nachwachsende Rohstoffe im Bundesministerium für Ernährung, Landwirtschaft und Forsten, hat eine zusammenfassende

Übersicht 13: Aussichten des Einsatzes nachwachsender Rohstoffe als Nicht-Nahrungsmittel

	derzeitiger Einsatz in 1000 t		zusätzliches Einsatz- potentials[*] in 1000 t		hierfür zusätzlich Flächenbedarf[*] in 1000 ha		Beispiele für Ein- satzgebiete im in- dustriell-techni- schen Bereich
	EG	D	EG	D	EG	D	
Zucker	62	ca. 15	200-500	60-100	25-50	7-12	Grundstoff bei Herstellung von Pharmazeutika or- ganischer Säuren, Kleb- und Kunst- stoffen
Stärke	1190	355	600-1400 (2/3 Weizenstärke)	180-510	160-380 (Weizenflächen)	50-135	Bindemittel bei Papier- und Well- pappenherstellung, Chemiegrundstoff der Kunststoff- fabrikation
pflanz. Öle und Fette	-	400	erheblich (aus Substitution eingeführte Öle und Fette bis 90 % des Gesamtver- brauchs; entspräche 335 000 ha Rapsfläche)				Chemierohstoff für Wasch- und Reini- gungsmittel, Gummi, Kunststoffe, Weich- macher, Farben, Lacke
Agrar- alkohol	ca. 500	120	4500	1150	2000	360	bislang: Pharma- zeutika, Körper- pflegemittel, Essig; künftig: Beimischung zu Mo- torbenzin (5 % un- terstellt)

* Unterer Wert gilt unter der Bedingung, daß die Rohstoffe in der EG zu Weltmarktbedingungen verfügbar sind, oberer Wert zusätzliche Bedingung weitere technische Fortschritte hinsichtlich neuer Verwendungsmöglichkeiten und Einsatzbereiche.

Voraussetzung für die Wettbewerbsfähigkeit und damit für die industriell-technische Nutzung des zusätzlichen Marktpotentials sind bei
- Zucker: Zugang der chemischen Industrie zu C-Zucker
- Stärke: deutliche Verringerung der Unter- schiede zwischen EG- und Weltmarktpreisen für Getreide bei gleichzeitiger Präferenz von EG- Weizen und -Kartoffeln gegenüber Drittlands- mais sowie verfahrenstechnische Fortschritte
- pflanzlichen Ölen und Fetten: Züchtung ein- heimischer Pflanzen insbesondere mit kurzket- tigen Säuren entsprechend Anforderung der chemischen Industrie und höheren Flächener- trägen
- Agraralkohol: weit überdurchschnittliche Ver- teuerung fossiler Energieträger gegenüber agrarischer Rohstoffen, heizwertbezogene Mi- neralölbesteuerung, technische Fortschritte bei Erzeugung und Bereitstellung der agrari- schen Rohstoffe, der Stoffumwandlung und umweltfreundlicher Entsorgung.

Quelle: H. Willer: Zukunft für nachwachsende Rohstoffe? In: Pflug und Spaten, Juli/August 1986, S. 28.

Aufstellung über die Aussichten des Einsatzes der nachwachsenden Rohstoffe bis zum Jahre 1990 veröffentlicht (Übersicht 13).

Daraus läßt sich auch ablesen, mit welchen zusätzlichen Flächen bis zum Jahre 1990 bei dem Anbau von nachwachsenden Rohstoffen für die Industrie bei einem geschätzten zusätzlichen Absatzpotential gerechnet werden kann. Danach ergeben sich (ohne Forstflächen bzw. Flächen für schnellwachsende Baumarten) nicht mehr als rund 500 000 ha für die Bundesrepublik und höchstens 2,5 Mio. ha für die EG. Das wären nicht mehr als 4 % der heutigen Agrarfläche der Bundesrepublik oder 2,5 % der Agrarfläche der Zehner-EG. Die Umstellung auf nachwachsende Rohstoffe kann also nicht das heutige Problem der Überschüsse allein lösen. Der derzeitige Zuwachs der Agrarerzeugung der EG liegt nämlich bei durchschnittlich 2 % je Jahr.

3. Auswirkungen

3.1 Chancen und Risiken der Biotechnologie

Von dem amerikanischen Nobelpreisträger Severo Achoa (Nobelpreis 1959: Aufklärung der Biosynthese von Nukleinsäuren) stammt schon frühzeitig - bevor die Gentechnologie ihren Anfang nahm - das Wort: "Die Biochemiker fangen an, Gott zu spielen." Charles D. Price, der zeitweise Präsident der Chemischen Gesellschaft der USA war, äußerte sich bereits Anfang der siebziger Jahre zur Zukunft der Biotechnologie: "Die sich heute anbahnende biologische Revolution wird dereinst alles zwergenhaft erscheinen lassen, was etwa Atomphysik und Raumfahrttechnik hervorgebracht haben." Beide Aussagen umreißen die ungeheure Bedeutung der Biotechnologie und insbesondere der Gentechnologie für die Zukunft der Menschheit.

Der Vorsitzende der im Deutschen Bundestag gebildeten Enquete-Kommission "Chancen und Risiken der Gentechnologie", W.-M. Catenhusen, präzisiert: "Kann die klassische Chemie Naturstoffe synthetisch nachbauen, so kann die Gentechnologie nunmehr die Natur selbst durch Eingriffe in die Erbanlagen verändern und in einem zweiten Schritt die Bausteine des Lebens selbst synthetisieren. Diese Entwicklung steht mit der Produktion von Naturstoffen durch gentechnisch manipulierte Bakterien, Hefen, Pilzen oder Zellkulturen - biologischen Robotern - am Anfang. Man schätzt, daß von 50 000 nutzbaren chemischen Verbindungen mindestens 10 % biotechnologisch unter Einbeziehung der Gentechnologie hergestellt werden können. Die Gentechnologie weist aber weit über solche industriellen Nutzanwendungen zu Produktionszwecken hinaus. Pflanzen, Tiere und schließlich der Mensch selbst werden zum Objekt der Gentechnologie werden. Der Mensch erarbeitet sich mit der Gentechnologie die Möglichkeit, die gesamte natürliche Umwelt in bisher unbekannter Weise direkt und rasch zu verändern, umschöpfen zu können"[93].

Damit werden Chancen und Risiken der neuen Biotechnologie angesprochen. Technische Fortschritte sind wertneutral. Sie sind in sich weder gut noch schlecht. Es kommt darauf an, wie sie angewendet werden. Das gilt in gleicher Weise für die Biotechnologie. Sie kann, je nachdem wie sie benutzt wird, als Schlüsseltechnologie die wirtschaftlichen, sozialen und politischen Strukturen, ja auch das Wertesystem der Gesellschaft unterschiedlich beeinflussen und verändern[94]. Man denke nur allein an die evtl. möglichen ökologischen Auswirkungen. Diese können positiv sein, z.B. wenn es gelingt, durch biotechnische Behandlung Dioxin zu entgiften. Sekundäre negative Nebenwirkungen sind dabei zwar z.Z. nicht erkennbar; sie können jedoch nicht völlig ausgeschlossen werden. Andererseits kann beispielsweise die Entwicklung von herbizidresistenten Pflanzen zu einer weiteren Artenreduzierung in der Landwirtschaft führen, obwohl damit - andererseits - die Verwendung von chemischen Unkrautvertilgungsmitteln verringert wird.

Bei der industriellen Entwicklung oder Herstellung genetisch manipulierter Mikroorganismen, beispielsweise von Antikörpern gegen Krankheiten, könnte es möglich werden, daß die dabei mitwirkenden einzigen Krankheitserreger aus dem Labor entweichen. Schließlich handelt es sich nicht um anorganisches Material, sondern um Lebewesen, die sich selbst fortpflanzen oder evtl. auch selbst bewegen. Unübersehbare Folgen wären denkbar, obwohl die beteiligten Biotechnologen dieses Risiko als höchst unwahrscheinlich, ja gar als unmöglich bewerten, zumindest aber geringer als bei den bisherigen Arbeiten zur Entwicklung oder Herstellung von Impfstoffen. Dazu ein Beispiel[95]: Für die konventionelle Herstellung von Vakzinen gegen das Hepatitis B-Virus (HBV) wird als Ausgangsmaterial das Blutplasma HBV-infizierter Menschen benutzt. Da es auch noch andere Krankheitserreger enthalten kann, sind die beteiligten Arbeitnehmer unmittelbar gefährdet. Der Impfstoff selbst muß durch zahlreiche Prozeduren keimfrei gemacht und geprüft werden. Bei dem neuen gentechnologischen Verfahren ist man am Experimentieren, um die schutzauslösenden Bestandteile des HBV in Hefe herzustellen. Die Hefezelle ist aber per se keine Gefahr. Ähnliches gilt für die Herstellung anderer Impfstoffe.

Als besonders bedenklich, ja verhängnisvoll und ethisch nicht zu vertreten, wird die ungesteuerte Anwendung biotechnologischer Methoden auf den Menschen selbst angesehen, ganz besonders natürlich bei Manipulationen an menschlichen Keimzellen. Auch wenn sich moralische Tabus und Barrieren ändern (vor einem Jahrzehnt war die künstliche Befruchtung einer menschlichen Eizelle invitro noch nicht denkbar, heute wird sie zum Segen von Müttern, die anders keine Kinder kriegen können, praktiziert), so sind doch unverrückbare Grenzen erforderlich. Sie werden vermutlich bei der Übertragung menschlicher Gene festge-

legt werden, sicherlich aber bei der vielleicht möglich werdenden Verschmel-
zung von menschlichen und tierischen Ei- und Samenzellen, oder bei der als
Zukunftsvision aufgezeigten gentechnologischen Vervielfältigung von Muster-
(Super-)Individuen.

Da die Gefahr besteht, daß die Wissenschaftler und Techniker ihre Tabus so gestalten, daß sie das, was sie machen wollen, auch machen können[96], sind
öffentliche und interdisziplinäre Überwachungen erforderlich, wobei soziale
und ökologische Gesichtspunkte ebenfalls zu berücksichtigen sind.

In den meisten entwickelten Ländern der Welt wurden im Laufe der letzten
Jahre zentrale Gremien zur Beurteilung bzw. Verhinderung der Risiken der neuen
Biotechnologie bzw. der Gentechnologie geschaffen. Teilweise gab es auch
gesetzliche, einschränkende Bestimmungen oder rechtliche Richtlinien bzw.
Empfehlungen mit Sicherheitsauflagen. In der Bundesrepublik wurden erstmalig
1978 Sicherheitsrichtlinien erlassen, z.T. nach amerikanischem Vorbild. Dabei
wurde eine vom Bundesminister für Forschung und Technologie ernannte Prüfgrup-
pe, die "Zentrale Kommission für die Biologische Sicherheit", eingesetzt, die
die einzelnen Forschungsvorhaben hinsichtlich ihrer Risiken prüft und ein-
stuft. Überwachungsfunktionen bei den laufenden Arbeiten hat diese Kommission
nicht. Im Laufe der Zeit wurden die Richtlinien an die neuen Erkenntnisse
angepaßt und der Katalog der "verbotenen" Experimente verkleinert[97].

Am 13.4.1984 hat der Deutsche Bundestag zusätzlich eine Enquete-Kommission
Gentechnologie eingesetzt, die beratend die Aufgabe hat, Chancen und Risiken
der Gentechnologie und neuer biotechnologischer Methoden unter ökologischen,
ökonomischen, rechtlichen, gesellschaftlichen und Sicherheitsgesichtspunkten
darzustellen und bis zum 31.12.1986 Empfehlungen für entsprechende Entscheidungen des Bundestages zu erarbeiten.

Der Gesetzgeber bereitet sich also offensichtlich darauf vor, die Risiken der
neuen Biotechnologie abzuwägen und einzugrenzen. Damit dürften Auswüchse wohl
weitgehend verhindert werden können.

3.2 Auswirkungen auf die Landwirtschaft

Die neue Biotechnologie ist bisher nur ein kleiner Teil des technischen Fortschritts, der in den letzten 30-35 Jahren die Landwirtschaft der Bundesrepublik von Grund auf gewandelt hat. 1950 wurden die Felder noch von 1,7 Mio.
tierischen Zugkrafteinheiten (Pferde, Ochsen, Kühe) und einer geringen Anzahl
von ersten Schleppern bestellt und beerntet. Heute gibt es keine tierischen
Zugkräfte mehr, und an ihre Stelle sind 1,4 Mio. Schlepper und 140 000 Mäh-
drescher getreten. Der Einsatz von Dünge- und Pflanzenbehandlungsmitteln wurde

um ein Vielfaches erweitert, der von Stickstoffdüngern um 500 %. Zugleich' wurde die Zahl der landwirtschaftlichen Betriebe von 1,65 Mio. auf 720 000, also auf weniger als die Hälfte, verringert. Die Erträge im pflanzlichen und tierischen Bereich wurden nahezu verdoppelt, während zugleich die Zahl der eingesetzten Arbeitskräfte (umgerechnet in ganzjährige Tätigkeit) auf weniger als 25 % zurückging. Die Arbeitsproduktivität der Landwirtschaft stieg damit auf mehr als das Achtfache von 1950, der Kapitalbedarf je eingesetzter Arbeitskraft noch einmal um schätzungsweise das Doppelte dieses Zuwachses an Arbeitsproduktivität.

Die neuen Biotechnologien werden weitere, ungeheure Umwälzungen mit sich bringen. Genaue Prognosen sind nicht möglich, da nicht vorhersehbar ist, welche der heute für möglich gehaltenen neuen Methoden der Biotechnologie zum tatsächlichen Einsatz gelangen und wann dies bei jeder einzelnen biotechnischen Maßnahme geschieht. Außerdem können Neuentwicklungen hinzukommen, an die heute noch nicht gedacht wird. Sowohl in der Pflanzen- wie auch in der Tierzucht sind große Fortschritte aus der Kombination der konventionellen Zucht mit den neuen Methoden der Biotechnologie zu erwarten.

Die Zuchtfortschritte werden dabei größer sein als in der Vergangenheit, mit dem Ergebnis, daß die Erträge je Pflanze bzw. je Tier schneller als bisher steigen. Um 1950 wurden z.B. in der Bundesrepublik Deutschland 27,3 dt Winterweizen je ha geerntet, um 1960 31,9 dt, um 1970 41,9 dt, um 1980 50,4 dt und in den Jahren 1983-85 sogar durchschnittlich 59,5 dt. Die Ertragssprünge beliefen sich in den Jahrzehnten von 1960 bis 1980 auf 9 bis 10 dt, in den vier Jahren von 1980 bis 1984 sogar noch einmal auf denselben Satz. Damit ist aber das Potential unserer Kulturpflanzen noch lange nicht erschöpft. Bereits 1978 hat K.U. Heyland darauf hingewiesen, daß der im Kastenversuch mit Wintergetreide erzielte 200 dt/ha-Ertrag nicht Utopie, sondern von der Pflanze her möglich ist[98]. Die Züchter des Pflanzenbauinstituts Cambridge halten in der Zukunft Erträge von 170 dt/ha im Feldanbau für wahrscheinlich[99].

Nicht anders in der Tierzucht. F. de Boer[100] aus den Niederlanden berichtet, daß (nach zwei unabhängigen niederländischen Untersuchungen) im Jahre 2000 im Durchschnitt aller dann noch gehaltenen Kühe dieses Landes nach der einen Untersuchung 8500 bis 9500 kg, nach der anderen Untersuchung 10 000 kg Milch je Kuh und Jahr voraussichtlich erzeugt werden. Heute liegt der Landesdurchschnitt der Niederlande bei 5400 kg (Bundesrepublik 4600 kg). De Boer führt diese beinahe unglaubliche Leistungssteigerung vor allem auf die Nutzbarmachung der neuen Biotechnologien zurück. Wenn auch Bundesrepublik aufgrund ihrer benachteiligten Erzeugungsstruktur (z.B. Durchschnittszahl der Kühe je Betrieb 1983: NL = 40,2; D = 13,9 Kühe) nicht die gleichen Leistungsteigerungen aufweisen wird wie die Niederlande, so ist doch mit ganz erheblichen Mehrleistungsmöglichkeiten je Kuh auch in der Bundesrepublik zu rechnen[101].

Diese Mehrleistungen je Produktionseinheit stehen an sich natürlich kontrovers zur derzeitigen Überschußsituation in der EG[102]. Mehrleistungen sind zwar auf den ersten Blick politisch nicht erwünscht, aber deshalb allein nicht zu verhindern. Im Gegenteil: Im Interesse einer rational zu betreibenden Landwirtschaft, die so wenig wie möglich mit öffentlichen Geldern gestützt werden muß, und im Hinblick auf die Konkurrenzverhältnisse zwischen den Landwirten der verschiedenen Regionen und Länder (innerhalb und außerhalb der EG), sollte es das Ziel der Politik sein, die eigene Landwirtschaft im Wettbewerb, d.h. durch Rationalisierung des Einzelbetriebes, so günstig wie nur möglich zu gestalten. Für die Beseitigung und die spätere Verhinderung von geldfressenden Überschüssen sind andere politische Mittel einzusetzen, auf die noch hingewiesen wird.

Derjenige Landwirt steht in der Regel am besten da, der nach dem Gesetz der Kostendegression handeln kann, d.h. dessen Erzeugungskosten je erzeugter Einheit so gering wie möglich sind. Je geringer die Anbauflächen oder die Tierzahl eines Betriebes sind, umso mehr steigen in der Regel die Stückkosten an. Mit Hilfe der modernen Technik ist es heute mit nicht mehr als ein bis zwei Arbeitskräften möglich, 90 bis 150 ha Ackerland zu bewirtschaften, 3000 bis 5000 Schweine zu mästen, 80 bis 120 Kühe zu melken oder mehrere tausend Legehennen zu betreuen[103]. Betriebe dieser oder ähnlicher Größenordnungen erzielen die höchsten Renditen, sie sind auch im internationalen Wettbewerb[104] konkurrenzfähig und können doch mit der Arbeitsmacht einer Familie bewirtschaftet werden, also durchaus bäuerlichen Charakter haben. Große Betriebe, die rationell in dieser Größenordnung wirtschaften, können also zum Ideal des bäuerlichen Familienbetriebes gezählt werden, der im politischen Raum der Bundesrepublik ganz besonders stark propagiert, in anderen EG-Ländern, z.B. den Niederlanden, aber kaum herausgestellt wird.

Die in den Kapiteln 2.6 bis 2.8 angesprochenen biotechnologischen Neuerungen bzw. Zukunftsaussichten können in erster Linie (zunächst oder überhaupt) von den größeren Betrieben angewendet bzw. genutzt werden. Gleiches gilt übrigens auch für die Prozeßsteuerung der landwirtschaftlichen Produktion mit Hilfe von Computern und Mikrochips, sowohl in der pflanzlichen wie in der tierischen Produktion und der Betriebsplanung und -überwachung[105].

Damit werden die großen Betriebe ihren ökonomischen Vorsprung gegenüber den Betrieben, die mit zu geringen Produktionsmengen arbeiten, weiter ausbauen können. Hieraus wiederum folgt, daß die kleineren Betriebe langfristig aus ökonomischen Gründen vom technischen Fortschritt überrollt werden. Früher oder später werden sie ihre Existenzgrundlage aufgeben müssen, falls nicht erhebli-

che (und mit der Zeit stets deutlich weiter ansteigende) staatliche Mittel zu ihrer Erhaltung aufgewendet werden.

Wer in Anbetracht der begrenzten staatlichen Mittel die Landwirtschaft stärker als bisher mit Hilfe der ihr innewohnenden ökonomischen Eigenleistung erhalten und fördern will, wird die Betriebe, die unrentabel wirtschaften, nicht mehr - wie bisher - zur Richtschnur seiner Politik machen dürfen, sondern die modernen, zumeist größeren Betriebe, nicht mehr die Betriebe in den benachbarten Gebieten, sondern die in den von Natur aus begünstigten agrarischen Kernzonen.

Ob sich dieser ökonomisch motivierte Standpunkt durchsetzen wird, ist allerdings - nach dem heutigen Stand der politischen Diskussion - fraglich. Außerökonomische Aspekte verdienen gleichfalls gebührende Beachtung: Soziologische Gesichtspunkte, wie die Verhinderung der Entleerung großer Räume mit unzulänglicher Agrarproduktion, Erhaltung der Kulturlandschaft und ökologische Überlegungen stehen heute oftmals im Vordergrund des politischen Interesses. Hier gilt es abzuwägen.

Die Last der Überschüsse muß in jedem Fall abgebaut werden. Die derzeitige Politik versucht dies durch Kontingentierungen, Mitverantwortungsabgaben[106] und vorsichtige Preissenkungen. Im Gespräch sind aber auch subventionierte Flächenstillegungen, Aufforstungen, Einführung von Grünbrachen, Betriebsaufgaberenten, Umstellung der Produktion auf nachwachsende Rohstoffe, usw. Es hat jedoch den Anschein, als wenn diese Maßnahmen im Entscheidungsgremium des EG-Ministerrates (in dem die Landwirtschaftsminister der EG-Länder - wie in einem Selbstbedienungsladen - das Sagen haben) nur sehr zaghaft als Rechtsgrundlage akzeptiert werden können. Wir werden daher noch voraussichtlich für mehrere Jahre in dem Dualismus leben, daß die Produktion je Erzeugungseinheit (Pflanze oder Tier) und je Betrieb durch moderne Methoden der Erzeugung (auch der Biotechnologie) ansteigen wird, andererseits aber die insgesamt vorhandenen Überschüsse kaum abgebaut werden. Vielfach wird befürchtet, daß erst ein großer, schmerzlicher Eklat, der einer Bankrotterklärung der bisherigen Agrarpolitik gleichkäme, zu vernunftsgemäßen Lösungen führen kann. So lange aber werden staatliche Gelder im großen Umfang eigentlich unproduktiv für die Beseitigung von Überschüssen ausgegeben, obwohl sie andererseits durch direkte Zuwendungen viel wirkungsvoller zur längst fälligen strukturellen Reform der Landwirtschaft eingesetzt werden könnten.

Dabei ist auch, vielleicht sogar in erster Linie, daran zu denken, daß es produktiver ist, soziale Hilfestellungen für diejenigen bereitzustellen, die wegen zu kleiner Betriebsgröße oder unzureichender natürlicher Produktionsgrundlagen zur Aufgabe ihrer Agrarproduktion gezwungen sind. Je länger die schwachen Betriebe, die jährliche Verluste erleiden, auf diesen bitteren Schritt warten (oder wegen falsch erweckter Hoffnungen von Seiten des Staates dazu verleitet werden zu warten), umso stärkere Vermögensverluste erleiden sie. Die rechtzeitige Betriebsaufgabe hat somit privatwirtschaftlich wie volkswirtschaftlich ihre ökonomische Berechtigung.

3.3 Auswirkungen auf die ländlichen Räume

Entsprechend dem Generalthema der 25. Wissenschaftlichen Plenarsitzung der Akademie für Raumforschung und Landesplanung über Technikentwicklung und Raumstruktur soll in einer Arbeitsgruppe das Thema "Wirkungen der Biotechnologie in der Landwirtschaft auf die räumliche Entwicklung" diskutiert werden. Es wäre wenig hilfreich, zu dieser Sitzung bereits in dem hiermit vorgelegten vorbereitenden Papier eine einzige Meinung vorweg festzuschreiben, die doch nicht mehr als eine von mehreren möglichen angesehen werden müßte. Vielmehr ist es der Wunsch der Akademie, eine Diskussionsgrundlage vorzulegen, aus der möglichst viele gegensätzliche Gesichtspunkte skizzenhaft angerissen sind.

Ein wichtiger, wenn nicht der wichtigste Entscheidungsfaktor über das künftige Schicksal der ländlichen Räume ist die dann zu erwartende landwirtschaftliche Produktion, und zwar hinsichtlich ihres Umfanges, ihrer betrieblichen Intensität und ihrer Standorte.

Nachstehend werden zwei kontroverse Schemata über diese mögliche zukünftige Gestaltung der landwirtschaftlichen Erzeugung, etwa um die Jahrtausendwende, vorgelegt.

Dabei werden bestimmte Rahmenbedingungen stillschweigend vorausgesetzt, wie z.B. der weitere Einfluß des technischen Fortschritts (auch und gerade aus der Biotechnologie kommend), das Weiterbestehen des gemeinsamen EG-Marktes und die Zahlung von staatlichen Subventionen zugunsten der Landwirtschaft.

In gleicher Weise wird unterstellt, daß das Umweltbewußtsein in Staat und Bevölkerung weiter geschärft wird, wobei allerdings nicht vergessen werden sollte, daß die neue Biotechnologie vermutlich auch dazu Hilfestellungen leisten kann. Daß zugleich die Leistungsfähigkeit des Naturhaushaltes gewährleistet sein muß, dürfte selbstverständlich sein. Natürlich wird auch unterstellt, daß die Landwirte, die um die Jahrtausendwende noch in der Produktion stehen werden, die neuen biotechnologischen Errungenschaften zur Verhinderung ökologischer Schäden (z.B. krankheitsresistente Pflanzen, düngerbindende Bakterien - also damit Verringerung des Einsatzes von Chemie) einsetzen können.

Genau so kann wohl angenommen werden, daß es neben den hauptberuflichen Landwirten weiterhin nebenberufliche Landwirte geben wird. Schließlich kann vielleicht auch unterstellt werden, daß in Anbetracht der Schwierigkeiten in der Landwirtschaft die Abwanderung aus diesem Beruf anhalten wird. Die heutige ungünstige Alterspyramide der Landwirte spricht außerdem dafür.

Die beiden folgenden Schemata A und B geben extreme Positionen wieder, wobei Gemeinsamkeiten der Klarheit wegen nicht in beiden Fällen ausdrücklich erwähnt werden. So sind z.B. neben den intensiveren Wirtschaftsweisen auch extensive Wirtschaftsformen möglich, genau so wie die mögliche Erzeugung von nachwachsenden Rohstoffen.

In der Diskussion der Arbeitsgruppe wird es sicherlich zu einer Annäherung beider extremer Standpunkte kommen.

Extrem A: Flächendeckende agrarische Erzeugung

Vorteile:

- Bewahrung der Kulturlandschaft im gesamten Bundesgebiet,
- Gegensteuern gegen die bisherige Tendenz zur Entleerung ländlicher Räume,
- Versuch zur Erhaltung gleichartiger Lebensbedingungen in allen Teilräumen des Bundesgebietes,
- stärkere Betonung ökologischer Grundsätze.

Wichtigste Maßnahmen:

- Gesetzliche Auflagen zur Begrenzung des betriebsindividuellen Erzeugungszuwachses (z.B. Kontingente für bestimmte landwirtschaftliche (Überschuß-) Erzeugnisse),
- staatliche Auflagen (Besteuerung, Umweltbestimmungen, usw.), um die Entstehung besonders großer Betriebsgrößen zu verhindern, z.B. in der Massentierhaltung,
- staatliche Förderung der alternativen Erzeugung von Nahrungsmitteln,
- finanzielle Unterstützung der vielen unrentablen landwirtschaftlichen Betriebe,
- staatliche Förderung der kleinräumlichen Vernetzung von ökologischen Ausgleichsflächen.

Nachteile:

- Mehr Staat, weniger Markt,
- Einengung der Unternehmungsfreiheit der Landwirte,
- Behinderung des Strukturwandels in der Landwirtschaft,
- Erhöhung der landwirtschaftlichen Produktionskosten und gegebenenfalls in der Folge der Verbraucherpreise,
- Einengung der internationalen Wettbewerbsfähigkeit der Landwirtschaft der Bundesrepublik,
- besonders große finanzielle Aufwendungen des Staates, die auch im Laufe der Zeit nicht abgebaut werden können, sondern möglicherweise sogar zunehmen.

Extrem B: Konzentration der landwirtschaftlichen Erzeugung an dafür günstigen Standorten

Vorteile:

- Strukturwandel in der Landwirtschaft: Lebensfähige Betriebe setzen sich durch,
- mehr oder weniger kostendeckende Erzeugung von Nahrungsmitteln (und vielleicht von nachwachsenden Rohstoffen) wird möglich,
- Verringerung der Subventionslasten zugunsten der Landwirtschaft (zumindestens Umschichtung in den Sozialbereich),
- Verbesserung der Wettbewerbssituation der Landwirtschaft der Bundesrepublik auf internationalen Märkten,
- Schaffung von großräumigen ökologischen Ausgleichsflächen.

Wichtigste Maßnahmen:

- Großzügige soziale Hilfen für die freiwillige Aufgabe der Agrarproduktion, besonders in den von der Natur benachteiligten Gebieten und bei unrentablen (zumeist kleineren) Betrieben,
- Prämienzahlung für die freiwillige Stillegung von Flächen oder deren Extensivierung (z.B. Grünbrache),
- Prämienzahlung für Aufforstungen,
- Freiwerdende Flächen werden mit staatlicher Unterstützung entweder durch "Landschaftsgärtner" offen gehalten oder aufgeforstet, oder sie bleiben der natürlichen Sukzession überlassen.

Nachteile:

- Das Raumordnungsziel der gleichartigen Lebensbedingungen in allen Gebieten des Bundesgebietes muß fallengelassen werden,
- Beeinträchtigung der Infrastruktur des Bundesgebietes,
- soziale Probleme mit den Menschen der benachteiligten Gebiete, die nicht mehr in der Produktion bleiben,
- Umweltprobleme in den Zonen mit intensiverer Agrarproduktion sind u.U. nicht auszuschließen.

Literatur

Altner, G.: Die Scheu vor dem Heiligen - Theologische und sozialethische Kriteria für die Beurteilung der Gentechnologie. In: Die Herstellung der Natur - Chancen und Risiken der Gentechnologie. Bonn 1985, S. 107-120.

Ahuja, M.R.: Bäume aus dem Reagenzglas - Biotechnologische Forschung bei Forstpflanzen. In: Forschungsreport Ernährung, Landwirtschaft und Forsten 1/1986. Kiel, S. 6-8.

Baumann, D.E. und P.J. Eppard, S.N. McCutcheon: Effects of Exogenous Somato-tropin in lactating dairy cows. In: New trends in animal nutrition and psysiology. Monsanto-International Symposium, Louvain-la-Neuve 1984, S. 58-72.

Beyreuther, K. und S. Vogel: Produkte gentechnologisch umprogrammierter Zel-len. In: Biotechnologie - Das ZDF-Studienprogramm als Buch. Köln 1986, S. 131-140.

Brem, G.: Tierische Produktion und Biotechnologie. In: Zukunftschance Biotech-nologie, Arbeiten der DLG, Bd. 1988. Frankfurt 1985.

Bull, A.T., G. Holt u. M.D. Lilly: Biotechnologie - Internationale Trends und Perspektiven. Köln 1984.

Bundesministerium für Ernährung, Landwirtschaft und Forsten: Biotechnologie und Agrarwirtschaft. Münster-Hiltrup 1985.

Bundesministerium für Ernährung, Landwirtschaft und Forsten: Resistenzzüchtung - ein Beitrag zum integrierten Pflanzenschutz. Reihe A: Angewandte Wissen-schaft, Heft 325. Münster-Hiltrup 1986.

Bundesministerium für Forschung und Technologie: Biotechnologie - Programm der Bundesregierung 1985-1988. Bonn, 1986.

Cube: Ansätze zu einer marktorientierten Landwirtschaft - Ein Beitrag aus der Sicht der Biotechnologie. Diskussionspapier vom Mai 1986.

Catenhusen, W.-M.: Ansätze für eine umwelt- und sozialverträgliche Steuerung der Gentechnologie. In: Die Herstellung der Natur - Chancen und Risiken der Gentechnologie. Bonn 1985, S. 29-47.

de Boer, F.: Perspectives of bovine production - From cow to super cow. Vor-trag vor der DSA in Brüssel im 24.3.1986.

Deutscher Bundestag: Antwort der Bundesregierung auf die große Anfrage über Nachwachsende Rohstoffe. Drucksache 10/5558 vom 28.5.1986.

EG-Kommission: Neue Wege der Umweltpolitik, Dok.KOM(86)76.

Esterbauer, H. und W. Steuer: Zukunftschance Biotechnologie. Arbeitsgemein-schaft Erneuerbare Energien, Wien o.J.

Faust, U.: Bedeutung der Biotechnologie für Chemie und Energie. In: Zukunftschance Biotechnologie, Arbeiten der DLG, Bd. 188. Frankfurt 1985, S. 121-
134.

Gottschalk, G.: Biotechnologie im Aufbruch - Prognose, Perspektiven. In: Biotechnologie - Das ZDF-Studienprogramm als Buch. Köln 1986, S. 171-183.

Gottschalk, G. et al.: Biotechnologie - Das ZDF-Studienprogramm als Buch. Köln
1986.

Gronenborn, B.: Pflanzenzucht und Gentechnologie. In: Biotechnologie - Das
ZDF-Studienprogramm als Buch. Köln 1986, S. 141-162.

Hahn, R.: Fortpflanzung - Techniken. Vortrag auf dem Symposium des Bureau
d'information pour le Developpement de la Sante Animale in Brüssel vom 23-
25.4.1986.

Hammes, W.: Biotechnologie für den guten Geschmack. In: Biotechnologie - Das
ZDF-Studienprogramm als Buch. Köln 1986, S. 19-33.

Harms, C.T.: Pflanzliche Zell- und Gewebekulturen. In: Umschau 1980, S. 707-
712.

Hauer, B. u. W. Küsters: Stand und Perspektiven der Biotechnologie für die
Ernährung. In: Chemie und Ernährung. Köln 1986, S. 13-31.

Hess, D.: Biotechnologie und Pflanzenzüchtung. In: Umschau 1985, S. 607-617.

Hess, D.: Gentechnologie in der Landwirtschaft - Weniger Chemie auf dem Acker.
In: VDL - Journal 6/1986, S. 12-13.

Hess, D.: Pollen based techniques in Genetic manipulation. In: International
Review of Cytologie, Suppl.Vol. (im Druck).

Hülsemeyer, F.: Erwartungen der Ernährungswirtschaft von der Biotechnologie.
In: Zukunftschance Biotechnologie, Arbeiten der DLG, Bd. 188. Frankfurt
1985, S. 110-120.

Jöchle, W.: Wachstumsförderung bei Tieren: Möglichkeiten und Aussichten. In:
Chemie und Ernährung. Köln 1986, S. 103-132.

Katinger, H.: Die Möglichkeiten der angewandten Biologie und ihre Auswirkungen
auf die Landwirtschaft. In: Agrartagung 1984. Wien 1985, S. 59-75.

Koch, M. und A. Weber: Sicherheits- und Umweltfragen in der Gentechnologie.
In: Die Herstellung der Natur - Chancen und Risiken der Gentechnologie.
Bonn 1985, S. 187-196.

Kraus, P.: Die Biotechnologie in der Pflanzenforschung. In: Forschungsschwerpunkte bei Bayer Leverkusen 1985, S. 29-39.

Kräusslich, H.: Neue Techniken in der Tierzucht. Manuskript eines Vortrages
auf der Mitgliedsversammlung der A.G. Deutscher Tierzüchter in Berlin,
28.1.-3.2.1985.

Kräusslich, H.: Sendung "Aus der Landwirtschaft" des Deutschlandfunk vom 7.1.1984.

Kräusslich H. u. G. Brem: Erstellung von Chimären durch Embryo-Mikrochirurgie und deren mögliche Bedeutung für die Rinderzucht. In: Tierärztl. Prax. Suppl. 1. Stuttgart und New York 1985, S. 50-57.

Kremer, F.W.: Pflanzenschutzforschung und Landwirtschaft im Wandel. In: Forschungsschwerpunkte bei Bayer. Leverkusen 1985, S. 20-28.

Kruff, B.: Embryotransfer und Bestandssanierung - Die kommende Biotechnik in der Schweinezucht? In: Der Tierzüchter 1985, S. 546-547.

Mix, G.: Gewebekulturtechniken eröffnen der Pflanzenzüchtung neue Wege. IMA, Hannover, o.J.

Schilling, E. und D. Smidt: Biotechnik in der tierischen Produktion. In: Forschungsreport Ernährung Landwirtschaft Forsten 1/1986. Kiel 1986, S. 14-16.

Schleger, W.: Stand und Zukunftsaspekte in der Erhaltung alter Genreserven unter Berücksichtigung der Zuchtziele in der Rinderwirtschaft. In: Agrartagung 1984, Wien 1985, S. 50-58.

Schnieders, R.: Erwartungen der Landwirtschaft an die Biotechnologie. In: Informationsdienst für die Landwirtschaft, Februar 1986, S. 2-3.

Smidt, D.: Möglichkeiten und Grenzen produktionstechnischer Entwicklungen im kommenden Jahrzehnt. In: Agrarspectrum, Bd. 7, München 1984, S. 221-242.

Steger, U. (Hrsg.): Die Herstellung der Natur - Chancen und Risiken der Gentechnologie. Bonn 1985.

Stöve-Schimmelpfennig u.E. Kalm: Zukunftsperspektiven des Embryotransfer. In: Betriebswirtschaftliche Mitteilungen der LWK Schleswig-Holstein No. 374 (Mai 1986), S. 3-12.

Thiede, G.: Agrarpolitisches Langzeitprogramm unter Berücksichtigung der wissenschaftlich-technischen Fortschritte. In: Agrarwirtschaft. Hannover 1978, S. 225-234.

Thiede, G.: Agrartechnologische Revolution und zukünftige Landwirtschaft. In: Die Zukunft des ländlichen Raumes, 2. Teil. (Forschungs- und Sitzungsberichte der Akademie für Raumforschung und Landesplanung, Bd. 83). Hannover 1972, S. 1-24.

Thiede, G.: Europas Grüne Zukunft - Die Veränderung der ländlichen Welt. Düsseldorf und Wien 1975.

Truscheit, E.: Die Biotechnologie im medizinischen Bereich und ihre Erweiterung durch die Gentechnik. In: Forschungsschwerpunkt bei Bayer, Presse-Seminar vom 9.-11.9.1985, S. 44-53.

Willer, H.: Zukunft für nachwachsende Rohstoffe? In: Pflug und Spaten, Juli/August 1986, S. 28.
Wohlmeyer, H.: Die Biotechnologie als Zukunftschance. In: Der Förderungsdienst 34. Jg. Wien 1986, S. 113-119.

Anmerkungen

1) Bundesministerium für Ernährung, Landwirtschaft und Forsten (1985), S. 3.

2) Gottschalk et al., S. 10.

3) Kraus, S. 20.

4) Katinger, S. 59.

5) Bundesministerium für Forschung und Technologie, S. 54.

6) Gottschalk et al., S. 10f.

7) Deoxyribonucleinsäure.

8) Katinger, S. 60.

9) Bundesministerium für Forschung und Technologie, S. 72f.

10) Ebenda, S. 68.

11) Bundesministerium für Ernährung, Landwirtschaft und Forsten (1985), S. 68.

12) Bundesministerium für Forschung und Technologie, S. 69.

13) Ebenda, S. 70.

14) Ebenda.

15) Bundesministerium für Ernährung, Landwirtschaft und Forsten (1985), S. 15.

16) Beyreuther u. Vogel, S. 139.

17) Frankfurter Allgemeine vom 9.4.1986.

18) Truscheit, S. 50ff.

19) Bundesministerium für Forschung und Technologie, S. 17.

20) Der wiedergegebene Text entspricht weitgehend dem im Programm der Bundesregierung aufgeführten Wortlaut (Quelle: Bundesministerium für Forschung und Technologie, S. 24).

21) Gottschalk, S. 177.

22) EG-Kommission, S. 1.

23) Bundesministerium für Forschung und Technologie, S. 25.

24) Gottschalk, S. 177f.
25) Bundesministerium für Forschung und Technologie, S. 28.

26) Hauer und Küsters, S. 22.

27) Hammes, S. 19.

28) Die Zeit vom 31.1.1986.

29) Hülsemeyer, S. 113ff.

30) Bundesministerium für Ernährung, Landwirtschaft und Forsten, S. 21f.

31) Ebenda, S. 112.

32) Ebenda, S. 113.

33) Frankfurter Allgemeine vom 26.7.1985.

34) Hess (1985), S. 609.

35) Ebenda.

36) Haploide Keimzellen enthalten nur entweder einen väterlichen (Samenzellen) oder einen mütterlichen (Eizellen) Chromosomensatz. Diploide Zellen haben sowohl den väterlichen wie den mütterlichen Chromosomensatz.

37) Harms, S. 709.

38) Hess (1985), S. 610.

39) In der Übersicht 7 wird anstelle von DNA die deutsche Bezeichnung DNS verwendet.

40) Hess (1985), S. 613.

41) Ebenda, S. 614.

42) Gronenborn, S. 160f.

43) Hess (1985), S. 607f.

44) Ebenda, S. 608.

45) Cube, S. 9.

46) Kraus, S. 33.

47) Bundesministerium für Ernährung, Landwirtschaft und Forsten, S. 77.

48) Frankfurter Allgemeine vom 22.1.1986.

49) Frankfurter Allgemeine vom 23.4.1986.

50) Katinger, S. 65.

51) Hess, S.13.

52) Stöve-Schimmelpfennig u. Kalm, S. 3.

53) Hahn.

54) Arbeitsgemeinschaft Deutscher Rinderzüchter: Rinderproduktion in der Bundesrepublik Deutschland 1986, S. 78.

55) Stöve-Schimmelpfennig u. Kalm, S. 3.

56) Kruff, S. 547.

57) Kräusslich (1985), S. 8.

58) Kräusslich 1984.

59) Schleger, S. 57.

60) Kräusslich (1985), S. 9.

61) R.H. Foote auf einer Züchtertagung in Osnabrück. (Das Landvolk v. 16.2.1984).

62) Kräusslich (1985), S. 15.

63) Brem.

64) Kräusslich (1985), S. 13f.

65) Schleger, S. 57.

66) Kräusslich (1985), S. 10f.

67) Mündliche Mitteilung von G. Brem, München.

68) Frankfurter Allgemeine vom 30.7.1986.

69) Smidt, S. 224.

70) Kräusslich (1985), S. 18.

71) Frankfurter Allgemeine vom 6.8.1986.

72) Katinger, S. 60.

73) Ebenda, S. 74.

74) Jöchle, S. 118.

75) Brem.

76) Frankfurter Allgemeine vom 28.5.1986.

77) Deutsche Geflügelwirtschaft und Schweineproduktion 26/1983, S. 763.
78) Jöchle, S. 111.

79) Baumann et al., S. 71.

80) Brem.

81) Bundesministerium für Ernährung, Landwirtschaft und Forsten, S. 91.

82) Kräusslich (1985), S. 19.

83) Ebenda.

84) Deutscher Bundestag, S. 1.

85) Ebenda, S. 2.

86) Ebenda, S. 22.

87) Land-Report vom 1.12.1983.

88) Deutscher Bundestag, S. 25.

89) Ebenda, S. 30.

90) Ebenda, S. 32.

91) Ebenda, S. 33.

92) Ahuja, S. 6-8.

93) Catenhusen, S. 38.

94) Ebenda, S. 30.

95) Koch u. Weber, S. 189.

96) Altner, S. 119.

97) Koch u. Weber, S. 191.

98) Kurz und Bündig, 1978, S. 145.

99) AID-Pressemitteilung v. 12.8.1983.

100) de Boer.

101) Wenn bei gleicher nationaler Milchmenge Kühe mit wesentlich höherer
Leistung eingesetzt sind, wird wegen der Ersparnis an Grundfutter für die
ausgeschiedenen Kühe insgesamt weniger Dünger anfallen. De Boer rechnet für

das Jahr 2000 für die Niederlande mit einem Rückgang des Dunganfalles um 50 %, wobei ein Teil auch auf eine (biotechnologische) erreichte höhere Verdauungsziffer zurückzuführen sein wird. Etwaige Umweltbeeinträchtigungen durch den Dung können damit erheblich vermindert werden.

102) Es kann damit gerechnet werden, daß heute in der EG der Zehn (Zahlen für die Zwölf liegen nicht vor) umgerechnet über alle Agrarerzeugnisse rd. 50 Mrd. Getreideeinheiten mehr erzeugt werden, als innerhalb der EG von Menschen, Tieren und Industrie verbraucht werden können. Der Selbstversorgungsgrad der EG liegt damit bei 115 %.

103) Parlamentarischer Staatssekretär Gallus in Kraftfutter 1984, S. 300.

104) Innerhalb der EG muß die Landwirtschaft der Bundesrepublik stets deutliche Strukturnachteile gegenüber den Partnern hinnehmen: Im EG-Durchschnitt wurden 1983 24,5 % der landwirtschaftlichen Nutzfläche von Betrieben ab 100 ha L.N. bewirtschaftet (D = 5,6 %; GB = 63,5 %), wurden 13,6 % aller Milchkühe in Betrieben mit 60 und mehr Milchkühen gehalten (D = 4,9 %; GB = 29,7 %; NL = 35,1 %), wurden 22,7 % aller Schweine in Betrieben mit 1000 und mehr Schweinen gehalten (D = 4,6 %; IRL = 64,4 %; GB = 56,2 %). (Quelle: Stat. Amt der EG). Diese Nachteile für die deutsche Landwirtschaft werden noch gesetzlich gefördert: Wer in der Bundesrepublik mehr als 300 Vieheinheiten besitzt, erhält nicht die anderen Landwirten gewährte Vorsteuerpauschale. In den Niederlanden kann demgegenüber ein Betrieb nur dann im Rahmen der Regionalförderung eine Förderung erhalten, wenn er mindestens 1500 Schweinemastplätze oder 30 bis 50 000 Legehennen hält. (Quelle: Frankfurter Allgemeine vom 17.7.1983- Leserbrief von R. Schnieders, Generalsekretär des Deutschen Bauernverbandes).

105) So wird es für möglich gehalten, daß die hochautomatische Milcherzeugung eines Tages eingeführt werden kann (Quelle: F. de Boer, S. 7).

106) Die Erzeuger müssen bei Überschußerzeugnissen einen Preisabschlag, evtl. gestaffelt nach der Erzeugungsmenge je Betrieb, hinnehmen.

THESEN ZUM THEMA
"TECHNIKENTWICKLUNG UND RAUMSTRUKTUR"
AM BEISPIEL DER BIOTECHNOLOGIE

von
Dietrich Rosenkranz, Berlin

Gliederung

I. Vorbemerkungen
II. These
III. Anmerkungen zu den Extremen A und B
IV. Räumlich bedeutsame Ansätze der Biotechnologie

I. Vorbemerkungen

Biotechnologie ist ein überaus breit angelegtes Arbeitsfeld, welches in seiner Gesamtheit bereits bemerkenswerte räumliche Aspekte beinhaltet, im Zusammenhang mit Land- und Forstwirtschaft jedoch geradezu dazu herausfordert, als Synonym zur Fortentwicklung dieses Wirtschaftszweiges gebraucht zu werden. Folgt man dieser sachlich durchaus gerechtfertigten Logik, läuft man Gefahr, nicht die Technikentwicklung und ihre Folgen zu diskutieren, sondern das Dilemma des gegenwärtigen Agrarmarktes generell.

Natürlich ist dieses Dilemma durch produktionssteigernde Fortschritte der Biotechnologie mitgeprägt, dennoch gibt es unter der Zielsetzung der heutigen Tagung wenig Sinn, die Auflösung dieses Dilemmas im Licht der Technikentwicklung zu betrachten, da der heute erreichte Stand der Biotechnologie auf die räumliche Entwicklung noch gar nicht durchschlagen konnte. Zu sehr wird die Situation des ländlichen Raumes von einer überaus wenig marktwirtschaftlich orientierten ökonomischen Struktur überlagert, deren Beseitigung gravierende Auswirkungen im Raum haben kann. Dieses wäre jedoch bereits beim heutigen biotechnologischen Entwicklungsstand gegeben, so daß es durchaus angebracht erscheint, die hier vorliegende Fragestellung auf künftige Entwicklungsrichtungen zu beschränken.

Trotzdem bleibt festzustellen, daß der räumlich bedeutsamste Innovationsschutz der Biotechnologie unstrittig im Bereich der Land- und Forstwirtschaft zu suchen ist, nicht etwa wegen des Innovationspotentials selbst, sondern alleine schon aus der Tatsache heraus, daß über 80 % der Fläche der Bundesrepublik Deutschland dem Management von Land- und Forstwirtschaft unterliegen.

Diese flächenhafte Dimension ist letztlich auch der Hintergrund dafür, daß diese Nutzungsart an hervorragender Stelle der gegenwärtigen Umweltschutzbemühungen steht, denn immerhin agiert dieser Wirtschaftszweig verglichen mit Gewerbe und Industrie praktisch im regelungsfreien Raum.

Diese Praxis hat zu Umweltbelastungen geführt, die sowohl wissenschaftlich (Gutachen "Umweltprobleme der Landwirtschaft" des Rats von Sachverständigen für Umweltfragen, SRU) wie auch politisch aufbereitet und maßnahmeorientiert umgesetzt wurden (Bodenschutzkonzeption der Bundesregierung).

Dies ist auch der Hintergrund für eine Stellungnahme aus der Sicht des Umweltschutzes.

II. These

Dieses vorausgeschickt, möchte ich meinen Diskussionsbeitrag mit folgender These beginnen:

Es erscheint aus heutiger Sicht überaus unwahrscheinlich, daß die Biotechnologie und ihre Fortentwicklung alleine zu einer meßbaren, beschreibbaren Veränderung des ländlichen Raumes beitragen wird.

Dies ist unter dem vorgegebenen Thema natürlich ein Beitrag, der näherer Begründung bedarf. Folgende Punkte spielen dabei eine Rolle:

1. Argument: Biotechnologische Entwicklungen bedürfen bis zur "Serienreife" eines Zeitraumes, der auch mit hohem finanziellen Aufwand nicht beliebig verkürzt werden kann. Bei der BMFT/BML-Anhörung ist von den Pflanzenzüchtern ein Zeitraum von bis zu 20 Jahren als durchaus realistisch für die Einführung einer neuen Art angesehen worden. Eine zurückhaltende Bewertung möglicher Entwicklungen erscheint daher schon für einen solchen Zeitrahmen geboten, ganz zu schweigen von einer darüber hinausreichenden mittelfristigen Bewertung.

2. Argument: Die ökonomischen (Überproduktion, Agrarmarktordnung) und die sozialen Probleme in der Landwirtschaft sind die eigentlichen Steuergrößen für die Entwicklung der Landwirtschaft und ihrer Auswirkungen im ländlichen Raum. Verglichen hiermit spielen Umweltprobleme ebenso wie Fragen der Biotechnologie eine völlig untergeordnete Rolle. Beide Bereiche können

110

allerdings sowohl fördernd wie auch hemmend in der Gesamtentwicklung mit-
schwingen.

Folgt man diesen beiden Argumenten, kann zumindest aus Umweltsicht der Beitrag
der Biotechnologie in der Fortentwicklung der Landwirtschaft und ihren Auswirkungen für den ländlichen Raum mit Gelassenheit betrachtet werden. Es ist wohl
nicht falsch davon auszugehen, daß neue Technologien in der Landwirtschaft
nicht zu neuartigen Umweltproblemen führen, sondern letztlich bekannte Umweltprobleme mit neuen Akzenten versehen werden.

Überlagert wird diese von der o.g. sozioökonomischen Entwicklung, die möglicherweise viel kurzfristiger und viel intensiver zu Veränderungen Anlaß geben
könnte. In diesem Sinne teile ich auch die Darstellung von Herrn Dr. Thiede,
der seine Perspektiven für die Extreme A und B ja sehr präzise unter die
eigentlich bestimmenden Rahmenbedingungen gestellt hat (S. 55), von denen die
Biotechnologie nur eine und sicher nicht die herausragendste ist.

In diesem Sinne greife ich nun noch einmal die bereits formulierte These auf,
daß Entwicklungen der Biotechnologie alleine nicht zu meßbaren, beschreibbaren
Veränderungen des ländlichen Raumes beitragen werden. Verbunden mit der ebenfalls angesprochenen Gelassenheit bei der Betrachtung der Folgewirkungen biotechnologischer Entwicklungen aus Umweltsicht, darf nun nicht der Eindruck
entstehen, daß das Thema hiermit erledigt sei. Vielmehr scheint es mir angebracht zu sein, das Augenmerk auf solche Effekte zu lenken, die positive
Beiträge für die Entwicklung des ländlichen Raumes erwarten lassen. Denn diese
wären dann ja wohl auch die Ansatzpunkte für einen maßnahmeorientierten Hand-
lungsrahmen. Die negativen Effekte bedürfen nach meiner Einschätzung keiner
gesonderten Betrachtung, da sie im Rahmen bereits bekannter Umweltbelastungen
durch die Landwirtschaft abgehandelt werden können.

III. Anmerkungen zu den Extremen A und B

Vor diesem Hintergrund nun einige Thesen zu den von Herrn Dr. Thiede formulierten Extremen aus Sicht des Umweltschutzes:

Zu A:

- Flächendeckende agrarische Erzeugung kennzeichnet den status quo.

- Als Extrem kann dieser Fall A insofern zu Recht bezeichnet werden, als die
  Landwirtschaft bereits heute in einem Umfang zu Umweltbelastungen beiträgt,
  der nicht mehr hingenommen werden kann.

- Die wissenschaftlichen Grundlagen für diese Bewertung hat insbesondere der SRU in seinem Gutachten "Umweltprobleme der Landwirtschaft" vorgelegt, die Bodenschutzkonzeption der Bundesregierung liefert den Ansatz für die politische Umsetzung dieser Erkenntnisse.

- An diesen Maßstäben muß sich die heute praktizierte Landwirtschaft ebenso messen lassen wie neue Entwicklungen der Biotechnologie.

- In welcher Intensität der Staat regelnd wird eingreifen müssen, um diese Art "umweltverträglicher" oder anders ausgedrückt "ordnungsgemäßer" Land- und Forstwirtschaft durchzusetzen, wird weitestgehend von der Bereitschaft und Fähigkeit der Landwirtschaft selbst abhängen, sich diesen veränderten Rahmenbedingungen anzupassen.

- Was die Durchsetzung dieser Zielsetzungen angeht, ist ein gewisser Optimismus insofern angebracht, als eine so "erzwungene" De-Intensivierung zielkonform mit dem Abbau von Überschußproduktionen ist.

Zusammenfassend ist eine flächendeckende agrarische Erzeugung sowohl von den theoretisch-wissenschaftlichen Grundlagen der Ökosystemforschung wie auch von der praktischen Durchsetzung von Umweltzielen her als anstrebenswerter Entwicklungspfad anzusehen.

Zu B:

- Eine Konzentration der landwirtschaftlichen Erzeugung an dafür günstigen Standorten zwingt zu einer weiteren Intensivierung der Produktion und führt damit zu einer weiteren Verschärfung von Umweltproblemen in den betroffenen Regionen.

- Ein Ausgleich mit dann möglicherweise weniger belasteten Regionen ist aus ökologischer Sicht nicht möglich, heute schon unterbrochene vernetzte Biotop-Strukturen werden nicht mehr zu aktivieren sein.

- Da für eine solche Produktion besonders begünstigte Regionen in aller Regel auch einer Mehrfachnutzung unterliegen, wird es zu einer Verschärfung der Konflikte mit der Ressource Grundwasser kommen, die nicht hingenommen werden kann.

Zusammengefaßt erscheint also eine Entwicklung in dieser Richtung, unabhängig vom Stellenwert der Biotechnologie, hierbei als eine der ungünstigsten Möglichkeiten aus Umweltsicht.

IV. Räumlich bedeutsame Ansätze der Biotechnologie

Was bleibt also demnach zum Stichwort Biotechnologie noch zu sagen? Auch hierzu folgende abschließende Anmerkungen:

1. Die Entwicklung des ländlichen Raumes wird weitgehend durch das Problem der Überschußproduktion und damit zusammenhängender Folgelasten geprägt.

2. Die Weiterentwicklung der Biotechnologie zielt auf eine Produktivitätssteigerung, die das erstgenannte Problem noch verschärfen wird. Auf diesen Dualismus hat Herr Dr. Thiede in seiner Analyse bereits hingewiesen und auch darauf aufmerksam gemacht, daß dieses Phänomen die Einführung biotechnologischer Verfahren wohl kaum behindern wird.

3. Wenn wir also schon mit biotechnologischen Neuerungen in der Landwirtschaft rechnen müssen, kann doch die Zielrichtung aller Überlegungen aus räumlicher Sicht nur die Frage sein, inwieweit dieses Innovationspotential nutzbar gemacht werden kann, um eine wünschenswerte Raumstruktur zu erhalten bzw. zu erreichen.

4. Ein solches Innovationspotential ist nach meiner Auffassung insbesondere in der Möglichkeit zu sehen, ökonomischer als bislang zu standortangepaßten Produktionsformen im Nahrungs- und Rohstoffbereich zu kommen. Dieses böte eine neue Möglichkeit, eine eher flächendeckende agrarische Erzeugung mit ihren vielfältigen standörtlichen Differenzierungen zu sichern.

5. Akzeptiert man diese Vorstellungen, bleibt schlußendlich die Forderung zu erheben, eine solche Entwicklung nun mit der ganzen Bandbreite instrumenteller Möglichkeiten zu fördern, zu steuern oder gar zu regeln.

WIRKUNGEN DER BIOTECHNOLOGIE IN DER LANDWIRTSCHAFT AUF DIE RÄUMLICHE ENTWICKLUNG

Fallbeispiel Landkreis Vechta

von
Eckhart Neander, Braunschweig

Gliederung

1. Standortbedingungen und strukturelle Ausprägung der Landwirtschaft
2. Einige Problembereiche der Landwirtschaft
3. Mögliche Beiträge der Biotechnologie zur Problemlösung
4. Ausweichalternativen
Tabellenanhang

1. Standortbedingungen und strukturelle Ausprägung der Landwirtschaft

Der Landkreis Vechta bildet den Kern und zugleich die extreme Ausprägung einer Region, die den südlichen Teil des RB Weser-Ems sowie den RB Münster umfaßt, Ausläufer nach Osten in die RB Hannover und Detmold hinein erstreckt und ihre Fortsetzung im Westen in den südöstlichen Provinzen der Niederlande und den nordwestlichen Provinzen Belgiens findet (vgl. die kartograph. Darstellung). Leichte Böden mit geringer natürlicher Ertragskraft in Verbindung mit vielfach feuchtem und daher nur begrenzt intensivierungsfähigem Dauergrünland boten den landwirtschaftlichen Betrieben dieser Region mit ihrer überwiegend geringen bis mittleren Flächenausstattung weder über den Verkaufsfruchtbau noch über die Milcherzeugung allein ausreichende Einkommenschancen. Die Nähe sowohl der Nordseehäfen mit der Möglichkeit des Bezugs preisgünstiger Importfuttermittel als auch des Verdichtungsraumes Rhein-Ruhr mit seinem Absatzpotential für Nahrungsmittel tierischer Herkunft begünstigte stattdessen den Aufbau einer die Futtererzeugungskapazität der Region weit übersteigenden Veredlungswirtschaft in Gestalt von Schweine- und Geflügelhaltung. Die Anfänge dieser Entwicklung reichen in Südoldenburg bis ins letzte Viertel des 19. Jahrhunderts zurück.

Die zügige Übernahme züchterischer und fütterungs- wie haltungstechnischer Fortschritte sowie die Nutzung von Kosten- und Erlösvorteilen, die die Ansied-

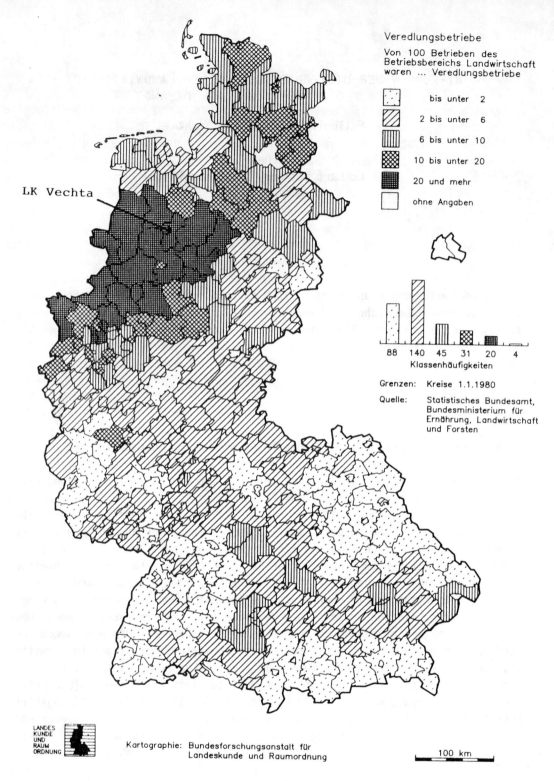

Veredlungsbetriebe

Von 100 Betrieben des
Betriebsbereichs Landwirtschaft
waren ... Veredlungsbetriebe

bis unter 2

2 bis unter 6

6 bis unter 10

10 bis unter 20

20 und mehr

ohne Angaben

LK Vechta

88 140 45 31 20 4
Klassenhäufigkeiten

Grenzen: Kreise 1.1.1980

Quelle: Statistisches Bundesamt,
           Bundesministerium für
           Ernährung, Landwirtschaft
           und Forsten

LANDES
KUNDE
UND
RAUM
ORDNUNG

Kartographie: Bundesforschungsanstalt für
              Landeskunde und Raumordnung

100 km

Quelle: BML (Hrsg.): Die Verbesserung der Agrarstruktur in der Bundesrepublik
Deutschland 1981 und 1982.

116

lung von Unternehmen des Zuliefer- und Verarbeitungsbereichs in Verbindung mit einer leistungsfähigen Spezialberatung boten, ermöglichten die Entwicklung spezialisierter Tierhaltungsbetriebe mit immer größeren Tierbeständen (Tabelle 2), die einen wirtschaftlichen Einsatz arbeitssparender und entsprechend kapitalintensiver Haltungsverfahren zuließ, aber auch mit einer ständig zunehmenden räumlichen Dichte der Tierhaltung verbunden war. So belief sich 1983 die Besatzdichte bei Schweinen auf das 6fache, bei Geflügel gar auf das 26fache des Bundesdurchschnitts (Tabelle 3). Die Ackerflächen werden vorrangig zur Erzeugung von Futter und zur Verwertung der anfallenden tierischen Exkremente genutzt: 1983 wurden auf über 90 % der Ackerfläche je zur Hälfte Getreide und Mais angebaut (Tabelle 4). In fast der Hälfte aller landwirtschaftlichen Betriebe stammten 1983 mindestens 50 % der hervorgebrachten Wertschöpfung aus der Schweine- und/oder Geflügelhaltung. Lediglich in der Eiererzeugung haben Lohnarbeitsbetriebe und Kapitalgesellschaften einen bedeutenden und leider ständig weiter wachsenden Anteil an der Produktion erobern können. In den übrigen Produktionsbereichen beherrschen nach wie vor landwirtschaftliche Familienbetriebe das Bild. In diesen Betrieben wurden in der Vergangenheit im Vergleich zu Betrieben ähnlicher Flächenausstattung an anderen Standorten im Durchschnitt relativ günstige Einkommen pro Arbeitskraft erzielt, die allerdings aufgrund des weitgehenden Fehlens staatlicher Stützungsmaßnahmen auf den belieferten Märkten wesentlich stärkeren zyklischen Schwankungen unterlagen und die zudem erhebliche Investitionen voraussetzten, die an den staatlichen Förderungsprogrammen nur in relativ geringerem Umfang partizipieren konnten.

2. Einige Problembereiche der Landwirtschaft

Eine Fortsetzung der bisherigen Entwicklung in der Region Vechta stößt auf Grenzen verschiedener Art, die sogar die Erhaltung der derzeitigen Position in Frage stellen können.

a) Das erreichte Maß der Konzentration der Tierhaltung hat zwar Kostenvorteile bei Zulieferung, Erzeugung, Verarbeitung und Handel bewirkt und so die Wettbewerbsposition der Region gestärkt, gleichzeitig aber auch zu einer Kumulation von Risiken geführt. Mit wachsender räumlicher Dichte nehmen erstens die Risiken einer Ausbreitung von Tierseuchen, mit ansteigender Größe der gehaltenen Tierbestände deren mögliche wirtschaftliche Folgen für die betroffenen Betriebe überproportional zu. Mit zunehmender räumlicher Dichte wächst zweitens das Risiko der Entstehung negativer externer Effekte der Tierhaltung: Von einer gewissen Grenze an läßt eine Zunahme der zur Düngung auf landwirtschaftlich genutzt Fläche aufgebrachten Menge an tierischen Exkrementen die Gefahr einer Nährstoffauswaschung mit der Folge vermehrten Nitrateintrags ins Grundwasser überproportional ansteigen. Im niedersächsischen Gülleerlaß von 1983, der allerdings nur bei Anträgen auf Genehmigung von Stallerweiterungs- oder -

neubauten greift, sowie in der nordrhein-westfälischen Gülleverordnung von 1984 ist die je ha landwirtschaftlich genutzte Fläche und Jahr maximal aufzubringende Menge an Flüssigmist auf 3 sogen. "Dungeinheiten" (DE), entsprechend einer Menge von 240 kg Reinstickstoff, begrenzt worden. Der Rat der Sachverständigen für Umweltfragen hat in seinem 1985 veröffentlichten Sondergutachten "Umweltprobleme der Landwirtschaft" die Forderung erhoben und begründet, diese Grenze, differenziert nach Bodenart und -nutzung, auf bis zu 1,5 bis 2 DE je ha zu reduzieren. Zum Vergleich: Im Landkreis Vechta beläuft sich der Besatz an Rindvieh, Schweinen und Geflügel zusammen bereits seit Ende der siebziger Jahre auf über 3 DE, und in einigen benachbarten Landkreisen nähert er sich diesem Wert.

b) Da der Verbrauch von Nahrungsmitteln tierischer Herkunft in der Europäischen Gemeinschaft kaum noch zunimmt und der Absatz in Drittländer stagniert, wächst die Intensität des Wettbewerbs unter den Erzeugern der Mitgliedsländer. Die Tierhalter in der Region Vechta werden ihre Marktanteile bei Schlachtschweinen, Geflügel und Eiern nur dann erfolgreich verteidigen können, wenn sie alle sich bietenden Möglichkeiten der Einsparung von Produktions- und Vermarktungskosten und der Verbesserung der Produktqualität konsequent nutzen, und das heißt, wenn sie ihre Produktionstechnik i.w.S., also Tiermaterial, Haltungs- und Fütterungsverfahren etc., am Beispiel ihrer niederländischen Nachbarn ausrichten, die beispielsweise in der Schweinemast aufgrund niedriger Futtermittelpreise und Stallgebäudekosten und einer besseren naturalen Futterverwertung Wettbewerbsvorteile besitzen.

3. Mögliche Beiträge der Biotechnologie zur Problemlösung

Zur Erhaltung der Wettbewerbsposition der Veredlungswirtschaft im Raum Vechta könnten Fortschritte im Bereich der Biotechnologie beispielsweise folgendermaßen beitragen:

a) Zur Eindämmung von Seuchenrisiken, insbesondere in der Schweinehaltung, können neben der Einführung geschlossener Haltungssysteme (Ferkelerzeugung und Mast in einem Betrieb) unter Verzicht auf die Kostenvorteile einer zwischenbetrieblichen Arbeitsteilung neue, mit Hilfe biotechnologischer und gentechnologischer Verfahren zu entwickelnde Impfstoffe beitragen. Der Aufbau seuchenfreier Tierbestände kann durch die neuen Fortpflanzungstechnologien (Embryotransfer) erheblich beschleunigt werden. Dagegen wird der Züchtung resistenter Tierpopulationen unter Zuhilfenahme gentechnologischer Methoden vorerst geringere Bedeutung beigemessen.

b) Die Risiken, die die Aufbringung großer Mengen an Flüssigmist auf landwirtschaftlich genutzte Flächen für die Qualität des Grundwassers beinhaltet, lassen sich innerhalb gewisser Grenzen durch bessere zeitliche Abstimmung des Nährstoffangebots an den Nährstoffbedarf der angebauten Kulturpflanzen vermindern - eine Aufgabe der Beratung. Darüber hinaus wird der Transfer von Flüssigmist aus Betrieben oder Regionen mit Nährstoffüberschüssen in solche mit einem Zuschußbedarf erforderlich. Bei den gegenwärtigen Preis- und Kostenrelationen (insbesondere niedrige Preise für Stickstoff im Mineraldünger) besteht offenbar kein hinreichender wirtschaftlicher Anreiz für private Aktivitäten zur Lösung des Gülletransferproblems. Die z.Z. zwar verfügbaren, aber nicht wettbewerbsfähigen Verfahren zur Umwandlung von Flüssigmist in einen lager-, transport- und handelsfähigen Feststoffdünger, evtl. als Ersatz für Torf, könnten evtl. durch Nutzung biotechnologischer Methoden erheblich verbilligt werden. Falls hier nicht in Kürze fühlbare Fortschritte erzielt werden, erscheint eine rigorose Beschränkung der Zahl der pro ha Fläche gehaltenen Tiere, die im Landkreis Vechta mit einer erheblichen Reduzierung der Bestände einer Vielzahl von Betrieben verbunden wäre, wohl kaum mehr vermeidbar.

c) Als mögliche Beispiele einer Verbesserung der Produktionseffizienz in der Schweinehaltung durch Nutzung biotechnologischer Verfahren seien erwähnt

- die Anwendung bereits bekannter Methoden der Steuerung der Fortpflanzung mit dem Ziel einer Erhöhung der Zahl der je Sau und Jahr geborenen und aufgezogenen Ferkel;
- der Einsatz von Wachstumshormonen (sogen. porcinen Somatotropinen) zur Förderung des Wachstums durch Verbesserung der Nährstoffausnutzung bei Ferkeln und Mastschweinen sowie zur Erhöhung der Milchleistung der Sauen.

Die Realisierung biotechnologischer Neuerungen der hier aufgeführten Kategorien wird den ohnehin sich vollziehenden Prozeß der betrieblichen Konzentration in der Region (Abnahme der Zahl der Betriebe bei Zunahme des durchschnittlichen Produktionspotentials und -volumens je Betrieb) vermutlich noch verstärken. Denn die erfolgreiche Anwendung der neuen Betriebsmittel und Verfahrenstechniken wird nur Landwirten mit einem hohen Maß an Innovations-, Risiko- und Lernbereitschaft gelingen. Dies und eventuelle Marktbarrieren seitens der Anbieter werden den Zugang zu biotechnologischen Fortschritten möglicherweise weit stärker beschränken als der Kapitalbedarf für Investitionen.

4. Ausweichalternativen

Wo lägen, falls durch einen wachsenden Rückstand in der Produktionseffizienz und/oder durch verschärfte Umweltauflagen die internationale und -regionale Wettbewerbsfähigkeit der Veredlungswirtschaft nachhaltig geschwächt würde,

Alternativen der Produktion und Einkommenserzielung für die landwirtschaftlichen Betriebe im Raum Vechta?

Ein Ausweichen auf eine verstärkte Rindviehhaltung böte m.E. für die Mehrzahl der Betriebe keine realistische Alternative. Erstens würden hierdurch die Probleme der Verwertung der Dungüberschüsse nicht gelöst. Zweitens stünden bei Milch die für den Absatz benötigten Garantiemengen nicht zur Verfügung, und ein Mehrangebot an Schlachtrindern stieße ebenfalls auf einen Markt mit erheblichen Überschüssen und der Tendenz zur Lockerung der Preisstützung. Und drittens dürfte es schwerfallen, den produktionstechnischen Rückstand hinter anderen Regionen, der u.a. in einer gegenüber dem Durchschnitt Niedersachsens zurückgebliebenen Milchleistung je Kuh zum Ausdruck kommt, kurzfristig aufzuholen.

Aber auch die Möglichkeiten eines Ausweichens in den Marktfruchtanbau auf dem Acker sind begrenzt. Denn die Hektarerträge der verschiedenen Kulturpflanzarten auf dem Acker sind im LK Vechta seit den siebziger Jahren umso stärker hinter dem Bundesdurchschnitt zurückgeblieben, je weniger die betreffenden Kulturpflanzen den Boden- und Klimabedingungen der Region angepaßt sind (Tabelle 6). Hieran würde auch die Einführung eines Kulturpflanzenanbaues zur Gewinnung von Industriegrundstoffen und Energieträgern, nach Realisierung entsprechender Fortschritte in der Anbau-, Umwandlungs- und Reststofftechnologie, für die der Biotechnologie eine Schlüsselfunktion zufällt, und bei Veränderung der Preisrelationen zwischen Rohstoffen und Nahrungsmitteln zugunsten der ersteren, nichts wirklich Grundsätzliches ändern können; denn die Standorte mit günstigeren natürlichen Erzeugungsbedingungen könnten ihren Wettbewerbsvorsprung vermutlich auch bei diesen Produkten aufrechterhalten und ausbauen. Eine begrenzte Ausnahme mag allenfalls der Stärkekartoffelanbau bilden.

Die hier vorgetragenen Überlegungen legen den Schluß nahe, daß eine Nutzung der sich z.Z. abzeichnenden Möglichkeiten biotechnologischer Fortschritte für die landwirtschaftlichen Betriebe der Region Vechta dringend geboten erscheint, um ihnen die Aufrechterhaltung ihrer Wettbewerbsposition im Bereich der Veredlungswirtschaft zu ermöglichen, während sie dieser Region gegenwärtig keine realistischen Produktionsalternativen in anderen Bereichen zu eröffnen scheinen.

Anhang: Grunddaten zur Struktur der Landwirtschaft im Landkreis Vechta

Tab. 1: Verteilung der landwirtschaftlichen Betriebe auf Größenklassen der
landwirtschaftlich genutzten Fläche und Anteile der Betriebe mit
überwiegend außerbetrieblichem Einkommen der Betriebsinhaberehepaare

Größenklasse der landw. gen. Fläche von ... bis unter ... ha	Landkreis Vechta				BR Deutschland
	1960	1971	1979	1983	1983

a) Verteilung der Betriebe auf Größenklassen der LF (%)

unter 2	21	16	22	24	17
2 – 10	45	35	27	25	35
10 – 20	18	23	18	17	21
20 – 30	15	11	13	12	12
30 – 50		11	15	15	10
50 u. mehr	1	3	6	7	4

b) Anteile der Betriebe mit überwiegend außerbetrieblichem Einkommen[1] (%)

insges.	–	37	45	47	51
unter 10	–	65	80	82	81
10 – 20	–	13	22	28	34
20 u. mehr	–	4	8	9	7

1) Der Betriebsinhaber und ihrer Ehegatten.

Tab. 2: Größenstruktur der Bestände verschiedener Nutztierarten in tierhaltenden Betrieben

Merkmal	Landkreis Vechta				BR Deutschland
	1960	1971	1979	1983	1983

a) Durchschnittliche Anzahl der Tiere je tierhaltender Betrieb (Stück)

Rindvieh	11	20	40	50	32
dar. Milchkühe	4	6	9	13	14
Kälber	–	10	24	28	7
Schweine	47	119	222	266	51
dar. Zuchtsauen	–	11	23	27	15
Mastschweine	–	114	215	252	33
Legehennen	159	2 609	13 763	13 754	130

b) Anteile der tierhaltenden Betriebe mit größeren Beständen (%)

Mastschweine 400 u. mehr	–	5	16	20	1,5
Legehennen 10 Tsd. u. mehr	–	3	16	19	0,2

Tab. 3: Besatzdichte verschiedener Nutztierarten im Landkreis Vechta
(Anzahl der Tiere je 100 ha landwirtschaftlich genutzter Fläche)

| Tierart | Landkreis Vechta | | | | BR Deutsch-land |
	1960	1971	1979	1983	1983
Rindvieh	94	104	140	155	125
dar. Milchkühe	32	25	23	25	46
Kälber	–	27	49	56	19
Schweine	404	658	1 020	1 115	185
dar. Zuchtsauen	–	33	51	54	22
Mastschweine	–	504	849	930	113
Geflügel	–	13 349	22 498	17 605	665
dar. Legehennen	1 395	7 599	12 487	10 379	350
Rindvieh, Schweine u. Geflügel zus. in "Dung-Einheiten"[1]	–	225	350	336	84

1) Gemäß "Gülleerlaß" des Niedersächsischen Ministers für Ernährung und Forsten vom 13.4.1983.

Tab. 4: Struktur der Flächennutzung in den landwirtschaftlichen Betrieben des Landkreises Vechta

| Flächennutzung | | Landkreis Vechta | | | | BR Deutsch-land |
		1960	1971	1979	1983	1983
Dauergrünland	% LF[1]	47	37	31	28	38
Getreide u. Körnermais	% AF[2]	75	90	76	74	70
dar. Weizen u. Wintergerste	"	8	16	38	30	40
Körnermais	"	–	6	8	22	2
Zuckerrüben	"	1	0	1	1	5
Kartoffeln	"	10	3	3	3	3
Futterpflanzen	"	3	4	19	21	15
dar. Grün- u. Silomais	"	–	3	18	20	11

1) Landwirtschaftlich genutzte Fläche.
2) Ackerfläche.

Tab. 5: Verteilung der Betriebe des Bereiches Landwirtschaft im Landkreis
Vechta auf Betriebsformen (%)

Betriebsform	Landkreis Vechta			BR Deutsch-land
	1971	1979	1983	1983
Marktfrucht[1]	12	9	9	25
Futterbau[2]	20	28	30	52
Veredelung[3]	30	46	46	7
Dauerkultur[4]	1	1	1	9
Gemischt[5]	38	17	14	8

1) 50 und mehr % des "Standarddeckungsbeitrags" aus der Erzeugung von Getreide, Ölfrüchte, Zuckerrüben, Kartoffeln.
2) Dgl. aus der Erzeugung von Milch, Rindern, Schafen.
3) Dgl. aus der Erzeugung von Schweinen, Geflügel, Eiern.
4) Dgl. aus der Erzeugung von Obst, Wein.
5) Weniger als 50 % aus einem der Erzeugungsschwerpunkte.

Tab. 6: Hektarerträge einiger Feldfrüchte im Landkreis Vechta im Verhältnis
zum Durchschnitt der Bundesrepublik Deutschland

Fruchtart	Durchschnitt der Jahre			
	1959 – 61	1969 – 71	1979 – 81	1983 – 85
Winterweizen	90	99	97	83
Winterroggen	96	102	107	94
Wintergerste	93	98	99	88
Sommergerste	99	92	112	94
Körnermais	–	106[1]	97	89
Grün- u. Silomais	–	104[1]	89	78
Kartoffeln	96	119	113	127
Zuckerrüben	106	98	100	93

1) Durchschnitt aus 1970 und 1971.

Wirkungen der Biotechnologie in der Landwirtschaft auf die Raumstruktur

Dargestellt am Beispiel des Landkreises Kronach

von
Winfried von Urff, München

Bevor auf das Beispiel einer Region mit extensiver Landwirtschaft eingegangen wird, erscheint es zweckmäßig, eine Zwischenbilanz zu ziehen. Die Schlußfolgerungen, die sich aus den vorangegangenen Ausführungen ergeben, lassen sich in den folgenden vier Thesen zusammenfassen:

1) In der pflanzlichen Produktion werden weiterhin Ertragssteigerungen statt-finden, mit der Konsequenz, daß für die Produktion von Nahrungsmitteln immer weniger Fläche benötigt wird. Diese Produktion wird sich mehr und mehr auf Standorte mit günstigen Voraussetzungen konzentrieren.

2) Die Erzeugung nachwachsender Rohstoffe zur Energiegewinnung oder zum Ein-satz in der chemischen Industrie ist zur Zeit noch nicht wettbewerbsfähig. Es erscheint denkbar, daß mit Hilfe der Biotechnologie eine wirtschaftliche Produktion in den Bereich des Möglichen rückt. Auch hier dürften die von Natur begünstigten Standorte zunächst überlegen sein. Nur bei einer starken Senkung der Produktionskosten je Ausbringungseinheit und einer stark expan-dierenden Nachfrage ist eine auch die jetzigen marginalen Standorte umfas-sende, flächendeckende Produktion denkbar.

3) Die Tierproduktion wird sich zunehmend von der Bindung an die Flächenbe-wirtschaftung lösen und sich nach anderen Standortkriterien, wie z.B. der Verfügbarkeit billiger Futtermittel, orientieren. Damit wird sich die Ten-denz zur Konzentration und Spezialisierung fortsetzen. In diesem Zusammen-hang kommt es zu selbstverstärkenden Effekten, da Betriebe und Regionen, die sich auf bestimmte Zweige der Tierproduktion spezialisiert haben, einen produktionstechnischen Vorsprung besitzen, d.h. Bestandserweiterungen wer-den in erster Linie dort erfolgen und nicht dort, wo es bisher kaum zu einem Spezialisierungs- und Konzentrationsprozeß kam.

4) Für die Konzentration in der Tierhaltung begannen in den letzten Jahren die mit einer umweltverträglichen Verwendung der Exkremente verbundenen Proble-me eine begrenzende Wirkung auszuüben. Unter Status-quo-Bedingungen könnte in Zukunft hiervon eine stärkere Bremswirkung ausgehen. Lassen sich die

derzeitigen Probleme mit Hilfe der Biotechnologie zu ökonomisch günstigen Bedingungen lösen, was auf mittlere Frist durchaus denkbar ist, so fällt diese Konzentrationsbarriere.

Wie wirken sich diese Entwicklungstendenzen in einer strukturschwachen peripheren Region mit ungünstigen landwirtschaftlichen Produktionsbedingungen aus? Dieser Frage soll nunmehr am Beispiel des Landkreises Kronach in Oberfranken nachgegangen werden. Dazu ist es notwendig, den Kreis zunächst kurz vorzustellen. Dies geschieht anhand der in der Anlage beigefügten Tabellen und Abbildungen, die die folgenden Charakteristika und Entwicklungstendenzen deutlich werden lassen:

Der Landkreis Kronach zeichnet sich durch eine rückläufige Bevölkerung und eine geringe Bevölkerungsdichte aus (Tabelle 1[*)]). Obwohl zum ländlichen Raum gehörend, handelt es sich nicht um eine primär landwirtschaftliche Region, sondern um eine Region mit traditionell starker Industrialisierung, die durch die Grenzziehung nach dem zweiten Weltkrieg von den Wirtschaftszentren, auf die sie ausgerichtet war, abgeschnitten wurde. Die geringen Anteile der Land- und Forstwirtschaft an den Erwerbstätigen und an der Bruttowertschöpfung in Verbindung mit den weit überdurchschnittlichen Anteilen des produzierenden Gewerbes und der bisher nur schwachen Ausprägung des tertiären Sektors kennzeichnen diese Situation.

Die Entwicklung der Agrarstruktur (Tabelle 2) spiegelt die wirtschaftliche Situation wider. Die Zahl der landwirtschaftlichen Betriebe nahm wesentlich stärker ab als im gesamtbayerischen Durchschnitt. Dies gilt sowohl für die Haupterwerbsbetriebe als auch für die Nebenerwerbsbetriebe. Der Anteil der Nebenerwerbsbetriebe liegt mit 67 % weit über dem gesamtbayerischen Durchschnitt. Nur 5 % der Betriebe entfallen auf Haupterwerbsbetriebe mit einer Fläche von mehr als 30 ha.

Entwicklung und Struktur der landwirtschaftlichen Arbeitskräfte (Tabelle 3) zeigen das gleiche Bild. Insgesamt war auch hier die Abnahme im Landkreis Kronach wesentlich stärker als im gesamtbayerischen Durchschnitt. Vor allem die Zahl der teilbeschäftigten Familienarbeitskräfte in den kleineren Betrieben ging drastisch zurück. 1979 (neuere Zahlen sind nicht verfügbar) entfielen 79 % der Arbeitskräfte auf teilbeschäftigte Familienarbeitskräfte und nur knapp 20 % auf vollbeschäftigte Familienarbeitskräfte. In den Betrieben über 30 ha waren weniger als 100 vollbeschäftigte Familienarbeitskräfte tätig, was 2,2 % der Gesamtzahl der landwirtschaftlichen Beschäftigten entsprach.

Die Tabellen 1 - 6 befinden sich am Schluß des Beitrages.

126

Konzentriert man sich auf die männlichen familieneigenen Arbeitskräfte, die sich im wesentlichen aus Betriebsleitern und Hofnachfolgern zusammensetzen, so ergibt sich folgendes Bild (Tabelle 4): Etwa 1000 Betriebsinhabern über 45 Jahren standen rund 600 männliche mithelfende Familienangehörige im Alter von weniger als 45 Jahren gegenüber. Daraus wird bereits ersichtlich, daß im Generationswechsel ein großer Teil der Betriebe nicht weitergeführt werden wird.

Noch größer ist der Unterschied bei den vollbeschäftigten männlichen familieneigenen Arbeitskräften. Hier standen 358 Betriebsinhabern im Alter von mehr als 45 Jahren nur 88 Familienangehörige gegenüber, wobei wohl davon auszugehen ist, daß es sich bei letzteren in der Hauptsache um Söhne von Betriebsleitern handelt, die die Absicht haben, den Betrieb zu übernehmen und weiterzuführen.

Auch im Landkreis Kronach hat es in der Vergangenheit Veränderungen in der Tierhaltung gegeben (Tabelle 6). So nahm zwischen 1974 und 1984 die Zahl der Betriebe mit Milchkühen um 30 % ab, was dem bayerischen Durchschnitt entspricht, die Zahl der Betriebe mit Mastschweinen aber deutlich stärker, nämlich um 42 %. Dies, sowie die rückläufige Zahl der Schweine insgesamt, ist ein Indiz dafür, daß der Landkreis Kronach aufgrund seiner marktfernen Lage und seiner Agrarstruktur eher Nachteile als Vorteile für die flächenunabhängige Veredelung aufweist.

Erwartungsgemäß ist bei den Milchkühen die Zahl der Betriebe mit weniger als 10 Kühen stark zurückgegangen, bei den Mastschweinen die Zahl der Betriebe mit weniger als 50 Tieren. Interessanterweise hat bei den Milchkühen aber bereits die Zahl der Betriebe mit 10 bis 19 Tieren, im Gegensatz zum bayerischen Durchschnitt, eine Zunahme erfahren. Ein Blick auf die Strukturzahlen zeigt, daß nur 7 % der Milchkühe haltenden Betriebe mehr als 20 Tiere halten und nur 3,4 % der Schweine haltenden Betriebe mehr als 50 Schweine. Die durchschnittliche Zahl der Kühe pro Betrieb liegt bei 8,4, bei den Schweinen sind es 10,1.

Vereinfacht formuliert: Wenn man im Landkreis Kronach überhaupt von einer Konzentration in der Tierhaltung sprechen darf, dann war es eine solche von sehr kleinen zu kleinen Beständen. Großbestände sind nicht anzutreffen, und selbst die für den bäuerlichen Betrieb typischen mittleren Bestandsgrößen sind selten.

Auch im Landkreis Kronach fanden in der Vergangenheit Ertragssteigerungen in der pflanzlichen Produktion und Steigerungen der tierischen Leistungen statt. So stiegen zwischen 1950 und 1984 die Winterweizenerträge von etwa 20 dt/ha auf etwa 55 dt/ha, blieben aber während des ganzen Zeitraums konstant unter dem bayerischen Durchschnitt und natürlich in noch stärkerem Maße unter den Erträgen, die auf günstigen Standorten erzielt wurden (Abbildung 1). Dabei ist

127

Abb. 1: Entwicklung der Winterweizenerträge

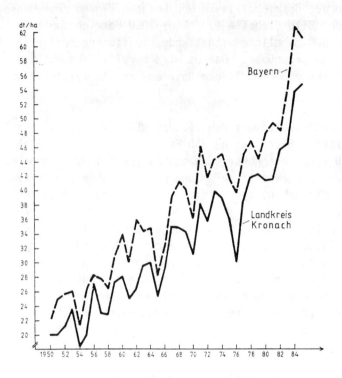

zu berücksichtigen, daß Winterweizen im Landkreis Kronach aufgrund der ungün-
stigeren Standortbedingungen eine geringere Rolle spielt als in Regionen mit
besseren Produktionsvoraussetzungen. Bei der für den Landkreis typischen Ge-

Abb. 2: Die Entwicklung der Sommergerstenerträge

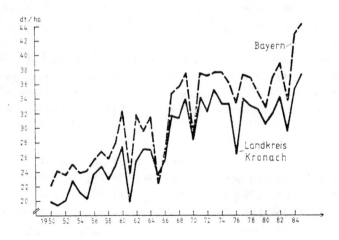

treideart Sommergerste waren die Ertragssteigerungen weit geringer ausgeprägt (Abbildung 2). Gleiches gilt für Kartoffeln, bei denen eine trendmäßig nur schwache Steigerung von starken jährlichen Schwankungen überlagert wird (Abbildung 3).

Abb. 3: Entwicklung der Kartoffelerträge

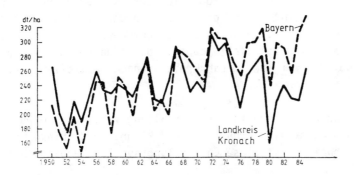

Verglichen mit 1954 stieg die Milchleistung je Kuh und Jahr von 2100 kg auf 3900 kg, nachdem es die 1984 eingeführte Milchquotenregelung angezeigt erscheinen ließ, den Kraftfuttereinsatz und damit die Leistung zu reduzieren. Stets lag die Leistung im Landkreis Kronach unter dem gesamtbayerischen Durchschnitt (Abbildung 4).

Versucht man, sich die Wirkungen der Biotechnologie in der Landwirtschaft auf den Landkreis Kronach vorzustellen, so ergeben sich folgende Schlußfolgerungen:

Kommt es zu massiven Ertragssteigerungen in der direkt oder indirekt der Ernährung dienenden pflanzlichen Produktion und damit zu einem weiteren Rückgang der Fläche, die für die Nahrungsmittelproduktion benötigt wird, so ist zu vermuten, daß sich diese Produktion aus Regionen wie dem Landkreis Kronach weitgehend zurückzieht. Zu einer solchen Entwicklung wäre es wahrscheinlich schon gekommen, wenn nicht die Nahrungsmittelproduktion durch Intervention gestützt würde, womit tendenziell Gebiete in der Produktion gehalten werden, deren Produktion für die Versorgung der Bevölkerung eigentlich nicht mehr gebraucht wird. Das Herauskaufen von Überschüssen durch Intervention wird aber umso kostspieliger, je rascher die Erträge durch technischen Fortschritt steigen. Je höher die Überschüsse werden, desto ineffizienter wird eine Einkommenspolitik über den Preis. Daß Ertragssteigerungen in dem unter dem Einfluß der Biotechnologie zu erwartenden Ausmaß stattfinden und gleichzeitig die öffentliche Hand durch Herauskaufen von Überschüssen alle Gebiete in der Produktion hält, ist kaum vorstellbar.

Kommt es zu einer biologisch-technischen Entwicklung, die die Produktion
nachwachsender Rohstoffe wettbewerbsfähig macht, so könnten Regionen mit ungünstigen Standortbedingungen, wie der Landkreis Kronach, daran nur partizipieren, wenn die Nachfrage so hoch ist, daß die gesamte nicht mehr für die
Nahrungsmittelproduktion benötigte Fläche für die Befriedigung dieser Nachfrage gebraucht wird. Dies ist nur denkbar, wenn mit der biologisch-technischen
Entwicklung starke Senkungen der Produktionskosten verbunden sind. Ob in
diesem Fall die Nahrungsmittel auf den günstigen und die nachwachsenden Rohstoffe auf den ungünstigen Standorten produziert werden oder umgekehrt, muß
derzeit offen bleiben. Fest steht jedoch, daß eine solche Produktion die
Agrarstruktur, so wie wir sie im Landkreis Kronach antreffen, tiefgreifend
verändern würde.

Setzt sich die Konzentration in der Tierhaltung fort, so wird peripheren
Regionen, wie dem Landkreis Kronach, Produktions- und Einkommenspotential
entzogen. Bei Schweinen ist diese Entwicklung aus der Vergangenheit bereits

Abb. 4: Entwicklung der Milchleistung je Kuh und Jahr

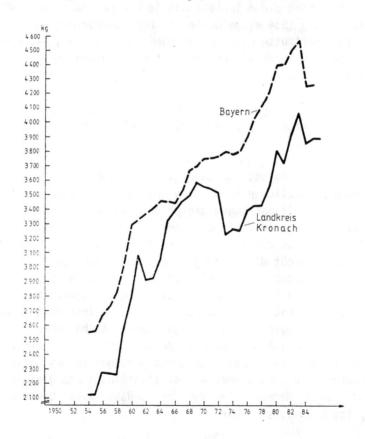

ablesbar. Bei Milchvieh trat sie noch nicht in Erscheinung, da hier bislang eine wesentlich stärkere Flächenbindung vorlag. Wird diese durch technische Entwicklungen durchbrochen, so dürfte es auch bei diesem Betriebszweig zu einer stärkeren Konzentration kommen. Allerdings wirkt dem die Milchquotenregelung mit ihren flächengebundenen, nicht handelbaren Lieferrechten entgegen. Bei ihrer Beibehaltung führt der technische Fortschritt zur Freisetzung von Futterflächen. Da bei einer weit über dem Verbrauch liegenden Kontingentierung Preissteigerungen infolge des damit verbundenen Anstiegs der Marktordnungskosten kaum möglich sind, wird es weiterhin zu einer bescheidenen Konzentration im kleinräumigen Maßstab kommen, d.h. Betriebe mit kleinen Beständen werden ausscheiden und ihre Quoten zusammen mit den Flächen, an die sie gebunden sind, an größere aufstockungswillige Betriebe übertragen.

Kommt es zu den dargestellten technischen Entwicklungen, ohne daß gleichzeitig die Produktion nachwachsender Rohstoffe zu einer flächendeckenden Alternative wird, so lassen sich die davon ausgehenden Entleerungstendenzen für periphere Räume mit ungünstigen Produktionsbedingungen durch die bisherigen Mittel der Agrarpolitik (Preisstützung durch Intervention, Milchquotenregelung) nur begrenzt aufhalten. Es müßte damit gerechnet werden, daß die Landwirtschaft in diesen Räumen in relativ starkem Maße zum Erliegen käme. Im Landkreis Kronach wären die damit verbundenen Auswirkungen auf die Wirtschaftskraft des Raumes und auf die Bevölkerungsdichte gering, da hier die Landwirtschaft ohnehin nur eine vergleichsweise geringe Rolle spielt. Dabei handelt es sich aber um eine besondee Situation. In anderen ländlichen Räumen wären die Auswirkungen wesentlich stärker.

Die gravierendsten Auswirkungen, die im Landkreis Kronach bei einem Rückgang der Landwirtschaft zu erwarten wären, betreffen den Landschaftscharaktr. Er würde sich gegenüber dem derzeitigen Bild drastisch ändern. Wahrscheinlich würde ein Teil der aus der Produktion ausscheidenden Flächen aufgeforstet werden können, ein Teil würde brachfallen bzw. müßte durch entsprechende Pflegemaßnahmen offengehalten werden.

Will man den Charakter der Kulturlandschaft erhalten und bejaht man eine bäuerliche Struktur als Wert an sich, auch wenn die Betriebe nicht mehr zur Nahrungsmittelproduktion gebraucht werden, so bleibt nur der Weg, landeskulturelle Leistungen der Landwirtschaft direkt zu honorieren. Ansatzweise geschieht dies bereits mit der Ausgleichszulage im Rahmen des EG-Bergbauernprogramms, von der nach den jüngsten Erweiterungen praktisch die gesamte landwirtschaftliche Nutzfläche des Landkreises Kronach erfaßt wird. Die bisherigen Beiträge sind jedoch zu gering, um damit der zukünftigen Entwicklung entgegensteuern zu können, vor allem dann, wenn sich diese unter dem Einfluß der durch die Biotechnologie eröffneten Möglichkeiten vollzieht. Ob eine undifferenzierte Erhöhung der Ausgleichszulage das Problem zu lösen vermag, erscheint frag-

lich. Vorstellbar erscheint ein Modell nach dem extensive Formen der Landbewirtschaftung, bei denen weniger die Produktion als die Bewahrung des Land-
schaftscharakters im Mittelpunkt steht, durch vertragliche Vereinbarungen mit
den Landwirten direkt honoriert werden.

Anhang

1. Allgemeine Daten

a) Bevölkerung

	Landkreis Kronach	Bayern
Einwohner 1970	80 716	10 479 203
Einwohner 1982	75 519	10 966 717
1982 in % von 1970	93,4	104,7
Bevölkerungsdichte		
1970 Einwohner/km²	126	149
1982 Einwohner/km²	116	155

b) Beschäftigte bzw. Erwerbstätige und Bruttowertschöpfung nach Wirtschaftssektoren (in %)

	Verteilung der			
	Beschäftigten 1970	Erwerbstätigen 1982	Bruttowertschöpfung	
			1970	1982
Landkreis Kronach				
- Land- u. Forstwirtschaft	9,6	7,0	4,5	3,3
- Produzierendes Gewerbe	64,9	63,2	65,0	60,6
- Tertiärer Sektor	25,5	29,8	30,5	36,1
Bayern				
- Land- u. Forstwirtschaft	13,2	9,8	4,7	3,4
- Produzierendes Gewerbe	47,2	42,7	51,5	46,1
- Tertiärer Sektor	39,6	47,5	43,8	50,5

c) Entwicklung des BIP je Kopf der Bevölkerung

	Bruttoinlandsprodukt zu Marktpreisen DM je Kopf der Wohnbevölkerung				Veränderungen (%)	
	1972	1974	1978	1980	1978: 1972	1980: 1972
LK Kronach	10 170	12 000	15 350	17 643	+ 51	+ 73
Bayern	12 750	14 870	19 900	23 228	+ 56	+ 82

2. Landwirtschaftliche Betriebe nach Erwerbscharakter und Nutzflächenumfang

a) Zahl der landwirtschaftlichen Betriebe und ihre Veränderungen

	Landkreis Kronach				Bayern			
	1971	1979	1983	Veränd. 71 - 83 in %	1971	1979	1983	Veränd. 71 - 83 in %
Haupterwerbsbetriebe								
insgesamt	1056	709	568	-46,2	192686	145553	128409	-33,4
unter 10 ha	289	133	81	-72,9	63334	31587	23476	-62,9
10 - 20 ha	595	344	239	-59,8	86847	62432	52227	-39,9
20 - 30 ha	134	166	156	+81,0	42505	32992	32430	+24,0
über 30 ha		69	92			18120	20276	
Nebenerwerbsbetriebe								
insgesamt	1633	1250	1183	-27,6	138409	128720	125084	-9,6
unter 10 ha	1491	999	898	-41,1	126278	110035	102278	-19,1
10 - 20 ha	138	221	267	+93,5	10690	16645	20081	+87,8
über 20 ha	4	30	38	+850	1441	2040	2725	+89,1
Betriebe insges.	2689	1959	1757	-34,6	331095	274273	254741	-23,1

b) Struktur der landwirtschaftlichen Betriebe (in %)

	Landkreis Kronach			Bayern		
	1971	1979	1983	1971	1979	1983
Haupterwerbsbetriebe						
insgesamt	39,3	36,2	32,3	58,2	53,1	50,4
unter 10 ha	10,7	6,8	4,6	19,1	11,5	9,2
10 - 20 ha	22,1	17,5	13,6	26,2	22,8	20,5
20 - 30 ha	5,0	8,5	8,9	12,8	12,0	12,7
über 30 ha		3,5	5,2		6,6	8,0
Nebenerwerbsbetriebe						
insgesamt	60,7	63,8	67,3	41,8	46,9	49,1
unter 10 ha	55,4	51,0	50,0	38,1	40,1	40,1
10 - 20 ha	5,1	11,3	15,2	3,2	6,1	7,9
über 20 ha	0,3	1,5	2,2	0,4	0,7	1,1
Betriebe insges.	100	100	100	100	100	100

3. Landwirtschaftliche Arbeitskräfte

a) Zahl der landwirtschaftlichen Arbeitskräfte und ihre Veränderungen

	Landkreis Kronach			Bayern		
	1971	1979	Veränd. 71 - 79 in %	1971	1979	Veränd. 71 - 79 in %
Vollbeschäftigte Familienarbeitskräfte in Betrieben						
unter 10 ha LF	222	144	-35,1	62699	35816	-43,9
10 - 30 ha LF	892	651	-27,0	154992	120179	-22,5
über 30 ha LF	60	99	+65,0	18885	26323	+39,4
Fremdarbeitskräfte in Betrieben						
unter 30 ha LF	67	63	-6,0	14057	14456	+ 2,8
über 30 ha LF	6	6	± 0	10761	8516	-20,9
Teilbeschäftigte Familienarbeitskräfte in Betrieben						
unter 10 ha LF	3648	2082	-42,9	368451	259488	-29,6
10 - 30 ha LF	1647	1391	-16,9	211948	175599	-17,1
über 30 ha LF	64	121	+89,1	18800	25400	+35,1
Beschäftigte insges.	6633	4557	-31,3	860593	665647	-22,7

b) Struktur der landwirtschaftlichen Arbeitskräfte (in %)

	Landkreis Kronach		Bayern	
	1971	1979	1971	1979
Vollbeschäftigte Familienarbeitskräfte in Betrieben				
unter 10 ha LF	3,3	3,2	7,3	5,3
10 - 30 ha LF	13,4	14,3	18,0	18,1
über 30 ha LF	0,9	2,2	2,2	4,0
Fremdarbeitskräfte in Betrieben				
unter 30 ha LF	1,0	1,4	1,6	2,2
über 30 ha LF	0,1	0,1	1,2	1,3
Teilbeschäftigte Familienarbeitskräfte in Betrieben				
unter 10 ha LF	55,0	45,7	42,8	39,0
10 - 30 ha LF	25,2	30,5	24,6	26,4
über 30 ha LF	1,0	2,7	2,2	3,8
Beschäftigte insges.	100	100	100	100

4. Die in den landwirtschaftlichen Betrieben beschäftigten männlichen familieneigenen Arbeitskräfte nach Altersgruppen (1979)

Alter von ... bis ... Jahre	Betriebsinhaber		mithelfende Familienangehörige	
	zusammen	davon vollbeschäftigt	zusammen	davon vollbeschäftigt
		Landkreis Kronach		
15 - 19	1 ⎫	1 ⎫	196 ⎫	26 ⎫
20 - 24	27 ⎬ 674	11 ⎬ 237	176 ⎬ [591]	21 ⎬ (88)
25 - 34	168	58	161	34
35 - 44	478 ⎭	167 ⎭	58 ⎭	7 ⎭
45 - 54	588 ⎫	205 ⎫	42 ⎫	7 ⎫
55 - 59	228	83	28	4
60 - 64	101 ⎬ [1022]	42 ⎬ (358)	22 ⎬ 332	5 ⎬ 75
65 - 69	57	16	86	30
70 u. mehr	48 ⎭	12 ⎭	154 ⎭	29 ⎭
insgesamt	1696	595	932	163
		Bayern (in Tausend)		
15 - 19	0,7 ⎫	0,2 ⎫	28,6 ⎫	5,6 ⎫
20 - 24	4,8 ⎬ 110,0	2,4 ⎬ 50,9	22,4 ⎬ [72,2]	6,8 ⎬ (19,0)
25 - 34	33,1	15,6	16,2	5,4
35 - 44	71,4 ⎭	32,7 ⎭	5,0 ⎭	1,2 ⎭
45 - 54	82,1 ⎫	39,7 ⎫	3,9 ⎫	0,9 ⎫
55 - 59	30,3	15,7	2,4	0,7
60 - 64	13,0 ⎬ [36,5]	6,9 ⎬ (66,1)	3,9 ⎬ 47,3	1,0 ⎬ 10,8
65 - 69	6,3	2,4	13,8	5,0
70 u. mehr	4,8 ⎭	1,4 ⎭	23,3 ⎭	3,2 ⎭
insgesamt	246,4	117,0	119,4	29,8

5. Altersstruktur der in den landwirtschaftlichen Betrieben beschäftigten männlichen familieneigenen Arbeitskräfte (1979)

Alter von ... bis ... Jahre	Landkreis Kronach			Bayern		
	zu-sammen (%)	vollbe-schäftigt (%)	Anteil der Voll-beschäft.	zu-sammen (%)	vollbe-schäftigt (%)	Anteil der Voll-beschäft.
Betriebsinhaber						
15 - 19	0,1	0,2	100,0	0,3	0,2	28,6
20 - 24	1,6	1,8	40,7	1,9	2,1	50,0
25 - 34	9,9	9,7	34,5	13,4	13,3	47,1
35 - 44	28,2	28,1	34,9	29,0	27,7	45,4
45 - 54	34,7	34,4	34,9	33,3	33,9	48,4
55 - 59	13,4	13,9	36,4	12,3	13,4	51,8
60 - 64	5,9	7,0	41,6	5,3	5,9	53,1
65 - 69	3,4	2,7	28,1	2,6	2,1	38,1
70 u. mehr	2,8	2,0	25,0	1,9	1,2	29,2
insgesamt	100	100	35,1	100	100	47,5
mithelfende Familienangehörige						
15 - 19	21,2	16,0	13,3	24,9	18,8	19,6
20 - 24	19,1	12,9	11,9	18,7	22,8	30,3
25 - 34	17,4	20,9	21,1	13,6	18,1	33,3
35 - 44	6,3	4,3	12,1	4,2	4,0	24,0
45 - 54	4,5	4,3	16,7	3,3	3,0	23,1
55 - 59	3,0	2,5	14,3	2,0	2,3	29,2
60 - 64	2,4	3,1	22,7	3,3	3,4	25,6
65 - 69	9,3	18,4	34,9	11,6	16,8	36,2
70 u. mehr	16,7	17,8	18,8	19,5	10,7	13,7
insgesamt	100	100	17,7	100	100	25,0

6. Landwirtschaftliche Betriebe nach dem Umfang der Milchkuh- und Schweinehaltung

a) Zahl der Milchkühe und Schweine haltenden Betriebe und ihre Veränderungen

	Landkreis Kronach				Bayern			
	1974	1980	1984	Veränd. 74 - 84 in %	1974	1980	1984	Veränd. 74 - 84 in %
Betriebe mit ...Milchkühen								
1 - 2	400	213	168	-58	25846	15292	11995	-54
3 - 5	510	354	289	-43	66034	37668	28624	-57
6 - 9	464	331	288	-38	65115	44507	36722	-44
10 - 19	268	335	325	+22	58362	57047	52741	-10
20 u. mehr	6	52	79	+1217	14900	26560	31593	+112
insgesamt	1648	1285	1150	-30	230257	181074	161675	-30
Betriebe mit ...Mastschweinen								
1 - 19	1333	920	735	-45	169532	121114	104890	-38
20 - 49	80	77	63	-21	24096	20026	16942	-30
50 u. mehr	12	27	28	+133	5855	8417	8396	+43
insgesamt	1425	1024	826	-42	199483	149557	130228	-35
Kühe insgesamt	9412	9772	9701	+ 3	1930281	1986311	1992719	+ 3
pro Betrieb	5,7	7,6	8,4	+47	8,4	11,0	12,3	+46
Schweine insges.	9597	9229	8317	-13	2418066	2447818	2350173	- 3
pro Betrieb	6,7	9,0	10,1	+51	12,1	16,4	18,1	+50

b) Struktur der Milchkühe und Schweine haltendenden Betriebe (in %)

	Landkreis Kronach			Bayern		
	1974	1980	1984	1974	1980	1984
Betriebe mit ...Milchkühen						
1 - 2	24,3	16,6	14,6	11,2	8,4	7,4
3 - 5	30,9	27,5	25,1	28,7	20,8	17,7
6 - 9	28,2	25,8	25,0	28,3	24,6	22,7
10 - 19	16,3	26,1	28,3	25,3	31,5	32,6
20 u. mehr	0,4	4,0	6,9	6,5	14,7	19,5
insgesamt	100	100	100	100	100	100
Betriebe mit ...Mastschweinen						
1 - 19	93,5	89,8	89,0	85,0	81,0	80,5
20 - 49	5,6	7,5	7,6	12,1	19,4	13,0
50 u. mehr	0,8	2,6	3,4	2,9	5,6	6,5
insgesamt	100	100	100	100	100	100

ZUSAMMENFASSUNG DER BERATUNGSERGEBNISSE

von
Friedrich Riemann, Göttingen

Das vorstehende Grundsatzpapier und die anschließenden Statements führten in der Diskussion der Arbeitsgruppe folgerichtig zu zwei Hauptthemen, deren Problematik an den Fallbeispielen konkretisiert wurde. Hintergrund der Überlegungen war die vielfach nur zögernd akzeptierte These von Thiede, daß die derzeitige, zwangsläufig zu wachsenden Überschüssen führende EG-Agrarpolitik nicht länger finanzierbar sei und daher künftig eine produktionseinschränkende EG-Agrarpolitik unausweichlich sei. Eine solche Politik werde zu einem Rückzug der Landwirtschaft aus der Fläche führen.

In der Diskussion ging es einmal um regionale Auswirkungen bei einem Rückzug der Landwirtschaft auf die qualifizierteren Standorte, das sind nicht nur die besseren Böden, sondern auch die Schwerpunkte der bodenunabhängigen Produktion, und zum anderen um die ökologischen Auswirkungen bei einer verstärkten Differenzierung der Intensität landwirtschaftlicher Produktion in den verschiedenen Regionen. Beide Themen greifen jedoch derart ineinander, daß sie in der Diskussion nicht getrennt voneinander abgehandelt werden konnten.

Von besonderem Gewicht war der Hinweis, daß die regionale Bedeutung der Landwirtschaft nicht nur an ihrer Nahrungsmittelproduktion gemessen werden könne, sondern daß ihre Beiträge zur Umweltsicherung - vor allem an extremen Standorten - und zur Bestandssicherung - Auslastung der Infrastruktur, breite Eigentumsstreuung - gesellschaftspolitisch bedeutsam seien. Eine generalisierende Beurteilung der räumlichen Auswirkungen dieser Problematik ist jedoch nicht möglich, weil quantitative Aussagen über die regionale Bedeutsamkeit der Landwirtschaft zumindest zur Zeit nicht möglich sind.

Ein Rückzug der Landwirtschaft aus der Fläche bedeutet einen Rückzug auf bestimmte Standorte, an denen mit bisheriger, unter Umständen auch höherer Intensität weiter gewirtschaftet wird. Die damit verbundenen wirtschaftlichen Vorteile werden mit Nachteilen in ökologischer Hinsicht erkauft. Kompromisse sind daher unerläßlich:

1. In den Regionen intensiver Bodennutzung müssen ökologische Ausgleichsflächen - z.B. Biotopvernetzung - bereitgestellt werden. Außer dem Kauf durch die öffentliche Hand sind langfristige vertragliche Vereinbarungen mit den

Landwirten über bestimmte Formen der extensiven Bodennutzung möglich, wobei Ertragseinbußen erstattet werden müssen.

2. Außerdem ist dort sicherzustellen, daß keine Rückstände von Pestiziden in das Grundwasser gelangen.

3. An Standorten mit hoher Viehdichte muß eine grundwasserschonende Gülleverwertung gesichert werden.

4. In Regionen, in denen ein nennenswerter Rückzug der Landwirtschaft aus der Fläche zu erwarten ist, muß das derzeitige Erscheinungsbild der "Kulturlandschaft" nicht in jedem Falle aufrecht erhalten werden. Der Bedarf an Aufforstungen, die Möglichkeit des "Wildfallens" (natürliche Sukzession) und die Notwendigkeit des "Offenhaltens" sind vor Ort zu prüfen - das Wildfallen von Flächen ist aus ökologischer Sicht akzeptabel; eine extensive Bewirtschaftung wäre - wo immer sie möglich ist - vorzuziehen.

5. Zur Offenhaltung der Landschaft - in welchem Umfang auch immer - braucht die derzeitige Betriebsstruktur nicht aufrecht erhalten zu werden. Kompensatorische, einkommenswirksame Maßnahmen zur Ergänzung der Einkommenspolitik über die Erzeugerpreise und die Agrarsozialpolitik dürfen nur flächenbezogen, also bedarfsorientiert, eingesetzt werden.

6. Eine regionalisierte Milchmengenregulierung gibt Betrieben mit genügend großem Milchkontingent einen Bestandsschutz. Das wirkt sich besonders vorteilhaft in Regionen aus, die aufgrund der sonstigen Erzeugerpreisentwicklungen vom Rückzug aus der Fläche bedroht sind. Von aufgegebenen Betrieben freigesetzte Flächen mit Milchquoten könnten das nötige Wachstum solcher Betriebe ermöglichen.

Die Hoffnung, daß durch die Biotechnologie der landwirtschaftliche Rückzug aus der Fläche gebremst werden könnte und dadurch die durch die genannten Kompromisse nur wenig abgeschwächte regionale Differenzierung der Intensität landwirtschaftlicher Produktion wesentlich vermindert werden könnte, besteht leider nicht. Die Diskussion um einen Ausgleich durch "nachwachsende Rohstoffe" weckt unrealistische Hoffnungen, weil der Flächenbedarf so gering ist, daß der jährliche Produktionszuwachs noch nicht einmal ausgeglichen wird. Außerdem ist an eine "preiswerte" Produktion einstweilen nicht zu denken. Der biotechnologische Fortschritt hat bislang einseitig zur Intensivierung der Produktion geführt. Forschungen, die bei hoher Intensität dennoch zu einer umweltverträglichen Produktion führen oder die Chancen für extensive Bewirtschaftungsformen verbessern, sind eingeleitet, werden in starkem Maße öffentlich gefördert, haben jedoch noch zu keinem durchschlagenden Ergebnis geführt.

Als Fazit der Diskussion ist festzuhalten, daß die künftige EG-Argrarpolitik zu einem erheblichen Rückzug der Landwirtschaft aus der Fläche führen muß. Der damit zwangsläufig verbundene Verlust an Arbeitsplätzen wird vermutlich nur an bestimmten, örtlich begrenzten Standorten gravierende Einflüsse auf die Arbeitsmärkte haben. Wesentliche Auswirkungen auf die Bevölkerungsentwicklung sind nicht wahrscheinlich, zumal ein solcher forcierter Strukturwandel durch soziale Maßnahmen entsprechend abgepuffert werden muß. Auch in solchen Regionen werden besonders qualifizierte Landwirte ihre Produktionschancen wahren. Da dort vor allem die Pachtpreise erheblich sinken werden, eröffnen sich Möglichkeiten zur Aufnahme großflächiger extensiver Nutzungen, z.B. in der Rindermast und Schafhaltung; denen auch die biotechnologischen Fortschritte zugute kommen werden. Daher ist auch bei starker regionaler Differenzierung der Intensität landwirtschaftlicher Produktion nicht damit zu rechnen, daß es größere, zusammenhängende Räume geben wird, in denen die flächengebundene landwirtschaftliche Produktion völlig zum Erliegen kommt.

ARBEITSGRUPPE 2

WIRKUNGEN DER PRODUKTIONSTECHNIK AUF DIE RÄUMLICHE ENTWICKLUNG

ENTWICKLUNGEN IN DER PRODUKTIONSTECHNIK:
DIE "FABRIK DER ZUKUNFT" - EINE DETERMINANTE DER RAUMENTWICKLUNG

Grundsatzpapier

von
Hans-Jürgen Warnecke, Stuttgart

Gliederung

1. Struktureller Wandel der industriellen Produktionstechnik in der historischen Entwicklung

   1.1 Zeitalter der Energietechnik
   1.2 Zeitalter der Mechanisierung
   1.3 Zeitalter der Automatisierung

2. Strukturwandel und Wettbewerb als Innovationsmotoren

   2.1 Wahrung der Wettbewerbsfähigkeit durch Vorsprung beim Produkt- und Produktions-know-how
   2.2 Wahrung der Wettbewerbsfähigkeit durch Rationalisierung und Automatisierung

3. Einflüsse auf die Gestaltung wettbewerbsfähiger Produktionssysteme

   3.1 Ursachen des verschärften Wettbewerbs
   3.2 Konsequenzen des verschärften Wettbewerbs
   3.3 Die industrielle Produktion erhält Dienstleistungscharakter

4. Der Mensch bleibt wichtiger und entscheidender Bestandteil der industriellen Produktion

   4.1 Die "unbemannte Fabrik" bleibt Utopie
   4.2 Ausgewogenheit technologischer, organisatorischer und sozialer Maßnahmen

1. Struktureller Wandel der industriellen Produktionstechnik in der historischen Entwicklung

Die Entwicklung der industriellen Produktion kann durch drei große, tiefgreifende Strukturänderungen beschrieben werden.

1.1 Zeitalter der Energietechnik

Der erste Strukturwandel des herstellenden bzw. verarbeitenden Gewerbes und damit der Beginn der eigentlichen Industrialisierung ist durch die Erfindung der Dampfmaschine Ende des 18. Jahrhunderts gekennzeichnet.

Mit dem Ersatz der Kraft des Menschen durch die Kraft von Maschinen hatte das Zeitalter der Energietechnik begonnen - diese Zentralisierung der Energie führte damit auch zur Abwanderung der Landbevölkerung in die Standorte der industriellen Produktion.

1.2 Zeitalter der Mechanisierung

Die zweite große industrielle Strukturveränderung fand Ende des 19. Jahrhunderts statt. Sie wurde eingeleitet durch die Entwicklung des Elektromotors, des Diesel- und Ottomotors. Damit war die Grundlage für die Dezentralisierung der Antriebsenergie und die Mechanisierung von Arbeitsvorgängen geschaffen. Dies war der Anfang des Zeitalters der Mechanisierung, das den Menschen von schwerer körperlicher Arbeit befreite. In diese Zeit fiel auch die Einführung des Fließbandes sowie die Bismarcksche Sozial-Gesetzgebung, die erforderlich wurde, um die Auswirkungen in der sich entwickelnden Industriegesellschaft zu steuern.

1.3 Zeitalter der Automatisierung

Heute befinden wir uns im Zeitalter der Automatisierung, das mit der Einführung der elektronischen Datenverarbeitung um das Jahr 1950 begonnen hat. Geprägt wird dieser dritte industrielle Strukturwandel durch rasante Entwicklungen in der Mikroelektronik und Informationstechnik in den letzten Jahren. Diese Entwicklungen führen zu einer zunehmenden Automatisierung des Produktionsprozesses. Diese ermöglichen, den Menschen vom Takt der Maschine zu entkoppeln und von der Ausführung immer wiederkehrender gleichartiger Verrichtungen zu befreien. Rationalisierungsschutzabkommen zur Bewahrung von Arbeitsplätzen und Diskussionen über weitere Arbeitszeitverkürzungen und flexiblere Arbeitszeiten sind als einige Folgen dieser Entwicklungen bekannt.

2. Strukturwandel und Wettbewerb als Innovationsmotoren

Zwischen Strukturwandel und technischem Fortschritt bestehen Wechselwirkungen. Der Strukturwandel bringt technischen Fortschritt hervor, technische Neuerungen bewirken wiederum einen Strukturwandel. Der Prozeß des technischen Fortschritts und struktureller Veränderungen vollzieht sich dabei auch in der weltwirtschaftlichen Arbeitsteilung.

2.1 Wahrung der Wettbewerbsfähigkeit durch Vorsprung beim Produkt- und Produktions-know-how

Der durch laufende Produkt- und Prozeßinnovationen in den Industrieländern erarbeitete Vorsprung kann nicht dauerhaft bewahrt werden. Das entstandene Wissen wird im Laufe der Zeit Allgemeingut und diffundiert von den Industrieländern in die Schwellenländer. Das hat zur Folge, daß sich die Fertigung von einfachen, mit herkömmlichen Techniken herstellbaren Produkten aufgrund des weit geringeren Lohnniveaus in die Schwellenländer verlagert. Für die Industrieländer kann sich daraus, auch im Hinblick auf die Konkurrenzsituation untereinander, nur die Konsequenz ergeben, den technischen Fortschritt zu intensivieren. Dazu bieten sich zwei Strategien an (Bild 1):

- Die angebotenen Leistungen bzw. Produkte beinhalten so viel Wissen und Können, daß der Wettbewerber entweder durch Schutzrechte und damit erforderliche Lizenzzahlungen oder aber durch hohe notwendige Forschungs- und Entwicklungsaufwendungen ferngehalten wird. Dieses Vorgehen kann man immer wieder bei Marktführern oder auch bei Unternehmen beobachten, die Marktnischen abdecken.

- Einfache und billige Produkte lassen sich auch jetzt und in Zukunft wettbewerbsfähig in der Bundesrepublik Deutschland herstellen, wenn viel Wissen und Können in der Leistungserstellung, also der Produktion, vorhanden ist. Auch durch Schaffen von Möglichkeiten zur flexiblen, d.h. rasch an Marktveränderungen anpassungsfähige Produktion kann mit Ideen und Kapitaleinsatz eine Produktion gestaltet werden, die es ebenfalls für den Wettbewerber schwer macht, mitzuhalten.

Bild 1: Wettbewerbsfähigkeit durch know-how-intensive Produkte und Produktion

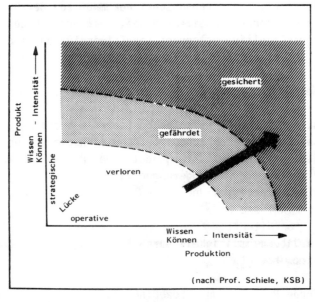

Für die Zukunft bedeutet dies, daß Industriebetriebe in der Bundesrepublik Deutschland nur noch in den Branchen bzw. Produktbereichen konkurrenzfähig sein werden, wo entweder hohes technisches Wissen und Können für das Produkt oder aber auch für das Produktionsverfahren erforderlich sind.

146

2.2 Wahrung der Wettbewerbsfähigkeit durch Rationalisierung und Automatisierung

Industriezweige, denen es nicht gelingt, die notwendigen Vorsprünge im Know-how für Produkte und Produktion zu schaffen und zu erhalten, werden zukünftig nicht bestehen können. Dies zeigten die Entwicklungen der Vergangenheit, wie z.B. die Probleme der Uhren-, Konsumelektronik- oder Photoindustrie. Welche Maßnahmen zur Beseitigung von Schwächen bei Produkten im einzelnen besonders erfolgreich sind, hängt sicherlich von den technologischen und marktpolitischen Randbedingungen ab und kann nicht pauschal beantwortet werden. Unabhängig von der Branche muß jedoch der Gefahr, die von technologisch veralteten Produktionssystemen für Unternehmen und Arbeitsplätze ausgeht, auch stets durch konsequente Nutzung der in der Produktionstechnik vorhandenen Rationalisierungs- und Automatisierungsreserven begegnet werden.

3. Einflüsse auf die Gestaltung wettbewerbsfähiger Produktionssysteme

3.1 Ursachen des verschärften Wettbewerbs

In allen Phasen ihrer Entwicklung wurden und werden Strukturänderungen der industriellen Produktion durch vielfältige Faktoren aus Markt und Technik, Gesellschaft und Recht, in unterschiedlichem Maße beeinflußt. Wenn auch die Faktoren, die die Unternehmen beeinflussen, von Branche zu Branche und von Land zu Land unterschiedlich ausgeprägt sind, so daß sowohl die Auswirkungen dieser Faktoren auf die Unternehmen als auch deren Maßnahmen zur Bewältigung der Auswirkungen sehr verschieden sein können, so sind doch einige allgemeine Tendenzen erkennbar:

Nahezu alle Industrienationen sehen sich einem zunehmend härteren nationalen und internationalen Wettbewerb ausgesetzt. Die Ursachen hierfür lassen sich zurückführen auf

- die Sättigung des Marktes,
- konjunkturelle Einflüsse und
- größere Anzahl von Mitwettbewerbern durch Vergrößerung des Produktprogramms der jeweiligen Unternehmen und auf den
- Aufbau von Überkapazitäten.

3.2 Konsequenzen des verschärften Wettbewerbs

Die wachsende Konkurrenz und damit die Notwendigkeit, auf die Wünsche des Kunden noch stärker als in der Vergangenheit einzugehen, führt nicht nur zu einem erheblichen Preisdruck und damit zur Notwendigkeit, die Kosten durch Maßnahmen unterschiedlichster Art, Automatisierung ist hierzu nur ein mögliches Hilfsmittel, zu senken. Diese Forderungen der Kunden führen auch zu einer nahezu explosionsartigen Erhöhung der Produkt- und Teilevielfalt, zu kleinen Losgrößen, kurzen Lieferzeiten, schwankenden Stückzahlen sowie erhöhten Anforderungen an die Qualität des Produktes und des Kundendienstes.

3.3 Die industrielle Produktion erhält Dienstleistungscharakter

Die marktorientierte Anpassung des Produktangebots führt dazu, daß kurze Fristen in allen Bereichen der Unternehmen, in Forschung und Entwicklung, in Konstruktion und Produktion wirtschaftlich beherrscht werden müssen. Verstärkt wird diese Tendenz durch sinkende Produktlebensdauern, kürzere Zeiten bei Produkt- und Prozeßinnovationen und durch weitreichende Entwicklungen im Bereich der Mikroelektronik.

Das Ziel, durch eine größtmögliche Anpassung an die Bedürfnisse des Marktes im Wettbewerb zu überleben, kann nur erreicht werden, wenn der Produktionsbetrieb durch eine entsprechende Flexibilität in allen seinen Bereichen den Charakter eines Dienstleistungsbetriebes annimmt. Erreicht werden kann dies durch die Entwicklung und den Einsatz von flexiblen Produktionssystemen mit einer gewissen Überkapazität sowie durch flexiblen Personaleinsatz zur Sicherstellung einer schnellen Auftragsbearbeitung.

4. Der Mensch bleibt wichtiger und entscheidender Bestandteil der industriellen Produktion

4.1 Die "unbemannte Fabrik" bleibt Utopie

Der Produktionsbetrieb, in dem Informations- und Materialfluß mit einer Vielzahl von Rechnern und Industrierobotern hoch automatisiert abgewickelt werden, wird häufig als "Fabrik der Zukunft" bezeichnet. Oftmals werden in diesem Zusammenhang Visionen von der menschenleeren Fabrik aufgebaut, es wird von Geisterschicht und automatischer Fabrik gesprochen, und der Industrieroboter wird als Job-Killer verdammt. Es ist sicherlich richtig, daß mit neuen Technologien die gleiche Gütermenge mit weniger Menschen gefertigt werden kann. Denn wenn eine neue Technologie nicht besser wäre als die alte, wenn sie die Produktionsfaktoren nicht besser nutzen würde, dann würde man sie nicht verwenden. Wie auch die beiden ersten Strukturveränderungen, so wird auch der derzeitig stattfindende Strukturwandel in der industriellen Produktion nicht allein durch technologische Entwicklungen geprägt sein. Es müssen nach wie vor wirtschaftliche und soziale Änderungen als die entscheidenden Einflußfaktoren angesehen werden, die die Art und die Geschwindigkeit des derzeit stattfindenden Strukturwandels bestimmen werden. Diese beiden Faktoren werden selbst dann, wenn die technologische Machbarkeit gegeben ist, einen entscheidenden Einfluß darauf haben, ob die Fabrik der Zukunft eine Fabrik ohne Menschen und somit eine automatische Fabrik sein wird. Realistischer wird jedoch die Einschätzung sein, daß die Fabrik der näheren Zukunft, von einigen Ausnahmen einmal abgesehen zwar höher automatisiert, jedoch nicht menschenleer sein wird.

4.2 Ausgewogenheit technologischer, organisatorischer und sozialer Maßnahmen

Die Unternehmen werden zunehmend Rechner, Roboter und flexible Fertigungssysteme einsetzen, denn sie werden sich im Interesse der Wettbewerbsfähigkeit dieser neuen Technologien bedienen müssen. Die Frage ist also nicht ob, sondern wie diese neuen Technologien eingeführt werden. Hierbei müssen neben strategischen Überlegungen vor allem organisatorische und soziale Gestaltungsmaßnahmen in die Planung miteinbezogen werden. Wir müssen den Menschen in den Mittelpunkt des Fortschrittes und der weiteren Entwicklung stellen. Nur durch gut entwickelte und ausgereifte Mensch-Maschine-, Mensch-Rechner-Systeme und durch entsprechende arbeitsorganisatorische Maßnahmen, die eine menschen- und maschinengerechte Arbeitsteilung im Sinne einer Gesamtsystemoptimierung gewährleisten, wird es uns gelingen, die Anforderungen zukünftiger Produktionen richtig zu bewältigen.

5. Einige Anforderungen an die Mitarbeiter in der zukünftigen Produktion

Früher haben wir gesagt, wir müssen die Arbeit teilen, vereinfachen und auf möglichst viele Mitarbeiter mit geringem Arbeitsinhalt verteilen. Die Folgen dieser sogenannten Taylorisierung waren eine zunehmende Bürokratisierung sowie komplizierte Systeme und Strukturen mit vielen Schnittstellen in unseren Unternehmen.

Derartige Strukturen sind für heutige Erfordernisse unzureichend flexibel, und ihre Komplexität schränkt die Funktionsfähigkeit einer Organisation ein. Dem darin arbeitenden Menschen ist häufig der Gesamtzusammenhang nicht einsichtig, er verliert die Bindung und Beziehung zu seiner Arbeit und dem angestrebten Arbeitsergebnis. Die Dequalifizierung von Mitarbeitern im direkten Produktionsbereich infolge genau vorgeschriebener Teilaufgaben und Akkordentlohnung wirkt tendenziell in gleicher Richtung. Heute dagegen geht es weniger darum, einen Arbeitsgang schnell zu erledigen als vielmehr die Auftrags-Durchlaufzeit zu minimieren und somit einen Auftrag insgesamt kurzfristig abzuwickeln, um den Kunden schnellstmöglich bedienen zu können.

Deshalb sagen wir heute, wir müssen die Anzahl der Schnittstellen minimieren,
denn jede Schnittstelle bedeutet Weitergabe von Material- und/oder Information
in horizontaler oder vertikaler Richtung und ist zeit- und kostenaufwendig.
Nicht nur in der Werkstatt sind Rüstzeiten zu überwinden - auch bei der Weitergabe von Informationen entsteht bei jedem neuen Empfänger wieder "geistige
Rüstzeit". Die Elektronik gibt uns die Möglichkeit, Arbeitsaufgaben wieder
mehr zusammenzuführen und somit die Arbeitsinhalte zu steigern, weil es uns
gelingt, an jeden Arbeitsplatz Informationen zu bringen und damit auch Ent-
scheidungsmöglichkeiten. Wir werden daher in zukünftigen Betrieben sehr viel
weniger Hierarchiestufen haben müssen. Wir werden versuchen, die Entscheidungen dort zu fällen, wo das Problem anfällt. Dies wird die Anforderungen an den
Mitarbeiter in der Fabrik der Zukunft beträchtlich steigern.

Durch technische Entwicklungen ist es zwar gelungen, einen Großteil bisher vom
Menschen ausgeführter Tätigkeiten auf Maschinen und Rechner zu übertragen.
Betrachtet man das Zusammenspiel zwischen Mensch und Rechner, so wird häufig
formuliert, mit Rechnerunterstützung könne das Rationalisierungspotential von
der Einsparung körperlicher Arbeit auch auf die Verringerung von Gedankenar-
beit ausgedehnt werden. Eine Fehlinterpretation dieser Aussage ist gefährlich.
Die Entscheidungsverantwortung wird auf absehbare Zeit weiterhin beim Menschen
liegen. Rechner können dabei nur ein Hilfsmittel zur Erleichterung, Absiche-
rung und Beschleunigung von Entscheidungen sein. Darüber hinaus können sie
deren Ausführung organisieren und überwachen. Die auf dem Weg zur Automatisierung durchgeführte Arbeitsteilung wird in der Endstufe weitgehend aufgehoben.
Weniger Arbeitskräfte mit höherer Qualifikation sind im Produktionsbereich der
Fabrik der Zukunft tätig (Bild 2).

Bild 2: Entwicklung der Qualifikationspyramide

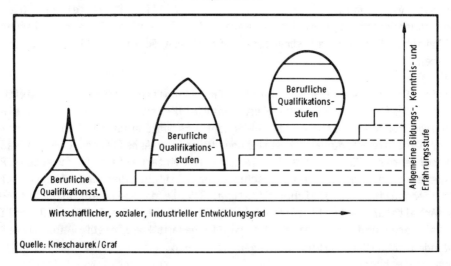

150

Dies schließt nicht aus, daß für gewisse Übergangszeiten Resttätigkeiten mit niedrigen Anforderungen verbleiben. Diese werden aber zu einem erheblichen Teil beim nächsten Technologiesprung wegfallen. Der Mann, der heute in der Fabrik dem Roboter die Teile sortieren muß, weil der Roboter nichts sieht, oder das Heer der Datentypistinnen, das bei heutigen Büroapplikationen festzustellen ist, wird verschwinden, wenn Sensoren entwickelt sind, die den Roboter sehend machen, oder wenn eine Spracheingabe bei unseren Büroautomatisierungsgeräten realisiert ist.

Das wirksame Nutzen der Flexibilität einer automatisierten Maschine oder Anlage ist von der Qualifikation des Betreibers abhängig. Die Produktivität des Systems, das nicht von Maschinenbedienern, sondern von einem Systemführer gefahren wird, steigt mit dessen Qualifikation und macht die Mitarbeiterqualifizierung zu einer wirtschaftlichen Notwendigkeit. Schwerpunkt von Qualifizierungsmaßnahmen ist neben der Vermittlung neuen handlungsorientierten Fachwissens vor allem eine Stärkung des problemlösungsorientierten Verständnisses für technische Zusammenhänge und betriebliche Abläufe. Das auf diese Weise aufgebaute Potential an strategischer Flexibilität, verkörpert durch den Menschen, leistet einen wesentlichen Beitrag zur Verbesserung der Wettbewerbsfähigkeit eines Unternehmens.

6. Einige kennzeichende Beispiele technischer Entwicklungen

6.1 Stufenweise Erhöhung des Automatisierungsgrades in der Fertigung

Bild 3 zeigt am Beispiel der Drehmaschine die verschiedenen Stufen der Automatisierung von der handbedienten Universaldrehmaschine bis hin zum voll rechnergesteuerten Fertigungssystem. In der linken Spalte ist aufgelistet, welche Funktionen ausgeführt werden müssen, um ein Werkstück zu drehen.

Vor 10 bis 15 Jahren war es durchaus noch Stand in der Industrie, mit handbedienten Universalmaschinen zu arbeiten. Die Arbeiten wurden durchgängig manuell von einem hierfür notwendigen Facharbeiter ausgeführt. Der erste Schritt zur Automatisierung war die Einführung von NC-Handeingabesteuerungen. NC (numerical controlled) heißt numerisch gesteuert, es wurden mit Lochstreifen die für die Bearbeitung erforderlichen Daten der Maschinensteuerung zugeführt. Der nächste Schritt war, nicht nur die Bearbeitung, sondern den Werkzeug- und Werkstückwechsel zu automatisieren. Dieser Trend setzte sich mit der Entwicklung der sogenannten Fertigungszellen, die auch über automatische Werkstückspeicher verfügen, fort. Heute ist der Entwicklungsstand durch den Einsatz flexibler Fertigungssysteme gekennzeichnet. Im Verbund mit anderen Maschinen wird nun die Bearbeitung weitgehend automatisiert durchgeführt. Rechnergesteu-

Bild 3: Stufenweise Automatisierung in der Drehteilefertigung

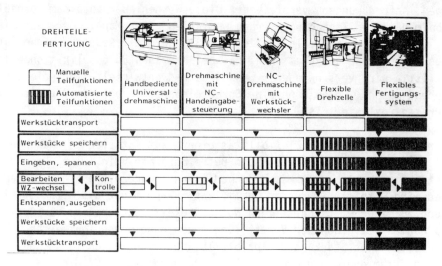

ert sind diese Systeme in der Lage, Teile mit unterschiedlichen Bearbeitungs-
anforderungen zu bearbeiten, wobei die erforderliche Umstellung der Maschinen,
einschließlich dem Werkzeugwechsel, automatisch erfolgt.

6.2 Flexible Fertigungssysteme - weltweit in rascher Aufwärtsentwicklung

Legt man als Kennzeichen flexibler Fertigungssysteme zugrunde, daß die Bearbeitung, der Material- und Informationsfluß soweit flexibel automatisiert
sind, daß unterschiedliche Werkstücke, welche das System auf unterschiedlichen
Pfaden durchlaufen, ohne manuelle Eingriffe gefertigt werden können (Bild 4),
so kann 1985 in der westlichen Welt mit ca. 230 FFS gerechnet werden: Japan
liegt an der Spitze der Installationen mit ca. 100 FFS, und die USA betreiben
ca. 60 FFS bei etwas eingeschränkter Flexibilität gegenüber den in Europa
realisierten flexiblen Fertigungssystemen. Von den in Europa installierten ca.
70 FFS entfallen rund 25 auf die Bundesrepublik Deutschland, 15 auf Schweden
und jeweils 10 auf Großbritannien, Frankreich und Italien.

Die ersten Anlagen wurden schon zu Beginn der 70er Jahre installiert, dann
erfolgte die Verbreitung von FFS zunächst nur zögernd. Erst in jüngster Zeit
hat ein geradezu stürmisches Wachstum der Anwendungen eingesetzt. Bilder 5, 6
und 7 zeigen einige charakteristische Beispiele. Eine vergleichende Charakte-
risierung des Entwicklungsstandes der flexiblen Automatisierung in den 3
Ländern Japan, USA und Bundesrepublik Deutschland kommt zu folgenden Aussagen:

Bild 4: Grundriß eines flexiblen Fertigungssystems (Deckel)

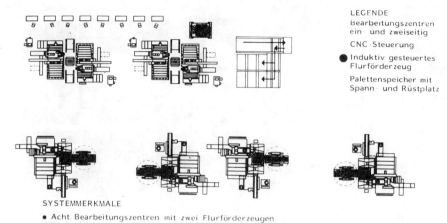

LEGENDE
Bearbeitungszentren
ein- und zweiseitig

CNC-Steuerung

● Induktiv gesteuertes
Flurförderzeug

Palettenspeicher mit
Spann- und Rüstplatz

SYSTEMMERKMALE

● Acht Bearbeitungszentren mit zwei Flurförderzeugen
● Werkstückspektrum: Großgußteile für Fräsmaschinen
● Werkstückanzahl: ca. 40 verschiedene Teile, davon jeweils 12 gleichzeitig im System
● Betrieb: Zweischicht Betrieb à 9 Stunden mit Pausenüberbrückung

- Die Japaner legen auch bei den Bemühungen um höchste Produktivität im Bereich der Klein- und Mittelserienfertigung des Maschinenbaus in bekannter Weise den Hauptschwerpunkt auf die drei "S" (Spezialisierung auf bestimmte Produkte, Standardisierung, Serienfertigung) und fahren damit auch sehr hochautomatisierte flexible Fertigungssysteme unter dem Gesichtspunkt einer hohen Produktivität bei allerdings mittlerweile beachtlicher Flexibilität bzw. Werkstückvielfalt.

- In den USA ermöglicht allein die Größe des Binnenmarktes eine sichere Auslastung auch schwierig zu planender Kapazitäten der auftragsorientierten Fertigung. Verkettete Fertigungssysteme, auch mit großen Werkzeugmaschinen für voluminöse Werkstücke , sind daher schon seit geraumer Zeit Stand der Technik in verschiedenen Unternehmen.

Bei einer zunehmend größeren Zahl von amerikanischen Maschinenbauunternehmen werden flexible Fertigungssysteme nicht mehr als Insellösungen hinsichtlich Materialfluß- und Informationsflußautomatisierung in der Werkstatt betrachtet, sondern es wird mit Hilfe umfangreicher Rechnernetzwerke, Datenbank- und Kommunikationssysteme vielmehr versucht, sämtliche Unternehmensbereiche im Sinne einer vollständig rechnerintegrierten Produktion in ein hochautomatisiertes, durchgängiges Informationssystem einzugliedern.

- In der Bundesrepublik Deutschland wird die bisherige Entwicklung und Verbreitung flexibler Fertigungssysteme von zwei Faktoren maßgeblich beeinflußt:

Bild 5: Flexibles Fertigungssystem zur Bearbeitung von Motorteilen

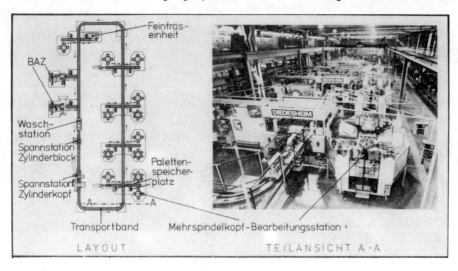

Bild 6:
Teilansicht eines flexiblen Fertigungssystems
für Elektro-Lokomotiventeile

Bild 7: Automatisierte Drehteilefertigung in der Fuji Factory

1. Die heute vielzitierte weltweite Arbeitsteilung - auch im Maschinenbau - weist den hier ansässigen Unternehmen immer stärker das Feld technologisch und qualitativ sehr hochstehender, in marktorientiert großer Vielfalt und in relativ geringen Stückzahlen zu fertigender Produkte zu. Die hierfür notwendige sehr hohe Flexibilität auch bei Automatisierungsmaßnahmen zu erhalten, schlägt mit besonderer Kapitalintensivität der zu tätigenden Investitionen z.B. für flexible Fertigungssysteme zu Buche.

2. Die für Planung, Entwicklung und Installation flexibler Fertigungssysteme notwendigen Aufwendungen an Know-how und an Investitionen können die Möglichkeiten einzelner Unternehmen, die im inländischen Maschinenbau vorwiegend mittelständischen Charakter haben, unter Umständen leicht übersteigen. Die hier anstehenden Entscheidungen werden daher oft noch als zu risikobehaftet zurückgestellt, so daß eine konventionelle Werkstattfertigung mit allen damit verbundenen Nachteilen hinsichtlich Personalaufwand, Durchlaufzeiten und Lieferfähigkeit weiterhin beibehalten wird.

Dennoch sollte auch hierzulande weiterhin Spitzentechnologie auf der Produktseite mit Spitzentechnologie auf der Fertigungsseite einhergehen. Hier wird es insbesondere erforderlich sein, durch modular aufgebaute Fertigungskonzepte auch kleinen und mittleren Unternehmen den Einstieg und Zugang zu einer höheren Automatisierung in einzelnen Schritten und in der jeweils aufgabenangepaßten Form sowie die nahtlose Integration neuer Fertigungseinrichtungen in die gegenwärtigen und in die zukünftigen Fertigungsstrukturen zu ermöglichen.

6.3 Stand und Entwicklungstendenzen bei Industrierobotern

Hinsichtlich Industrierobotern haben im internationalen Vergleich Westeuropa und die USA etwa Gleichstand, Japan hat einen Vorsprung in der Zahl der Anwendungen, aber nicht in der Technik. Die Einsatzgebiete von Industrierobotern in Deutschland (Bild 8) sind vor allem das Punktschweißen, das Lackieren, und zunehmend das Bahnschweißen, (Bild 9 und 10) sowie das Be- und Entladen an Maschinen, Bild 11, sowie die Montage (Bild 12 und 13).

In der Montagetechnik werden den Industrierobotern die höchsten Zuwachsraten vorausgesagt. Trotz der, relativ betrachtet, stärksten Zunahme von Industrierobotern in der Montage wird man jedoch abwarten müssen, wie die Entwicklung in den nächsten ein bis zwei Jahren weitergeht. Die Probleme in dem Bereich Montageautomatisierung liegen in nur wenigen Fällen am Roboter selbst, sondern in der notwendigen Peripherie.

Wirft man einen Blick auf zukünftig zu erwartende Entwicklungen im Bereich der Robotertechnik, so zeigen sich auch bestehende Schwachstellen:

- Die Sensortechnik wird sich sehr schnell weiterentwickeln und wird es ermöglichen, daß sich die Roboter "gefühlvoller" und "intelligenter" an die gegebene Aufgabe anpassen und auch in nicht optimal vorbereiteten Umgebungen arbeiten können. Damit läßt sich der Entwicklungsaufwand für problemspezifische Peripherie senken.

Bild 8: Eingesetzte Industrieroboter in der Bundesrepublik Deutschland
        Stand: Dezember 1985

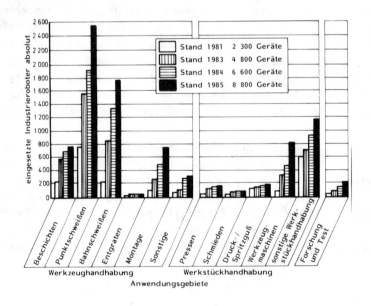

Bild 9: Roboter-Arbeitsplatz zum Lichtbogenschweißen mit Romat 106

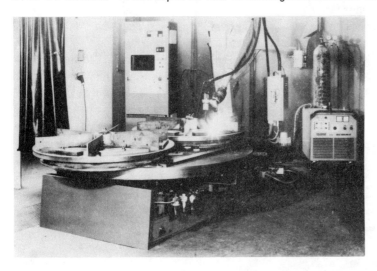

Bild 10: Schweissen von Lkw-Aufbauten mit Industrieroboter

Systemkenndaten:

● Werkstück:LKW
Aufbauten

● Abmessungen:
2,2 x 2,5 mm

● Schweißzeit:
20 min.

● Schweißung in
2 Spannungen

● Vorrichtung
auf Schienen

157

Bild 11:
Beschicken eines Bearbeitungszentrums mit
Industrieroboter

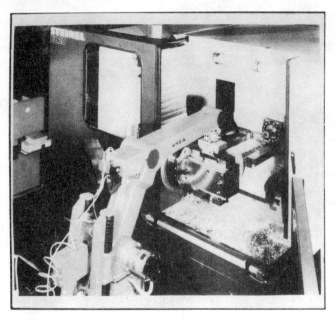

Bild 12:
Programmierbare Montagezelle für Pkw-Aggre-
gate - Festschrauben eines Abschlußdeckels

Bild 13:
Bestückungsstation mit Montage-Roboter und
flexiblem Verkettungsmittel

- Der Industrieroboter - ausgelegt auf Flexibilität und Universalität - entwickelt sich immer mehr zum Spezialisten (Lackierroboter, Schweißroboter,
  Kommissionierroboter). Dies liegt einmal an dem speziellen Know-How, das
  der Prozeß mit sich bringt und der darauf abgestimmten Peripherie.

- Die Maschinenhersteller haben erkannt, daß sich mit der Automatisierung im
  Umfeld ihrer Maschine wesentlich größere Einsparungen erzielen lassen, als
  in der weiteren Optimierung der Maschine. Es zeichnet sich ab, daß speziell
  die Handhabungstätigkeiten die besondere Beachtung der Maschinenhersteller
  finden. Ziel dieser künftigen Entwicklung wird es sein, das Handhabungsgerät als Zubehör für die Fertigungseinrichtung anzubieten.

- Mittelfristig werden die Preise für Industrieroboter nicht stark beeinflußt. Um nun künftig eine größere Zahl von Industrieroboter-Einsätzen
  realisieren zu können, werden Low-Cost-Industrieroboter entwickelt.

- Zur Reduzierung der Taktzeiten von Handhabungsabläufen müssen Leichtbauro-
  boter entwickelt werden. Um auf diesem Gebiet Erfolge verzeichnen zu
  können, müssen Entwicklungen auf dem Zulieferersektor abgewartet werden,
  und gleichzeitig sind neue Wege in der Antriebstechnik (Antrieb über Wellen
  und die Motoren in das Grundgestell) zu beschreiten.

- Die Roboter werden in einem größerem Arbeitsraum arbeiten können, d.h. sie werden mobil. Dies kann beispielhaft mit induktiv gesteuerten Flurförderfahrzeugen (Bild 14) mit Regalbediengeräten und angesetztem Industrieroboter oder mit großer Portalkonstruktion realisiert werden. Zunehmend werden auch tragbare Industrieroboter entwickelt und eingesetzt werden, so z.B. zum Schweißen im Schiffsbau.

- Die Programmierung von Industrierobotern wird sich durch andere Programmierverfahren (CAD/CAM, Spracheingabe, höhere Programmiersprachen, halbautomatisches Programmieren) vereinfachen. Dadurch wird der Aufwand für die Programmentwicklung deutlich sinken und eine wirtschaftliche Programmierung möglich.

- Für den Industrieroboter werden sich neue Anwendungsgebiete und Branchen eröffnen, wie z.B. in der Reinraumtechnik und Großteilefertigung.

Bild 14: Tool supply of a machining centre by a mobile industrial robot

6.4 Montageautomatisierung - ein zukünftiges Rationalisierungspotentials

Es gibt bisher nur wenige realisierte Anlagen für eine flexibel automatisierte Montage. Die Möglichkeiten für ihren Einsatz werden aber zunehmen, wenn mehr technische Regeln zur Automatisierung der Montage aufgestellt und beachtet werden (Bild 15).

Die Gründe für den derzeit noch geringen Einsatz von Montagerobotern liegen überwiegend an den hohen Investitionskosten und den immer noch hohen Umrüstzeiten bei Montagesystemen mit Industrierobotern aufgrund der mangelnden Fle-

160

Bild 15: Technische Regeln zur Automatisierung der Montage

Technische Regel	Folgerung
1. Montage erfordert Systembetrachtung	Bereiche Materialbereitstellung, Handhabung, Fügen, Justieren, Prüfen, Verpacken insgesamt betachten und in Automatisierung einbeziehen
2. Minimale Zahl, Einzelteile	Integralbauweise
3. Zeichnungsgerechte Einzelteile und Baugruppen	- Einhalten von Maß und Formtoleranzen - Toleranzketten beachten - Zuverlässige Qualitätssicherung - Verfügbarkeit der Montageanlage beachten
4. Produktionsstruktur aus Baugruppen	Eigenständige montier- und prüfbare Baugruppen
5. Automatisierbare Montagevorgänge zusammenfassen	- Automatische und manuelle Montage in Bereiche trennen - Wenig Zwänge in Montagereihenfolge
6. Handhabungsgerechte Einzelteile	Leicht erkennbare Ordnungs- und Positioniermerkmale anbringen
7. Einzelteile und Baugruppen geordnet bereitstellen	- Teile möglichst spät im Fertigungsablauf vereinzeln (Fließfertigung) - Einzelteile und Baugruppen magazinieren - Automatisch oder manuell voordnen - Fertigung an Montagestelle
8. Geradlinige Fügebewegungen	Sandwichbauweise
9. Minimale Flexibilitätsforderung an Greifern und Vorrichtungen	- Montagefamilien bilden - Variantenbildung am Ende der Montage - Bildung von Montagelosen zur Reduzierung von Greifern- und Vorrichtungswechsel

xibilität der Peripherie. Bisherige Erfahrungen zeigen, daß die Kosten für Peripherie und Engineering zu den Kosten für das Handhabungsgerät etwa im Verhältnis 1:1 stehen. Für den Anwender ist es heute meist uninteressant, einen Industrieroboter als Automatisierungskomponente zu kaufen. Gefragt sind vielmehr Gesamtsystemlösungen. Zur Erhaltung eines flexiblen Gesamtsystems ist es weiterhin erforderlich auch die Verkettungsstruktur flexibel zu gestalten, da nur dadurch die Flexibilität des Industrieroboters voll genutzt werden kann.

Die wichtigsten Aussagen aus einer Delphi-Befragung zeigt Bild 16.

Wie daraus hervorgeht, wird für die wichtigsten Probleme für die 90er Jahre eine Lösung erwartet. Bereits für Ende der 80er Jahre wird damit gerechnet, daß Montageroboter zum halben Preis erhältlich sind, für Anfang der 90er Jahre wird mit dem Einsatz von 10 000 Montagerobotern gerechnet. Die montagegerechte Produktgestaltung wird nach Meinung der Experten schon Mitte der 80er die

161

Bild 16: Delphie-Befragung zur flexiblen Montageautomatisierung

Teil I

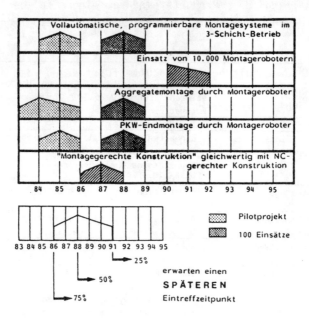

Teil II

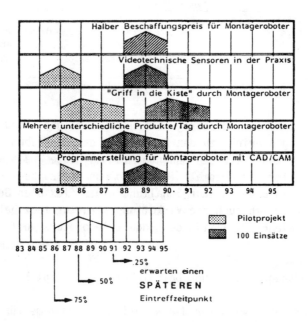

Bedeutung der fertigungsgerechten Konstruktion erreichen. Maßnahmen zur monta-
gegerechten Gestaltung der Produkte sind zum einen zu berücksichtigen im
Hinblick auf die Handhabung der Teile und zum anderen bezüglich des Fügens der
Teile.

Eine montagegerechte Gestaltung der Produkte führt dazu, daß der Aufwand für
die Automatisierung verringert oder überhaupt erst ermöglicht und der manuelle
Montageaufwand erheblich reduziert wird. Maßnahmen hierzu sind: Verringern der
Einzelteile (Integralbauweise) und das Schaffen montage- und automatisierungs-
gerechter Einzelteil- und Baugruppenschnittstellen (Bild 17).

Bild 17: Montagefreundlichere Gestaltung einer Waschmaschinen-Motor-
befestigung

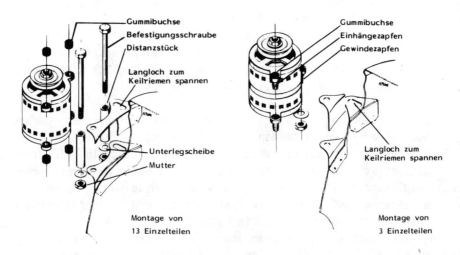

7. Gestaltung des Informationsflusses - ein entscheidender Produktionsfaktor

Mehr und mehr setzt sich die Erkenntnis durch, daß nach den Rationalisierungs-
schüben in den sechziger und siebziger Jahren im Produktionsbereich nun die
"Information", ihr Besitz und ihre effiziente Nutzung zentraler ins Blickfeld
der Unternehmen gerät. Die Information ist schlechthin ein neuer Produktionsfaktor geworden, dessen Beschaffung und Verarbeitung erheblichen Aufwand erfordert.

Genaue Informationen gezielt zur richtigen Zeit sind heute mehr denn je Voraussetzung für auch in der Zukunft erfolgreiche Unternehmen. Das Problem
besteht aber heute noch darin, diese Informationen zu erhalten und auch richtig zu verwenden. Die heute verfügbaren Informations- und Kommunikationssysteme können schon jetzt einen entscheidenden Beitrag leisten.

Für den Bereich der Konstruktion ist durch die hohe Kostenverantwortung am Gesamtprodukt (ca. 70 %) ein hohes Potential zur Verwirklichung der unternehmerischen Ziele durch Einsatz rechnergesteuerter Hilfsmittel vorhanden. Der Einsatz von CAD-Sysemen (CAD: Computer Aided Design) zur Zeichnungserstellung entbindet den Konstrukteur von Routinearbeiten, so daß er sich mehr auf die Lösung technischer Probleme konzentrieren kann, was zu einer Reduktion der Produktentwicklungszeit führt. Erweiterungen des zunächst rein graphisch orientierten Konstruktionsarbeitsplatzes durch Aufgabenbereiche der Arbeitsvorbereitung führen zum Aufbau von CAP-Systemen (CAP: Computer Aided Planning). Diese Systeme enthalten Programmpakete zur rechnergestützten Arbeitsplanerstellung, zur automatischen Stücklistengenerierung sowie zur Erstellung aller benötigten Fertigungspapiere. Zunehmend an Bedeutung gewinnt die automatische Generierung der NC-Programme für die Bearbeitungsmaschinen. Funktionen dieser Art erweitern den CAD-Begriff und stellen den Übergang zu integrierten CAD/CAM-Systemen (CAM: Computer Aided Manufacturing) dar. Als Oberbegriff zu CAD wird häufig der Begriff CAE angeführt. Er beinhaltet Berechnungen nach der Finite-Elemente-Methode, die im Anschluß an die Zeichnungserstellung zur Überprüfung des konstruierten Teils vorgenommen werden. Möglich sind ebenso Kollisionssimulationen bei bewegten Teilen oder Belastungstests.

Der Bereich Produktionsplanung ist wegen der durchzuführenden umfangreichen Berechnungen, der zu verwaltenden großen Datenmengen, häufiger Wiederholung von Routinetätigkeiten und stark vernetztem Informationsfluß ein traditionelles Einsatzgebiet für EDV in Industriebetrieben. Alle am Markt erhältlichen Produktionsplanungssysteme lassen sich nach dem Grad ihrer Anpassung an den speziellen Anwendungsfall in Individual-Software und Standard-Software unterteilen. Die Standard-Software ist im Laufe der letzten Jahre immer flexibler geworden, was sich in der zunehmenden Berücksichtigung betriebsindividueller Gegebenheiten ausdrückt und zu einem sprunghaften Ansteigen der Implementierungen von Standard-Software-Systemen geführt hat.

Die Verknüpfung von "Insellösungen" für Entwicklung/Konstruktion, Arbeitsvorbereitung und Fertigungsprozeß über dezentrale, hierarchisch organisierte Rechnersysteme mit gemeinsamer Datenbasis führt zu einem integrierten EDV-System, welches als CIM (Computer Integrated Manufacturing) bezeichnet wird. Bild 18 zeigt die Funktionen der rechnerintegrierten Produktion und ihre Verknüpfung zur Integration des betriebswirtschaftlich administrativen und des technischen Informationssystems, sowohl bezüglich eines geschlossenen EDV-Konzepts als auch zur Nutzung betriebswirtschaftlicher Rationalisierungspotentiale. Für die Realisierung von CIM-Konzeptionen sind integrierte Fertigungseinrichtungen mit automatischer Versorgung und Entsorgung sowie offene Software-Systeme bereitzustellen, die sich an die gewachsene Organisationsstruktur unter Berücksichtigung eines gesteigerten Informationsvolumens anpassen lassen.

Bild 18: Funktionen in der rechnerintegrierten Produktion und ihre Verknüpfung

Teil I

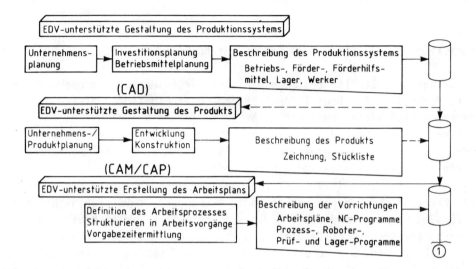

Teil II

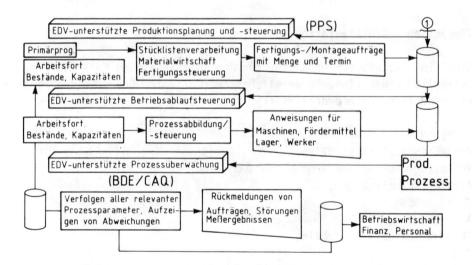

Derartige Verknüpfungen werden auch zunehmend zwischen Lieferant und Abnehmer bestehen, indem z.B. Zeichnungen, Bestellungen sowie Fertigungsinformationen im Datenfernverkehr übermittelt werden, also per "electronic mail". Das wird auch kleinere Betriebe, z.B. als Automobilzulieferant zum Rechnereinsatz in Konstruktion und Fertigung zwingen.

8. Recycling - eine "Produktion besonderer Art"

Was für das dargestellte Zusammenspiel der verschiedenen Unternehmensbereiche und die Verbindung der Produktionsfaktoren innerhalb eines Unternehmens gilt, muß jedoch zukünftig auch noch stärker in seinen Wechselwirkungen mit dem außerbetrieblichen Umfeld und mit den sich unter Umweltgesichtspunkten verändernden Märkten gesehen werden. Beispielhaft sei hier an die Großserienproduktion einiger Investitions- und Gebrauchsgüter des Maschinenbaus erinnert, die sich in jüngster Zeit im Verlauf von nur zwei Jahrzehnten verfünft- bis verzwanzigfacht hat. Bei einer Lebens- oder Nutzungsdauer von durchschnittlich 10 bis 15 Jahren werden diese Erzeugnisse somit in Kürze in heute noch nicht annähernd anzutreffenden Größenordnungen aus dem Markt zurückkehren, so daß für ein Recycling des zu erwartenden Mengenaufkommens dieser und anderer Erzeugnisse in wenigen Jahren eine stärkere Industrialisierung der dann einzusetzenden Aufbereitungs- und Aufarbeitungsverfahren zwingend notwendig sein wird.

8.1 Recycling - Kreislaufarten

Im Stofffluß technischer Produkte, für den im klassischen Fall die drei Phasen industrielle Produktion, gewerblicher oder privater Gebrauch und Entsorgung bezeichnend sind, setzen drei diesen Phasen zugeordnete Recycling-Kreislaufarten an (Bild 19):

- Produktionsabfallrecycling,
- Recycling während des Produktgebrauchs und
- Altstoffrecycling.

8.2 Produktionsabfallrecycling

Nur die oben erstgenannte Kreislaufart, das Produktionsabfallrecycling, ist eine Technik, die innerhalb nur eines Unternehmens oder eines Produktionsprozesses wirksam werden kann.

Bild 19: Recycling- Kreislaufarten

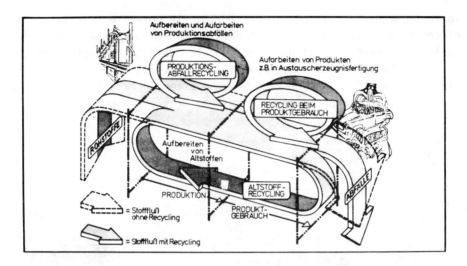

Das Produktionsabfallrecycling geschieht z.B. durch Paketieren von Metallab-
fällen zur Verwertung in der Gießerei oder durch Wiederverwendung von Blech-
abfällen im Karosseriebau, Bild 20 ist hierfür ein Beispiel. Hierdurch werden
Einsparungen des Materialverbrauchs in der Produktion in Größenordnungen um
10 % möglich.

Bild 20: Produktionsabfall-Recycling

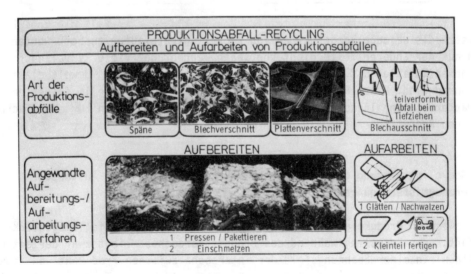

8.3 Altstoffrecycling

Die in vorstehender Aufzählung an dritter Stelle genannte Kreislaufart, das Altstoffrecycling, ist dagegen vom Produzenten und Konsumenten weitgehend entkoppelt, verkörpert gleichwohl jedoch als Schrottwirtschaft bereits einen eigenen Wirtschaftsbereich. Die Schrottzerkleinerung und Werkstofftrennung ermöglicht die Rückführung von Produktwerkstoffen in eine erneute Produktion, Bild 21. Hierbei werden bei einigen wichtigen Metallen schon heute Rücklaufraten von über 50 % erreicht.

Bild 21: Altstoffrecycling

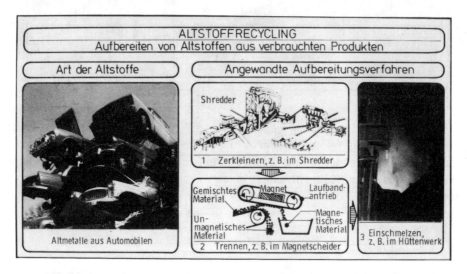

So sehr das weitere Vorantreiben von Recyclingkreisläufen zu befürworten ist, kann auf der anderen Seite nicht übersehen werden, daß viele Recyclingprozesse zu neuen Emissionen führen und damit ihrerseits wieder mit Umweltbelastungen verbunden sind. Diese Feststellung gilt jedoch nicht für die im folgenden kurz charakterisierten industriell angewandten Recyclingverfahren zur Mehrfachnutzung von Produkten.

8.4 Recycling während des Produktgebrauchs in industriellen Austauscherzeugnisfertigungen

Die zwischen Produktionsabfallrecycling und Altstoffrecycling liegende Kreislaufart, das Recycling während des Produktgebrauchs, liegt zwar derzeit noch vielfach in einem Spannungsfeld der Interessen zwischen Produzent und Konsument. Dennoch hat das Recycling von Produkten in Form von sogenannten Austauscherzeugnisfertigungen, bekanntestes Beispiel ist der KIraftfahrzeug-Austauschmotor, in verschiedenen Branchen im Inland (Bild 22) besonders aber im US-amerikanischen Markt, in jüngster Zeit eine beachtliche Belebung erfahren. Das Aufarbeiten technischer Produkte, wie es als Austauscherzeugnisfertigung in verschiedenen Branchen betrieben wird, gliedert sich in die Arbeitsschritte vollständige Demontage, Reinigung, Prüfung, Aufarbeitung/Wiederverwendung erhaltungswürdiger Bauteile, Ersatz nicht verwendbarer Bauteile durch Neuteile, Wiedermontage. Diese Folge von Fertigungsschritten wird von einem größeren Los aufzuarbeitender Produkte einheitlich durchlaufen. Die aufgearbeiteten Produkte sind von einheitlichem Qualitätsniveau und Erscheinungsbild.

Bild 22: Recycling während des Produktgebrauchs

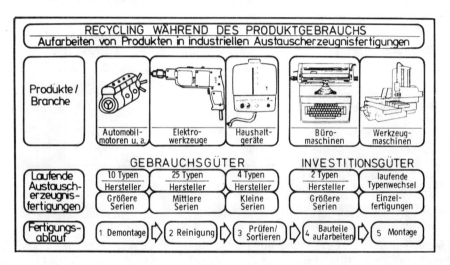

Zur Zeit bestehen Austauscherzeugnisfertigungen in der Bundesrepublik Deutschland für Baugruppen von Kraftfahrzeugen (Motor, Getriebe, Generationen u.a.), für Büromaschinen (Schreibmaschinen, Kopierer, EDV-Geräte usw.), für technische Gebrauchsgüter (Haushaltsgeräte, Elektrowerkzeuge) und im Investitionsgüterbereich für Werkzeugmaschinen.

Das wohl größte Verbreitungsgebiet von Austauscherzeugnisfertigungen findet sich im Kraftfahrzeug-Ersatzteilsektor. In der Bundesrepublik Deutschland sind ca. 250 Aufarbeitungsunternehmen, teils als Originalhersteller, teils in freiem Wettbewerb am Markt, in der Kfz-Motorenaufarbeitung tätig. Vor allem vollständige Motoren, aber auch Getriebe, Anlasser, Lichtmaschinen, Vergaser, Einspritzpumpen usw. werden aufgearbeitet.

In den USA ermöglicht die Größe des Marktes auch bei prozentual sehr niedrigen Rücklaufraten die Serienfertigung von Austauscherzeugnissen auch in anderen Industriezweigen. Dort werden Austauscherzeugnisfertigungen auch bei Geträn-

169

ke-, Zigaretten- und Spielautomaten, bei Kühlschrankkompressoren, Sofortbild-
kameras, TV-Modulen, Benzinrasenmähern und in weiteren Branchen betrieben.

Die Aufarbeitung von Kraftfahrzeug-Ersatzteilen erreichte in den USA bereits
Ende der siebziger Jahre einen Umsatz von 4,5 Mrd. Dollar. Wie groß der Anteil
der aufgearbeiteten Produkte im automobilen Ersatzteilemarkt der USA ist,
verdeutlicht die Tabelle in Bild 23. Die jährliche verkaufte Stückzahl liegt
dabei bei jedem Produkt über 6 Millionen Stück.

Bild 23:

Produkt	Anteil der aufgearbeiteten Produkte im gesamten Ersatzteilgeschäft
Gleichstromlichtmaschine	98,8 %
Drehstromlichtmaschine	94,8 %
Vergaser	75,3 %
Wasserpumpe	72,8 %
Bremsschuhe	82,9 %

Nach: Holzwasser.

Eine Ausdehnung der Fertigung aufgearbeiteter Produkte in den bestehenden
Einsatzfällen und Ausweitung auf neue Branchen erscheint zukunftsträchtig,
insbesondere wenn langfristig die arbeitsintensiven Vorgänge "Demontieren",

"Prüfen" und "Aufarbeiten" auch durch günstige konstruktive Voraussetzungen
erleichtert werden. Hierzu ist es notwendig, ein die gesamte Produktlebens-
dauer beziehungsweise mehrere Nutzungszyklen überstreichendes Gesamtkosten-
denken zu entwickeln, in dem es für Hersteller und Anwender ein gemeinsames
Minimum zu finden gilt. Gelingt es, im Zusammenwirken von Gesetzgebung, Anbietern und Konsumenten mehr Austauscherzeugnisse kostengünstig aufzuarbeiten,
werden alle Beteiligten gleichermaßen profitieren.

Hervorgehoben sei, daß eine unter volkswirtschaftlichen Gesichtspunkten be-
triebene Aufarbeitung von Produkten hinsichtlich Art und Umfang sich nicht
ausschließlich an dem durch Aufarbeitung möglichen Einsparungspotential an
Rohstoffen, Energie und Abfällen orientieren wird. Volkswirtschaftlich wert-
voll erscheinende Anreize und Aspekte der Aufarbeitung von Produkten sollten
in hohem Maße auch in den von diesem neuen Wirtschaftszweig ausgehenden Ge-
schäftseffekten, den Anstößen zur Entwicklung und Anwendung geeigneter neuer

Fertigungstechnologien und damit in der Schaffung neuen Know-hows gesehen werden.

9. Anforderungen zukünftiger Produktionstechnik an die Raumentwicklung

Die von den erläuterten

- neuen Entwicklungen zur Automatisierung von Fertigung, Montage, Material-fluß und Informationsfluß sowie von
- der Notwendigkeit der Verfügbarkeit von Mitarbeitern in ausreichender An-zahl und den geforderten Qualifikationen

für die "Fabrik der Zukunft" sich ergebenden Konsequenzen für die Raumentwick-lung lassen jeweils sowohl Entflechtungs- als auch Verdichtungswirkungen be-züglich der weiteren Entwicklung der industriellen Ballungsräume erkennen.

Hierbei fällt es schwer, zum gegenwärtigen Zeitpunkt gesicherte Aussagen über ein denkbares Überwiegen zentralisierender oder dezentralisierender Tendenzen bzw. Potentiale zu treffen. Für die Raumordnung und Regionalplanung stellt sich somit die Aufgabe, die aus den vorstehenden Ausführungen ableitbaren, nachstehenden, in ihrer Gegenläufigkeit kurz aufgelisteten Anforderungen zu-künftiger Produktionstechnik an die Raumentwicklung zu berücksichtigen.

9.1 Anforderungen seitens des Gewerbeflächenbedarfs

Eine Verringerung des Gewerbeflächenbedarfs ist zu erwarten durch folgende Entwicklungen:

- Mit der Flexibilisierung der Produktion können Zwischen-, Fertigwaren- und Lagerbestände und damit Lagerflächen etwa um durchschnittlich ein Drittel reduziert werden.
- Numerisch gesteuerte Werkzeugmaschinen ersetzen im Durchschnitt zwei bis drei konventionelle Werkzeugmaschinen.
- Ein gewisser Trend zur mehrgeschossigen Bauweise (z.B. Fertigung im Erdge-schoß, Montage im Obergeschoß) mit der Möglichkeit der Materialflußautoma-tisierung auch in der dritten Dimension verringert tendenziell den Grund-flächen-Bedarf.
- Die Rationalisierung auf der Produktseite (Vereinfachung durch Wertanalyse, Elektronik statt Elektrik etc.) kann zu einer verringerten Teilezahl und damit zu einem verringerten Produktionsumfang je Produkt führen.

Demgegenüber ist eine Erhöhung des Gewerbeflächenbedarfs zu erwarten durch folgende Entwicklungen:

- Die Automatisierung des Materialflusses und die Werkstückhandhabung beispielsweise durch Industrieroboter erfordert ein durchgängig geordnetes und magaziniertes Transportieren und Bereitstellen der Werkstücke in der Produktion. Hierdurch erhöht sich die Fläche beispielsweise für die Materialbereitstellung an Werkzeugmaschinen oder Montagestationen um etwa das Doppelte.
- Durch Automatisierung erfolgreiche Unternehmen werden sicherlich auch zukünftig noch quantitativ wachsen und ihre Produktionsstätten vergrößern.

9.2 Anforderungen seitens der Standortwahl

Dezentralisierende Tendenzen für die Standortwahl sind zu erwarten durch folgende Entwicklungen:

- Die zunehmende Verfügbarkeit von privaten und öffentlichen Telekommunikationsmöglichkeiten und -netzen erlaubt die nahtlose informationstechnische Verknüpfung auch verstreuter Produktionsstätten.
- Strukturelle Veränderungen der Produkte ("Elektronik statt Stahl") ermöglichen die Entkopplung von Produktionsstandorten, beispielsweise von Rohstoff- oder Energielagerstätten und Umschlagplätzen.

Zentralisierende Tendenzen für die Standortwahl sind zu erwarten durch folgende Entwicklungen:

- Der Aufbau von Telekommunikationsnetzen erfolgt zunächst in den Ballungsräumen. Für informationstechnisch verknüpfte Produktionsstätten kann die Forderung "in gut verkabelter Lage" eine bevorzugte Ansiedlung in Ballungsräumen bewirken.
- Die Forderung der "Just in Time" Produktion und Zulieferung kann aus transporttechnischen Gründen die Ansiedlung von Zulieferbetrieben in räumlicher Nähe ihrer Abnehmer bewirken.
- Die Ausrüster des Marktes Fabrikautomatisierung (Produktionstechnik und Informationstechnik) werden aus Marketing- und Servicegründen Stützpunkte und beispielsweise "CIM-Demonstrationszentren" in der Nähe ihrer Kunden errichten.

9.3 Anforderungen seitens des erforderlichen Potentials an Mitarbeitern

Dezentralisierende Tendenzen sind durch folgende Einflüsse zu erwarten:

- Die sich in Ballungsräumen abzeichnende Knappheit an qualifizierten Arbeitskräften (Facharbeitern) zwingt zur Verlagerung der Produktion in bisher "strukturschwache" Räume.
- Die zunehmende Gewichtung des "landschaftlichen Freizeitwerts" der Arbeitsstätte von Produktionsstandorten steigert die Attraktivität von Produktionsstandorten außerhalb industrieller Ballungsräume.

Zentralisierende Tendenzen sind durch folgende Einflüsse zu erwarten:

- Die Verfügbarkeit von qualifiziertem Führungsnachwuchs z.B. an Standorten technischer Universitäten begünstigt den Aufbau von "Fabriken der Zukunft" in diesen Räumen.
- Bei einer weiterhin hohen Gewichtung des "kulturellen und gesellschaftlichen Freizeitwertes" der Arbeitsstätte steigt die Attraktivität von Produktionsstandorten innerhalb industrieller Ballungsräume.

FLÄCHENVERÄNDERUNGEN UND VERÄNDERTE ANFORDERUNGEN AN DEN FABRIKBAU DURCH NEUE TECHNIKEN IN DER PRODUKTION

von
Dietrich Henckel, Berlin

Gliederung

Flächenveränderungen und veränderte Anforderungen an den Fabrikbau durch neue Techniken in der Produktion

Flächennachfrage in der Produktion

Flächennachfrage in der Lagerhaltung

Anforderungen an den Fabrikbau

Fazit

Flächenveränderungen und veränderte Anforderungen an den Fabrikbau durch neue Techniken in der Produktion

Der Einsatz neuer Techniken in Produktion und Lagerhaltung führt zu veränderten Anforderungen an Flächen und Gebäude. Bislang werden vor allem Hoffnungen in den Einsatz neuer Technologien gesetzt:

- Der Flächenverbrauch könne sich aufgrund der Integration verschiedener Funktionen in einer Maschine rückläufig entwickeln.
- Die Reintegration von Wohnen und Arbeiten sei wieder eher möglich, weil die neuen Technologien sauberer und weniger störend seien.

Wieweit diese Erwartungen zutreffen, soll im folgenden auf der Basis einer Untersuchung des Deutschen Instituts für Urbanistik kurz dargestellt werden[1].

---

1) Vgl. D. Henckel, B. Grabow u.a.: Produktionstechnologien und Raumentwicklung. Schriftenreihe des Deutschen Instituts für Urbanistik Bd. 76, Stuttgart 1986.

Flächennachfrage in der Produktion

Die Auswertung der im Rahmen der Difu-Untersuchung durchgeführten Expertenbefragungen gibt der Hoffnung, daß der Flächenverbrauch in Zukunft rückläufig sein werde, wenig Nahrung. Der absolute Flächenverbrauch weist eher in Richtung auf eine Ausweitung hin. Als deutlich rückläufig wird dagegen der relative Flächenbedarf eingeschätzt: Zwei Drittel der Experten erwarten einen Rückgang des relativen Flächenbedarfs, und nur knapp 17 % erwarten einen Zuwachs. Das bedeutet, daß wachsende Produktionsvolumina auf gleichen Flächen bewältigt werden können, auch wachsender Output die Flächennachfrage nicht oder jedenfalls nicht proportional erhöht. Gleiches Produktionsvolumen ist damit auf geringeren Flächen zu bewältigen. Doch selbst dann, wenn solche Flächeneinsparungen realisiert werden, stoßen die Unternehmen die ungenutzten Flächen nur selten ab. In der Regel werden sie als zusätzliche Vorrats- und Reserveflächen gehalten (für erhoffte Expansionen). Erst bei Liquiditätsschwierigkeiten oder nachhaltiger Betriebsschrumpfung bieten Betriebe solche Flächen auf dem Markt an.

Die Bestimmungsfaktoren der absoluten Flächennachfrage weisen deutliche produktionsspezifische Unterschiede auf, die in Übersicht 1 zusammengefaßt sind. Man kann mehrere Gruppen von Bestimmungsfaktoren unterscheiden:

- fertigungstechnische Faktoren (Fertigungstyp, Automatisierung von Verkettung und Förderung zwischen einzelnen Teilprozessen),
- produktabhängige Faktoren (Produktgröße, Seriengröße, Technologiehöhe),
- organisatorische Faktoren (Arbeitsorganisation, Tertiärisierung) und
- "technologieexterne" Faktoren (Marktentwicklung, Grundstückspreise, Umweltanforderungen).

Die einzelnen Faktoren sind nicht unabhängig voneinander, sondern treten in Kombination auf, so daß kompensierende oder verstärkende Wirkungen die Folge sein können. Es ist jedenfalls nicht von der tendenziellen Wirkung eines Faktors ein eindeutiger Schluß auf die zu erwartenden Wirkungen bei einem bestimmten Betrieb zulässig, es müssen immer erst alle relevanten Faktoren geprüft werden.

In der Tendenz läßt sich feststellen, daß die meisten Faktoren in Richtung einer Zunahme des Flächenverbrauchs deuten.

Übersicht 1: Bestimmungsgrößen und Veränderungstendenzen der Flächennachfrage in der Produktion bei Einsatz neuer Technologien

Einflußfaktor	Ausprägung	bauliche Anforderung	Auswirkung auf die Fläche
Fertigungstyp	Montageindustrie (z.B. Automobilbau)	Flachbau	Erhöhung der Flächennachfrage (Flachbau, Verkettung)
	Prozeßindustrie (z.B. Chemie)	Stockwerkbau möglich	
Seriengröße	Großserie	Flachbau	Verkettung erhöht Flächennachfrage
	Kleinserie	Flachbau	flexible Fertigung: sinkende Flächennachfrage
Produktgröße	großvolumige Teile	Flachbau	flexible Fertigung: konstante/ sinkende Flächennachfrage
	kleinvolumige Teile	Stockwerkfertigung möglich	reduzierte Flächennachfrage durch Stockwerkfertigung
Arbeitsorganisation	Schichtbetrieb	keine	global sinkende Flächennachfrage durch Dreischichtbetrieb (höhere Nutzungsintensität, aber Wachstum der Bereitstellungsflächen)
Tertiärisierung	Zunahme qualifizierter Arbeitskräfte	Zunahme der Büroflächen, Laborflächen etc./Umnutzung von Fabriken für Büros	steigende Anforderungen an Fabrikumwelt erhöhen Flächennachfrage ("Industriepark")
Markt	Expansion	keine	Erhöhung der Flächennachfrage (unterproportional im Vergleich zur Umsatzsteigerung)
	Schrumpfung		Reduzierung/Konstanz der Flächennachfrage
Grundstückspreis	hoch	begünstigt Stockwerkbau	Intensivierung der Flächennutzung ermöglicht eine Abschwächung der Nachfrage
	niedrig	begünstigt Flachbau	extensive Nutzung erhöht Flächennachfrage
Umweltanforderungen	Lärm, Entsorgung	bauliche Anforderungen; Schallschutz; Installation von Entsorgungsanlagen etc.	Entsorgungssysteme, Kapselung von Maschinen etc. erhöhen Flächennachfrage

Quelle: Eigene Zusammenstellung.

177

Flächennachfrage in der Lagerhaltung

Es gibt Bestrebungen von Unternehmen, mit Hilfe neuer logistischer Systeme und unter Einsatz der Informationstechnologie und von Lagerautomatisierungstechniken die Lager besser zu kontrollieren und die Lagerhaltung insgesamt zu reduzieren. Dabei steht vor allem das Ziel, die Kapitalbindung zu reduzieren, im Vordergrund. Hieraus ergibt sich auch zwangsläufig eine Flächenveränderung für die Lagerfunktionen.

Die Befragungsergebnisse, in denen sich diese Entwicklung bezüglich Flächenbedarf und Anzahl der Lager niederschlägt, zeigen, daß knapp zwei Drittel aller antwortenden Unternehmen einen Rückgang des Flächenverbrauchs für Lagerhaltung erwarten. Gleichzeitig erwartet rund die Hälfte der befragten Betriebe einen Rückgang der Lagerzahl. Allerdings muß man bei den Veränderungstendenzen der Flächennachfrage mehrere Typen der Lagerhaltung unterscheiden, weil für sie grundverschiedene Bedingungen gelten:

- produktionsorientierte Lagerhaltung (also die Lagerhaltung von Vor- und Zwischenprodukten, Ersatzteilen, Werkzeugen etc.),
- Lagerung der eigenen Endprodukte (Fertigwarenlager) sowie
- Lagerhaltung in Handel und Verkehrsgewerbe (also die Lagerung im Bereich der Distribution bei Spediteuren und Handelshäusern).

Die für diese drei Bereiche sich abzeichnenden Entwicklungstendenzen und ihre Wirkungen sind in Übersicht 2 zusammengefaßt.

Insgesamt läßt sich feststellen, daß der Flächenverbrauch für Lagerhaltungsfunktionen rückläufig ist. Da aber eine räumliche Umverteilung erfolgt - Konzentration bestimmter Lagerhaltungsfunktionen auf wenige Verdichtungsräume und Aufgabe peripherer Standorte -, fallen Angebot und Nachfrage von Lagerhaltungsflächen (groß)räumig auseinander. Dieser Umstand trägt dazu bei, die Siedlungsflächeninanspruchnahme trotz der rückläufigen Lagerhaltung zu erhöhen.

Anforderungen an den Fabrikbau

Die Tatsache, daß Fabrikbauten immer mehr zum Betriebsmittel werden, hat zum Begriff der "Wegwerffabrik" geführt, der zwar sicher übertrieben ist, wohl aber die Richtung der Entwicklung andeutet. Die Fabrik wird immer stärker zur bloßen Hülle für die teuren Produktionstechniken, die allein die Anforderungen bestimmen. Da neue Techniken in alten Gebäuden wegen der dort angelegten Zersplitterung der Funktionen, der Kleinteiligkeit der Gebäudeanordnung und

Übersicht 2: Veränderungstendenzen in der Lagerhaltung

Lagerhaltungstyp	Entwicklungstendenzen	Zentralisierung/ Dezentralisierung	bauliche Auswirkung	Flächenwirkung	Sonstiges
produktions- orientierte Lagerhaltung	gegenläufige Entwicklung: - Reduzierung der Bestände: schnellerer Durchlauf - Erhöhung der Bestände: zunehmende Teilvielfalt - Maximum der Lagerhaltung überschritten	Dezentralisierungs- konzepte: Integration der Fertigungslager in den Fertigungsfluß	sowohl Hochre- gallager als auch flache Lager	leicht sinkender Flächenbedarf	häufig Umvertei- lung auf dem Firmengelände; Überwälzung von Lagerhaltung auf Zulieferer
	in einigen Bereichen Hoch- regallagertechnik überholt	intelligente dezen- trale Zwischen- lösungen		Umverteilung der Flächennutzung	Substitution von Lagerhaltung durch Rüsttechnik
Lagerhaltung von Endprodukten bei Produzenten	rückläufige Bestände, sin- kende Durchlaufzeiten	Zentralisierung	teilweise Hoch- regallager	sinkender Flächen- bedarf	
	Joint Ventures mehrerer Fir- men der gleichen Branche	Zentralisierung 2	teilweise Hoch- regallager	sinkender Flächen- bedarf	
Lagerhaltung in Handel und Verkehrsgewerbe	neue Arbeitsteilung zwischen Produzenten und Spediteuren; Spediteure übernehmen zu- sätzliche Aufgaben	Zentralisierung	teilweise Hoch- regallager (jedoch Aus- nahme)	sinkender Flächen- bedarf, aber deut- liche Umverteilung zwischen Branchen und Räumen	
	Reduzierung der Regional- lager beim Handel	Zentralisierung	teilweise Hoch- regallager	sinkender Flächen- bedarf, aber räum- liche Umverteilung	

Quelle: Eigene Zusammenstellung.

deren Starrheit fast immer zur "halben Sache" werden, ist Neubau häufig unumgänglich.

Auch die Kosten für den Fabrikbau verlieren gegenüber den Kosten der Installationen und Fertigungseinrichtungen an Gewicht. 20 % und weniger machen die Bauinvestitionen an den gesamten Investitionen nur noch aus; sie sind längst nicht mehr ausschlaggebend.

Die Anforderungen an den (zukünftigen) Fabrikbau können relativ leicht umschrieben werden, wobei man nach allgemeinen Eigenschaften und nach technischen Merkmalen unterscheiden kann.

Folgende Eigenschaften müssen moderne Fabrikbauten erfüllen:

- Flexibilität. Die Gebäudehülle, die Struktur muß leicht auf neue Produktionsmethoden, Produkt- und Organisationssysteme umzurüsten sein. Im Extremfall muß relativ störungsfreier Aus- oder Abbau möglich sein.

- Materialflußgerechte Gebäudestruktur. Daraus resultiert ein Trend zum Flachbau mit ebenerdigen automatisch verketteten Produktionsabläufen, wobei die Ablaufplanung das Layout der Fabrik bestimmt.

- Multifunktionalität. Die Gebäudestruktur muß den Einbau unterschiedlicher produktionsnaher Unternehmensfunktionen ermöglichen.

Zur Gewährleistung dieser Eigenschaften muß eine Reihe von technischen Merkmalen und Anforderungen erfüllt sein:

- Große Spannweiten. Die oben genannten Anforderungen lassen sich nur erfüllen, wenn große Spannweiten möglich sind: Stützenraster von 12 m werden heute als Minimum angesehen, häufiger werden 14 m oder gar 24 m gefordert.

- Tragfähigkeit. Die Gewichte flexibler Fertigungssysteme und sonstiger technischer Installationen nehmen deutlich zu. Früher übliche Deckentragfähigkeiten von bis zu 1 t/qm reichen bei weitem nicht mehr aus. Tragfähigkeiten bis zu 3 t/qm werden üblich.

- Ver- und Entsorgung. Eine differenzierte Gebäude-Infrastruktur, die Klimatisierung und für High-Tech-Produktionen Staubfreiheit, Erschütterungsfreiheit und die Versorgung mit (Reinst-)Wasser, Gasen etc. garantiert, gewinnt zunehmend an Bedeutung.

Die Leistungsfähigkeit der Gebäude sowie der Ver- und Entsorgungssysteme kann dabei nur gesichert werden, wenn sie auch steigenden Anforderungen gerecht werden. D.h., es werden auch Kapazitätsreserven benötigt. Je nach Produktionstyp und Branche können neue Gebäudeformen entstehen, die mit traditionellen Fertigungsstätten nicht mehr viel gemein haben. Dadurch wird auch die Planungsaufgabe komplexer, sie wird der im Anlagenbau immer ähnlicher.

Die schneller werdenden Produktlebenszyklen erfordern schnelle Reaktionen der Betriebe. Zwischen der Entscheidung zur Produktion und dem Anlauf der Produktion muß kurzfristig eine Realisierung der Projekte gewährleistet sein. Langsamkeit von Planungen, Plangenehmigungsverfahren etc. erweisen sich unter solchen Bedingungen als Wettbewerbsnachteil.

Aus der Darstellung der Anforderungen an den Fabrikbau ergibt sich unmittelbar, daß für den Einsatz moderner Produktionstechniken es in alten Gebäuden oft schwere Hemmnisse gibt, weil der Einsatz neuer Techniken an Bedingungen geknüpft ist, die ältere Gebäude häufig nicht erfüllen.

Typische Probleme, die bei der Umrüstung alter Fabrikbauten für den Einsatz neuer Produktionstechniken auftreten, sind:

- Die Deckenhöhen sind zu niedrig, eine nachträgliche Erhöhung ist extrem kostspielig. Die Stützenraster sind zu eng; Sondermaschinenbau ist oft erforderlich, sollen die alten Gebäude dennoch wieder genutzt werden. Die Deckentragfähigkeit ist unzureichend für die heute schwereren Maschinen; eine Erhöhung der Deckentragfähigkeit erweist sich in der Regel als unwirtschaftlich.

- Neue Produktionsmethoden sind in hohem Maße auf Peripherietechnik angewiesen, Ver- und Entsorgungseinrichtungen unterschiedlichster Art (Kühlmittel, Späbeseitigung, Datenleistungen, automatische Verkettungseinrichtungen, Zufuhreinrichtungen etc.). Der Einbau von Peripherietechnik erweist sich bei zahlreichen alten Gebäuden als unmöglich.

- Die früher übliche Etagenfertigung wird heute immer mehr durch materialflußorientierte flache Fertigung verdrängt, die in alten Gebäuden wegen der bereits genannten Schwierigkeiten nicht möglich ist.

- Hochtechnologieproduktion, wie beispielsweise Chipproduktion, stellt so hohe Anforderungen, daß die Gebäude ausschließlich daraufhin konzipiert werden müssen. Eine Umnutzung alter Gebäude ist nicht möglich.

- Der Energieverbrauch in alten Produktionsstätten ist häufig sehr ungünstig, weil Wärmedämmung fehlt und über die früher im Industriebau üblichen Shed-Dächer viel Energie verloren geht, so daß allein Energieeinsparungsgründe oft für einen Neubau sprechen.

Die genannten Probleme sollten nicht darüber hinwegtäuschen, daß es natürlich auch eine Vielzahl von Fällen gibt, in denen alte Bausubstanz wiedergenutzt werden kann, insbesondere dann, wenn die Umstellungen in der Produktionstechnik nicht sonderlich gravierend sind. Darüber hinaus wird in der Tendenz ein Unterschied zwischen Betriebsgrößen sichtbar: Kleinere und mittlere Betriebe bauen sehr viel seltener neu, geben sich mit suboptimalem Materialfluß eher zufrieden als Großbetriebe, weil ihnen die Investitionskraft zum Neubau fehlt, und sie alle Investitionen in die Verbesserung der Produktionsanlagen stecken. In vielen Unternehmen werden allerdings auch ehemalige Stockwerksbauten für andere Zwecke wie Büros, Labors, Versuchswerkstätten, Prototypenentwicklung u.ä. umgenutzt und so der zunehmende Flächenbedarf der tertiären Funktionen befriedigt, während für die eigentliche Produktion und Fertigung neu gebaut wird.

Fazit

1. Die Hoffnung, daß neue Technologien in der Produktion einen Rückgang des Flächenverbrauchs ermöglichen, erweist sich als trügerisch. Durch zusätzlichen Flächenverbrauch für Peripherie, aus logistischen Gründen und durch den Rückzug aus dem "Stockwerk" ist auch für die Zukunft mit wachsender Flächennachfrage von Produktionsunternehmen zu rechnen.

2. Tertiärisierung der Tätigkeiten in Produktionsunternehmen, steigende Anforderungen an den Umweltschutz und steigende Ansprüche an die Fabrikumwelt bewirken eine immer geringere Ausnutzung von gewerblichen Grundstücken. Baurechte werden immer seltener ausgeschöpft. Ein Trend zu "Industrieparkansprüchen" ist erkennbar.

3. Branchenspezifisch bestehen große Unterschiede in der zu erwartenden Flächennachfrage. Hoher Automatisierungsgrad und hohes Technologieniveau (z.B. Chipproduktion) wirken im Hinblick auf die Fläche extrem verbrauchssteigernd.

4. Wachsende Anforderungen an die Flexibilität der Produktion bedingt höhere Reserveflächenhaltung: Im äußersten Fall muß eine neue Produktion parallel zur laufenden aufgebaut werden können. Die Folge ist steigende Flächennachfrage.

5. Die Lagerhaltung, die Lagerhaltungsflächen und die Lagerzahl nehmen global ab. Während bei der Industrie eine Dezentralisierung, vor allem eine Integration der Lager in den Fertigungsfluß, feststellbar ist, findet im Verkehrswesen eine starke Konzentration der Lagerhaltung auf wenige Verdichtungsräume statt. Bei global sinkenden Lagerflächen kommt es zu einer räum-

lichen Umverteilung mit zunehmender Nachfrage in einigen zentralen Verdichtungsräumen (u.a. Frankfurt, Köln, Stuttgart, München) und zu Flächenleerständen in peripheren Gebieten.

6. Obwohl die Brachflächen noch weiter wachsen, wird immer noch in hohem Maße "grüne Wiese" im Umland der Städte gewerblich genutzt. Dazu tragen die Schwierigkeiten der Wiedernutzung alter Flächen bei.

7. Die Anforderungen an den Industriebau haben sich grundlegend gewandelt, und zwar vor allem in den Betrieben, in denen neue Produktionstechniken und Verkettungssysteme in großem Umfang eingesetzt werden.

8. Heute wird der Fabrikbau immer stärker zum Betriebsmittel, zur bloßen Hülle für die teuren Fertigungseinrichtungen. Planungs- und Investitionskalkül nähern sich dem im Anlagenbau immer mehr an.

9. Der moderne Industriebau muß, um auch künftigen und rasch wechselnden Anforderungen gerecht zu werden, flexibel sein, eine materialflußgerechte Gebäudestruktur aufweisen und es erlauben, unterschiedliche produktionsnahe Unternehmensfunktionen in derselben Halle anzubringen.

10. Als technische Voraussetzungen müssen große Spannweiten/Stützenraster, hohe Deckentragfähigkeit und ausreichend dimensionierte Ver- und Entsorgungssysteme gegeben sein.

11. Da alte Gebäude die für neue Produktionsmethoden erforderlichen Eigenschaften und technischen Merkmale häufig nicht erfüllen, erweist sich ihre Wiedernutzung für Produktionszwecke häufig als schwierig oder unmöglich.

12. Der Stockwerkbau im traditionellen Sinne wird in einigen Bereichen (wie z.B. der Chipproduktion oder der Endmontage im Automobilbau) verschwinden oder einen anderen Inhalt gewinnen: Die Fertigungsfläche verliert gegenüber der im "Stockwerk" untergebrachten Ver- und Entsorgungstechnik (Peripherieflächen) quantitativ an Bedeutung.

WIRKUNGEN DER PRODUKTIONSTECHNISCHEN ENTWICKLUNG AUF DEN QUALIFIKATIONSBEDARF

Statement

von
Manfred Lahner, Nürnberg

1. Technikeinsatz und Qualifikation stehen zueinander in einer Wechselwirkung.

Technik ist nur bedingt Ergebnis vorhandener Qualifikationsstrukturen, und andererseits ist Qualifikation nicht linear aus vorhandener Technik ableitbar.

2. Beim Einsatz moderner Produktionstechnik zeigt sich - gegenüber traditioneller Technik - eine hohe Anwendungsflexibilität.

Die erforderliche Qualifikation der Arbeitskräfte läßt sich aus Technik alleine immer weniger ableiten, sondern ist mehr das Ergebnis von Technik und Arbeitsorganisation.

3. Diese hängt ab, u.a. von

- allgemeinen gesellschaftlichen Rahmenvorstellungen
- von betrieblichen Traditionen und Organisationsformen
- von bereits vorhandenen Qualifikationsstrukturen
- von Akzeptanz der Betroffenen.

4. In Bereichen, in denen Arbeit wenig geplant werden kann, bestimmen Qualifikationsstrukturen Technik und Organisation stärker, als dort, wo Aufgaben, Lösungsweg und Ergebnis streng definiert sind.

Dies ist z.B. in den Bereichen Wartung, Instandsetzung, Service und Inbetriebnahme der Fall, die in der modernen Fertigungstechnik mehr Gewicht gewinnen, da fast alle anderen Tätigkeiten automatisiert werden können.

5. Der Übergang von Hardware zu Software verschiebt die Anforderungen aus dem Bereich manueller Fähigkeiten mehr in Richtung abstrakter Denkfähigkeit.

6. Der per Definition höheren Qualifikation "abstrakte Denkfähigkeit" stehen aber deutliche Dequalifizierungsprozesse gegenüber. Sie treten dort auf, wo durch Software flexibilisierte Technik Arbeitsaufgaben übernimmt.

7. Wegen der sich oft wandelnden Technik treten die mehr instrumentellen Anforderungen in den Hintergrund.

Mehr Bedeutung gewinnen hingegen Qualifikationen - neben den bereits genannten - wie

- Flexibilität
- Lernfähigkeit
- Kreativität
- Problem lösungsorientiertes Verhalten und
- Berufserfahrung als Basis für nicht formalisierbares Wissen und Fertigkeiten.

8. Die moderne flexible Produktionstechnik scheint sich derzeit auf relativ wenige Standorte zu konzentrieren.

9. Modernste Qualifikationsanforderungen entstehen an Pilotanlagen der Produktionstechnik, meist in kapitalkräftigen Großbetrieben.

10. In diesen Unternehmen werden direkt, oder durch Schulungsinstitutionen in unmittelbarer Nähe, die zukunftsorientierten Qualifikationen vermittelt.

11. Im Zusammenhang mit den sich bildenden Bildungsinstitutionen können sich regionale Zentren mit hohen Anteilen qualifizierter Arbeitskräfte bilden.

12. Insbesondere in Verbindung mit der Ansiedlung von Zulieferbetrieben für Großabnehmer (z.B. Automobilindustrie) wird sich wegen der Anbindung der Zulieferer an Großabnehmer über Kommunikationsnetze und Standards und wegen der meist engen räumlichen Anbindung die Zusammenballung von Qualifikation regional verstärken.

13. Qualifikationen für moderne Produktionstechniken werden dann nicht mehr breit und großräumig über das duale Bildungssystem vermittelt, sondern sie bleiben einem regional ausgewählten Kreis von Arbeitnehmern vorbehalten.

14. Die Ansiedlung von hochtechnisierten Betrieben in anderen Regionen wird dann wegen mangelnder Qualifikation der Arbeitskräfte möglicherweise unterbleiben.

15. Aus der Ansiedlung fortschrittlicher Qualifikationen fast ausschließlich in größeren Unternehmen kann sich eine Umkehrung der Qualifikationsströme von der Industrie ins Handwerk, in den Bereich kleiner Servicebetriebe, ergeben. In der Vergangenheit war das Handwerk mehr Qualifikationszulieferer für den Großbetrieb.

16. Der Weg in die Selbständigkeit, der früher eher vom handwerklich kleinbe-
trieblichen Bereich ausging, wird, wenn moderne Produktionstechnik und ihr
Umfeld die Basis bilden, vom Großbetrieb aus beschritten werden.

17. Der Qualifikationstransfer ins Handwerk und die Selbständigkeit sind eine
Möglichkeit zur Dezentralisierung der neuen Qualifikationsanforderungen.

Wirkungen der Produktionstechnik auf die räumliche Entwicklung

Sektorale Aspekte

Statement

von
Lothar Scholz, Nürnberg

1. Die von Prof. H.J. Warnecke skizzierten Entwicklungstendenzen der Produktionstechnik fassen die aus heutiger Sicht sich abzeichnenden Technologiepotentiale für das verarbeitende Gewerbe zusammen. Im Mittelpunkt der Analyse stehen die Veränderungen der industriellen Produktion, vor allem im Bereich der Fertigungstechnik. Die einzelnen technischen Entwicklungslinien erscheinen für sich allein genommen folgerichtig und konsequent. Aus technischer Sicht handelt es sich dabei nicht um grundlegend neue Problemstellungen - auch wenn es sich im Einzelfall um technische Lösungen handelt, die dem technischen Laien als "technologische Revolution" erscheinen.

2. Den Ausgangspunkt der Analyse im Bereich der Industrie anzusetzen ist ebenfalls folgerichtig und konsequent. Die Industrie ist einerseits Produzent, andererseits auch Anwender technisch fortschrittlicher Lösungen. In einer hochindustrialisierten Wirtschaft wie der Bundesrepublik Deutschland, die aus der Arbeitsteilung in der Weltwirtschaft bedeutsame wirtschaftliche Vorteile zieht, stellt eine wettbewerbsfähige und technologisch fortschrittliche Industrie die Grundlage für die Zukunftsentwicklung dar. Für die Bundesrepublik sind weder Rohstoffe noch reine Dienstleistungen eine tragfähige Basis für die Weiterentwicklung der internationalen Arbeitsteilung - es sind vielmehr moderne Industrieerzeugnisse, die diese Grundlagen schaffen. Die von Prof. H.J. Warnecke konstatierte "explosionsartige Erhöhung der Produkt- und Teilevielfalt" resultiert darum sowohl aus den nationalen als auch internationalen Spezialisierungs- und Flexibilisierungserfordernissen in der deutschen Industrie.

3. Aus wirtschaftlicher Sicht waren Preis-/Leistungssteigerungen in den Bereichen Meß- und Regeltechnik, Datentechnik sowie Informations- und Kommunikationstechnik schon immer wesentliche Ausgangsvoraussetzungen für die Substitution menschlicher Arbeitsleistung durch technische Lösungen. Insofern stellen die von der Mikroelektronik und ihren Anwendungsgebieten ausgelösten technischen und wirtschaftlichen Effekte kein Novum dar - die wirtschaftlichen und

sozialen Folgen der Automatisierung sind schon in den fünfziger Jahren und
dann im Turnus von etwa zehn Jahren immer wieder thematisiert worden. Darum
stellt sich die Frage, ob es wirklich neue Aspekte in der gegenwärtig laufenden Diskussionsrunde gibt. Die Flexibilisierung der Produktion auf höherem
Stand der Technik durch Ausschöpfung der Automatisierungsspielräume, die die
Fortschritte in der Mikroelektronik und Sensortechnik eröffnen, ist ein erster
Ansatzpunkt für diese Diskussion.

4. Gestützt auf die Erhebungsergebnisse des Ifo-Innovationstestes, der seit
1979 jährlich durchgeführt wird, läßt sich allgemein feststellen:

- Produktinnovationen werden von über 80 % der Industrieunternehmen mit dem
  Ziel vorgenommen, die angebotene Produktpalette auszuweiten. Die Resultie-
  rende dieses Innovationsziels ist somit eine Steigerung der Produkt- und
  Teilevielfalt.
- Prozeßinnovationen werden von fast 80 % der Industrieunternehmen in erster
  Linie durchgeführt, um die Flexibilität der Produktion zu steigern.

Das sind Erhebungsergebnisse, die sich immerhin auf ein Panel von 1400 bis
1500 Industrieunternehmen beziehen.

Eine zentrale These von Prof. H.J. Warnecke können wir somit mit unseren
empirischen Daten voll stützen:

Bereits heute müssen die Produkt- und Prozeßinnovationen in der Industrie
in hohem Maße Flexibilitätserfordernissen des Marktes entsprechen. Heute
verfolgte Innovationsziele signalisieren zugleich einen mittelfristigen
Entwicklungstrend. Leider sind wir jedoch nicht in der Lage, die These zu
überprüfen, ob es sich dabei um eine "explosionsartige" Entwicklung handelt.

5. Im Jahr 1985 meldeten über 70 % der Testteilnehmer, daß sich die
Prozeßinnovationen in der Produktion auf den Technologie-Schwerpunkt "Automatisierung" bezogen. Die mittelfristig geplanten Prozeßinnovationen werden sich
bei fast drei Viertel der Industriebetriebe auf diesen Technologie-Schwerpunkt
konzentrieren. Flexibilisierung und Automatisierung sind somit zwei Anforderungen an die Innovationsaktivitäten, die sich nicht mehr ausschließen, sondern komplementär gelöst werden müssen. Branchen, in denen unter diesem Blickwinkel überdurchschnittliche Innovationsanforderungen zu lösen sind, sind vor
allem:

- Maschinenbau und Elektrotechnik als Hersteller und Anwender von Investitionsgütern, die diesen Anforderungen genügen müssen
- Büromaschinen und Datenverarbeitung

190

- Straßenfahrzeugbau
- Feinmechanik, Optik.

Aber auch Branchen, die häufig nicht im Mittelpunkt der Diskussion stehen, verzeichnen diese Merkmale, z.B.:

- Industrie der Steine und Erden
- Holzbe- und -verarbeitung
- Feinkeramik
- Textilindustrie und
- Kunststofferzeugnisse.

6. Wohlgemerkt, das sind Branchen, die, ausgehend vom heute bestehenden Stand der Produkt- und Produktionstechnik, Flexibilisierung und Automatisierung miteinander in Einklang bringen wollen. Bildet man die Schnittmenge der Unternehmen, in denen nach dem heutigen Stand der Technik bereits Innovationen realisiert werden, die diesen Anforderungen genügen, dann müssen Abstriche vorgenommen werden. Immerhin verfügen aber über 50 % der Teilnehmer am Ifo-Innovationstest über diese Innovationspotentiale - vor allem Großunternehmen mit über 1000 Beschäftigten in den Branchen Straßenfahrzeugbau und Elektrotechnik.

7. Die Analyse der mittelfristig geplanten Innovationsprojekte deutet darauf hin, daß sich dieses Innovationspotential in den folgenden Branchen ausweiten wird:

- Maschinenbau
- Feinmechnanik, Optik
- Textilindustrie und
- Holzverarbeitung.

Offenbar aufgrund des bereits realisierten hohen Standes der Technik im Straßenfahrzeugbau und der Elektrotechnik lassen sich z.Z. keine Verstärkungstendenzen unter diesem Blickwinkel in diesen Branchen erkennen.

8. Flexibilisierung und Automatisierung können auf die Raumstruktur dann Folgewirkungen auslösen, wenn die damit verbundenen Innovationschancen auch von kleinen und mittleren Unternehmen wahrgenommen werden. Während gegenwärtig etwa 60 % der Großunternehmen diese Potentiale ausschöpfen, sind es bei den kleinen und mittleren Betrieben nur etwa 30 %. Vermutlich handelt es sich dabei vor allem um solche Unternehmen, die als Vorlieferanten von der Sogwirkung der Innovationsaktivitäten der Großunternehmen voll erfaßt werden.

9. Automatisierung und Informatisierung sind häufig die Kehrseiten einer Medaille, d.h., nicht nur innerbetrieblich, sondern in der arbeitsteiligen Produktion auch überbetrieblich bedarf es der Reorganisation des Informationsflusses, für die die modernen Informations- und Kommunikationstechniken eine wesentliche Grundlage darstellen. Raumbedeutsam ist somit, daß eine entsprechende Netzinfrastruktur vorhanden ist. Über 40 % der Teilnehmer am Ifo-Innovationstest verfolgen mittelfristig eine Innovationsstrategie, die den Flexibilitätserfordernissen in der Produktion sowohl durch Automatisierung als auch durch Innovationen im Bereich der Kommunikationstechnik Rechnung tragen will. Überbetriebliche CAD/CAM-Lösungen setzen das voraus. Innovations-Schwerpunkte, die diese technischen Perspektiven aufweisen, werden nach unseren Erhebungsergebnissen vor allem im Straßenfahrzeugbau und in der elektrotechnischen Industrie gesetzt.

10. Ein raumbedeutsamer Faktor, der trotz der breit angelegten technischen Perspektiven nicht unterschätzt werden darf, ist die Verfügbarkeit von Humankapital, das ein entsprechendes Qualifikationspotential aufweist. Über 40 % der Teilnehmer am Ifo-Innovationstest sahen 1985 darin ein erhebliches Innovationshemmnis - und zwar sowohl mittlere als auch große Unternehmen. Personalprobleme infolge von Beschaffungsschwierigkeiten geeigneter Mitarbeiter wurden vor allem für den Bereich Forschung und Entwicklung gemeldet. Wenn es nicht gelingt, zum richtigen Zeitpunkt am richtigen Ort Arbeitskräfte mit der Qualifikation zur Verfügung zu haben, die zur Erschließung und Ausschöpfung der Innovationspotentiale benötigt werden, die als technische Entwicklungsperspektiven heute bereits erkennbar sind, dann wird sich der technische Wandel auf breiterer Ebene nicht so schnell vollziehen, wie das die Überlegungen von Herrn Prof. J.H. Warnecke unterstellen. Darum müssen die Wirkungen der Produktionstechnik auf die räumliche Entwicklung auch unter dem Aspekt einer realistischen Diffusionsgeschwindigkeit der neuen Technologien erörtert werden.

ZUSAMMENFASSUNG DER BERATUNGSERGEBNISSE

von
Harald Spehl, Trier

Diese Arbeitsgruppe hatte den Vorteil, daß sie mit ihrer Diskussion auf den Plenumsreferaten der Herren Warnecke und Treuner vom Vormittag aufbauen konnte. Beide kamen im wesentlichen zu dem Ergebnis, daß die Entwicklungen der Produktionstechnik hinsichtlich ihrer räumlichen Wirkungen wahrscheinlich ambivalent sind, daß die Produktionstechnik selbst also keine räumlichen Strukturen determiniert. Als zusätzliche Grundlage für die Diskussion dienten drei einführende Stellungnahmen, darauf aufbauend wurde in einem ersten Abschnitt über Einzelaspekte, nämlich Flächenbedarf und Standortfaktoren diskutiert, wobei Qualifikation und Zulieferproblematik eine besondere Bedeutung hatten. In einem zweiten Abschnitt wurden dann allgemeinere Fragen diskutiert: Wer profitiert von der technischen Entwicklung im Raum? Wer sind die Verlierer? Welcher Handlungsbedarf und welche Handlungsmöglichkeiten zeichnen sich ab? Mein Bericht folgt diesem Ablauf in unserer Arbeitsgruppe.

Herr Henckel konzentrierte sich in seiner einführenden Stellungnahme ganz auf den Flächenaspekt. Seine These war, daß die technische Entwicklung tendenziell zu einer wachsenden Flächennachfrage führt und daß der oft vermutete oder erhoffte positive Beitrag der technischen Entwicklung zur Verringerung der Konflikte bei räumlichem Nebeneinander von Wohnungen und Arbeitsstätten nur in Ausnahmefällen wirklich gegeben ist. Diese klare Position und die dafür angeführten Argumente haben natürlich eine entsprechend rege Diskussion ausgelöst.

Herr Lahner stellte heraus, daß der Qualifikation der menschlichen Arbeit bei der Entwicklung der Produktionstechnik eine Bedeutung zukommt. Er vertrat die These, daß es vielleicht eine Umkehr des Qualifikationstransfers gibt. Während bisher vor allem die kleinen und mittleren Betriebe, insbesondere die Handwerksbetriebe junge Menschen, auch über den eigenen Bedarf hinaus, ausgebildet haben und die so Ausgebildeten oft in Großbetrieben und in der Industrie einen Arbeitsplatz gefunden haben, könnten in Zukunft vielleicht eher die Großbetriebe Arbeitskräfte an die kleinen und mittleren Unternehmen abgeben. Auch die Entwicklung, die man schon vielfach sehen kann, daß sich Mitarbeiter von Forschungsstellen und anderen Betriebsabteilungen mit Einverständnis der Großbetriebe selbständig machen, diesen aber eng verbunden bleiben, könnte an Bedeutung gewinnen. Weiter wurde darauf verwiesen, daß die immer häufiger von der Wirtschaft beklagten Qualifikationsengpässe zu einem erheblichen Teil

selbst produziert sind, weil die Wirtschaft sowohl in bezug auf die erforderlichen Qualifikationen als auch insbesondere im Hinblick auf die Qualifikation
von Frauen nicht das produziert, was sie hinterher selbst zu haben wünscht.

Herr Scholz erläuterte die sektorspezifischen Muster im Innovationsprozeß und
nannte insbesondere diejenigen Branchen, die durch die technische Entwicklung
begünstigt werden. Er vertrat die These, daß bereits heute der größte Teil der
Produkt- und Prozeßinnovationen mit dem Ziel durchgeführt wird, die Flexibilität zu erhöhen und daß sich dieser Trend in Zukunft fortsetzen wird. Weiter
wies er darauf hin, daß ein Problem der technischen Entwicklung darin besteht,
daß der Ausbau der betrieblichen Infrastrukturen mit dem der Netzinfrastruktu-
ren Schritt halten müsse, daß ein solcher Gleichschritt jedoch gar nicht ohne
weiteres möglich ist und technisch mögliche Entwicklungen daher langsamer
realisiert werden als manche glauben. Einen kritischen Faktor bilden hier
insbesondere die qualifizierten Arbeitskräfte, und so sah auch Herr Scholz in
ihrer Verfügbarkeit eine entscheidende Determinante für die Diffusionsgeschwindigkeit der technischen Entwicklung im Raum.

Im ersten Abschnitt der Diskussion rief naturgemäß die These von Herrn Henckel
Widerspruch hervor. Es wurde dargelegt, daß es auch gegenläufige Tendenzen
gibt, daß die technische Entwicklung also nicht notwendigerweise zu einer
Vergrößerung der Flächenansprüche führen müsse und daß es widersprüchliche
Ergebnisse aus verschiedenen Untersuchungen gebe. Einigkeit bestand aber darüber, daß Raumordnung, Landesplanung und Regionalpolitik versuchen müssen, die
Entwicklung zu beeinflussen, wenn man ein weiteres Anwachsen des Flächenbedarfs und der Produktionsflächenausdehnung nicht einfach hinnehmen will. Es
wurde die These vertreten, daß im Bereich der Wiedernutzung von Flächen eine
besondere politische Aufgabe liege. Eine Reduktion zusätzlicher Flächenanfor-
derungen sei aber nur möglich, wenn es gelinge, eine Übernahme der Risiken auf
alten Flächen zu regeln. Solange der Käufer das volle Risiko einer solchen
Übernahme zu tragen hat, wird er die Produktion auf einer bisher nicht genutzten, unbelasteten Fläche vorziehen.

Eine längere Debatte gab es über Veränderungen der Standortfaktoren durch die
technische Entwicklung. Es herrschte Einigkeit, daß die Arbeitsmarktaspekte
eine wichtige Rolle spielen und daß die qualifizierte Arbeitskraft als Standortfaktor weiter an Bedeutung gewinnen wird. Es wurde darauf hingewiesen, daß
die sogenannten weichen Standortfaktoren, z.B. das Image von Städten, der
Freizeitwert und der Wohnwert für Standortentscheidungen immer wichtiger werden. Kritisch wurde auch angemerkt, daß diese Entwicklung gar nicht so neu
sei. Ein Teilnehmer wies darauf hin, daß wir beim Thema Qualifikation nicht
immer nur an die abhängig Beschäftigten denken sollen, sondern daß wir auch
nach der Qualifikation der Unternehmer, die vielleicht räumlich unterschiedlich verteilt ist und dann eher zugunsten der Verdichtungsräume wirken könnte,

fragen sollten. Es gab auch Unterstützung für die These, daß die Unternehmen dazu neigen, Engpässe bei den qualifizierten Arbeitskräften zu reklamieren, diese aber eigentlich selbst produzieren. Auch die Zuliefererproblematik wurde behandelt. Es wurde vermutet, daß die Entwicklungen in der Produktionstechnik zu einer Zunahme von Abhängigkeiten im Raum führen. Ist der kleine Betrieb, der im ländlichen Raum "selbständig" produziert, durch die Einbindung in den Lieferverbund mit einem Großunternehmen nicht ebenso abhängig wie ein Zweigbetrieb, jedenfalls abhängiger als er früher war? Es wurde dagegen gehalten, daß die Zunahme von Lieferabhängigkeiten eine mögliche Tendenz darstellt, daß aber gerade in der Automobilbranche, in der diese Abhängigkeiten besonders ausgeprägt sind, inzwischen von den Großunternehmen gesehen wird, daß man die abhängigen Zulieferer wohl pflegen muß. Wenn sie zu sehr unter Druck gesetzt werden, leidet die eigene Produktionssicherheit, -qualität und die Effizienz der Großunternehmen.

Den Rest der verfügbaren Diskussionszeit nützte die Arbeitsgruppe dazu, die beiden großen Fragen zu behandeln: Wer profitiert, wer verliert im Raum? Bestehen Handlungsbedarf und Handlungsmöglichkeiten für Raumordnung, Landesplanung und Regionalpolitik?

Es war abzusehen, daß man bei zwei so schwerwiegenden Fragestellungen am Ende der Diskussion kein wohl abgewogenes Ergebnis vorführen kann. Ich gebe also einen Überblick über die Meinungsvielfalt:

- Die technischen Entwicklungen bieten Gestaltungsmöglichkeiten. Sie werden aber vor allen Dingen den Verdichtungsräumen zugute kommen.

- Wenn man die technischen Entwicklungen und die Spekulationen, Vermutungen und Hypothesen über ihre räumlichen Wirkungen Revue passieren läßt, muß man zu dem Ergebnis kommen, daß sich an den Raumstrukturen voraussichtlich nicht viel verändern wird. Die Beharrungskräfte sind stark und dramatische Umwälzungen eigentlich nicht zu erwarten.

- Es ist die Frage, was man eine dramatische Entwicklung nennen will. Es gibt recht massive Veränderungen der räumlichen Strukturen, z.B. dadurch, daß in Mehrbetriebsunternehmen an unterschiedlichen Standorten Produktion und Beschäftigung herauf- bzw. heruntergefahren werden, daß selektive Prozesse im Raum statfinden, insbesondere durch räumlich unterschiedliche Gründungsraten von Unternehmen, daß die Bedeutung der weichen Standortfaktoren für Unternehmensentscheidungen immer größer wird.

- Wissenschaftler, Planer und Politiker sollten aufpassen, daß sie sich nicht in falscher Sicherheit wiegen. Gerade wenn man sich die Erwerbsstrukturen in ihrer räumlichen Verteilung ansieht, gibt es ein schon dramatisch zu nennendes Nord-Süd-Gefälle. Die südlichen Regionen der Bundesrepublik Deutschland weisen wesentlich günstigere Qualifikationsstrukturen der Erwerbsbevölkerung auf, und dieses Gefälle verschärft sich sowohl durch räumliche Ausbildungsunterschiede wie durch Wanderungen weiter. Jeder möge selbst entscheiden, ob er das dramatisch findet.

- Auch wenn die Produktionstechnik im Vordergrund steht, sollte nicht vergessen werden, daß die Bundesrepublik das Land mit der niedrigsten Geburtenrate in der Welt ist. Durch die technische Entwicklung könnte diese Rate entgegen mancher Meinung und Hoffnung noch weiter absinken, und das könnte dramatische Folgen für die räumliche Entwicklung haben.

Am Ende stand die große Frage, was wir wollen sollen. Über Handlungsbedarf und Handlungsmöglichkeiten wurde ebenfalls kontrovers diskutiert. Ich will drei Punkte nennen:

1. Es stellt sich die Frage, ob wir auf dem Weg in eine Gesellschaft sind, die durch die Auslastung von Produktionskapazitäten bestimmt ist, in der die Maschine 24 Stunden arbeiten muß - und der Mensch auch oder nicht? Die Beantwortung der Frage, ob wir eine kontinuierlich arbeitende Gesellschaft werden, hängt eng zusammen mit Raumstrukturen. Wir müssen uns fragen, ob wir eine solche kontinuierlich arbeitende Gesellschaft wollen und ob wir ihre räumlichen Konsequenzen akzeptieren.

2. Die technische Entwicklung ermöglicht eine sehr starke Zentralisation von Verfügungsmacht. Wollen wir, daß die räumliche Entwicklung von wenigen Zentren aus gesteuert wird oder müssen wir aufpassen, daß Flexibilität, Eigenverantwortlichkeit und Entwicklungsmöglichkeiten in kleineren räumlichen Einheiten erhalten bleiben und gestärkt werden? Erfordert die Sicherung des Industriestandortes Bundesrepublik Deutschland, daß wir Abstriche machen in bezug auf wünschenswerte räumliche Strukturen, oder sollen wir versuchen, räumliche Strukturen zu erhalten und zu gestalten, indem wir uns gegen solche zentralisierenden Tendenzen wenden?

3. Was heißt unter den absehbaren Entwicklungen noch Gleichwertigkeit der Lebensverhältnisse? Wenn z.B. das Raumordnungsgesetz überprüft und novelliert werden sollte, was kann dann für die Zukunft ein vernünftiger Inhalt dieses Postulates sein? Darüber gab es eine recht heftige Debatte.

Was also können Bund, Länder und Gemeinden tun? Auch hier gab es unterschiedliche Meinungen. Die Möglichkeit einer Dekonzentration, d.h. einer stärker von den Zentren zur Peripherie verlaufenen Entwicklung der Arbeitsplätze wurde durchaus gesehen. Es wurde aber gefragt, ob eine solche Entwicklung wünschenswert ist und ob die Akteure in den Verdichtungsräumen sie zulassen werden.

Umgekehrt stellte sich die Frage, ob die ländlichen Regionen zulassen werden oder müssen, daß sich die hochqualifizierten Arbeitskräfte und die entsprechenden Produktionen in den Verdichtungsgebieten konzentrieren. Es wurde auch die Frage gestellt, ob wir überhaupt Mittel haben, solche Entwicklungen zu verhindern, ob Raumordner und Landesplaner nicht sehr vorsichtig sein müssen, angesichts ihres begrenzten Instrumentariums. Es gab auch unterschiedliche Meinungen darüber, was Aufgaben für die Kommunen wären. Einerseits wurde argumentiert, daß Kommunen so gut wie gar nichts tun können. Sie sehen sich mit den unternehmerischen Entscheidungen konfrontiert, ihr Handlungsspielraum ist sehr sehr gering. Andererseits wurde gefragt, warum Kommunen nicht einmal die Initiative ergreifen, der technischen Entwicklung nicht hinterherlaufen, sondern sie aktiv beeinflussen können. Kommunen sollten sich fragen, was der nächste Schritt sein werde, wo es Ansatzpunkte gäbe und welche Entwicklungen und welche Betriebe vielleicht für die Kommune gewonnen werden könnten. Es wurde also unternehmerisches Denken von Kommunalverwaltungen verlangt. Dies führte natürlich sofort zu heftigem Widerspruch. Es wurde bezweifelt, daß dies eine Aufgabe von Kommunen sein könnte und daß Kommunalverwaltungen zu solcher Handlungsweise legitimiert und fähig seien.

Trotz vieler Widersprüche in der Diskussion will ich ein Fazit versuchen:

Die technische Entwicklung wird die Raumstruktur von sich aus nicht dramatisch verändern. Es sind eher andere, nämlich gesellschaftliche Faktoren, die die räumlichen Strukturen bestimmen und verändern. Dieses Ergebnis der Diskussionen in der Arbeitsgruppe verträgt sich durchaus mit dem Schlußwort des Referates von Herrn Warnecke. Die Bevölkerungsentwicklung ist eine wichtige Determinante, politische und wirtschaftliche Rahmenbedingungen ebenso. Es gibt Ansatzpunkte für zielgerichtetes Handeln von Raumordnung, Landesplanung und Kommunalpolitik. Es ist aber strittig, welche Aktivitäten sie entfalten könnten und sollten.

ARBEITSGRUPPE 3

WECHSELWIRKUNGEN ZWISCHEN PRODUKTION UND ABFALLWIRTSCHAFT
UND IHR EINFLUSS AUF DIE RÄUMLICHE ENTWICKLUNG

VORSORGE ZUR ABFALLWIRTSCHAFT

Statement

von
Werner Schenkel, Berlin

Die Abfallwirtschaft wird häufig nur als Handlungsfeld staatlicher Umwelt-schutzpolitik gesehen. Bei der Abfalltechnik, d.h. der chem.-physik. Vorbe-handlung von Abfällen, ihrer biologischen oder thermischen Behandlung und ihrer schlußendlichen Ablagerung mag diese Sicht noch angehen. Macht man sich aber klar, welche Stoffmengen unsere produktive Volkswirtschaft in Umlauf setzt und welche Materialflüsse sie erzeugt, dann wird offensichtlich, daß man sich die Frage stellen muß, was geschieht mit diesen Massen nach ihrer Nutzung oder ihrem ordnungsgemäßen Gebrauch. Abfallwirtschaft ist der komplementäre Teil zur Produktions- und Verbrauchswirtschaft. Es kommt darauf an, schon beim Produktdesign die Frage nach dem späteren Verbleib oder seiner Beseitigung zu beantworten.

Die Technik, mit der diese Entwicklung gefördert wird, ist die Kreislaufführ-rung und die Verwertung in Nutzungsstufen. Die Instrumente, um diese Entwick-lung durchzusetzen, sind gesetzliche Regelungen, Beratung und fin. Förderung und hohe Beseitigungspreise als ökonomischer Hebel.

Die Bemühungen der Bundesregierung, die Abfallverwertung und -vermeidung zu fördern, sind offensichtlich. Die neuen Fassungen des BImSchG und Abfges., die Handhabung des Hohe-See-Einbringungsgesetzes, die Verkündung des AWP 75 und die derzeitigen Bemühungen um eine TA Abfall sind nur die sichtbarsten Indi-zien.

Waren diese Bemühungen bisher erfolgreich? Welcher Flächenbedarf zur Ablage-rung konnte eingespart werden? Sind Abfallmengen dadurch vermindert worden oder ließ sich wenigstens der Status quo erhalten? Oder haben technische und wirtschaftliche Änderungen der Produkte und ihrer Herstellung zu Folgen ge-führt, die jetzt eben auch der Abfallverminderung zugerechnet werden können?

Vermutlich lassen sich für die eine wie für die andere Folge Beispiele nennen. So ist z.B. bei der Aufarbeitung von Altholz, Bauschutt und Straßendecken ein wirklicher Durchbruch erzielt worden. Auch bei der Verwertung von Rückständen wie Asche und Gips aus der Steinkohlenverstromung, bei der Altglasaufbereitung, bei der Hg Batterien lassen sich positive Entwicklungen feststellen.

Negativ dagegen verläuft die Verwertung von Altöl, der landwirtschaftliche Verbrauch von Klärschlamm, die Bergewirtschaft der Ruhrkohle, die Verbringung von Massenabfällen aus der Landwirtschaft.

Es ist interessant zu beobachten, daß, je komplizierter und komplexer die Produkte werden, der Primärmaterialeinsatz zwar immer weniger wird, die Verwertungsmöglichkeiten immer schlechter werden. Am Beispiel Kunststoffe oder Automobil kann man diese Entwicklung verdeutlichen. Außerdem ist festzustellen, daß die Größe, Anfälligkeit und Steuerbarkeit der prozeßgesteuerten Automaten immer homogenere, reinere Rohstoffe brauchen, die sich durch Recycling nicht mehr herstellen lassen (Zink in Stahl).

Ein wichtiger Zusammenhang besteht in der internationalen Verflechtung der Rohstoff-, Produkt- und Abfallströme. Mit zunehmender Verwendung von Halbzeug und Vorprodukten wird ein großer Anteil der Abfälle, die bei der Gewinnung aus Rohstoffen entstehen, im Erzeugerland belassen. Andererseits müssen im Anwenderland Produkte beseitigt werden, für die keine adäquate Infrastruktur besteht. Und schließlich exportieren Industrieländer zunehmend ihre Abfälle in Länder, die, aus welchen Gründen auch immer, an den damit verbundenen Deviseneinnahmen interessiert sind. Andererseits könnte man sich aber auch, wie das heute vielfach schon geschieht (Export von Altautos, Altpapier, Altkunststoffe in Drittländer), vorstellen, daß zur Verwertung und Ablagerung von Abfällen eine internationale Verflechtung entsteht, wie das auf der Rohstoffseite schon lange üblich ist.

Berücksichtigt man die räumlichen Aspekte der vorsorgenden Abfallwirtschaftspolitik, dann ist folgendes zu berücksichtigen:

- Verminderte Mengen ergeben verminderten Flächenbedarf für die Ablagerung.

- Der nationale Rohstoffbedarf läßt sich, besonders im Bauwesen, durch Sekundärrohstoffe teilweise decken. Dies hat eine Entlastung der Ausbeutung derzeitiger Lager zur Folge.

- Die Ablagerungstechnik ist nicht so weit entwickelt, daß Ablagerungen umweltneutral sind. Derzeit bedeutet fast jede Ablagerung von Abfällen eine potentielle Altlast.

- Die unqualifizierte Aufbringung von Abfällen in die Landwirtschaft führt zur Boden- und Grundwasserkontamination. Sie ist mit den Zielen des Bodenschutzprogramms der Bundesregierung nicht zu vereinbaren.

- Der Zentralisierung von Beseitigungsanlagen stehen die dezentralen Anlagen zur Verwertung gegenüber.

  Verwertungskonzepte lassen sich nur unter Nutzung der lokalen und regionalen Gegebenheiten sinnvoll und ökonomisch durchsetzen.

- Wird die Rücknahmeverpflichtung konsequent durchgesetzt, dann könnte die vorhandene Verkehrsinfrastruktur genutzt werden, um nach der Verteilung der Ware diese wieder über die Nutzung der Vertriebswege in umgekehrter Richtung zu konzentrieren.

Fragen, die die zukünftige Politik beeinflussen, sind:

- Ist das Verwertungsprinzip weiter durchhaltbar und die Mengen steigerbar, vor dem Hintergrund weltweit fallender Rohstoffpreise (Metalle, Öl, Fett)?

- Ist das Verwertungsprinzip angesichts immer komplexerer Produkte technisch noch sinnvoll (z.B. Legierungsmetalle, spezial. Kunststoffe)?

- Verhindert die internationale Verflechtung die Produktionsrückführung und läßt sich der Strom billigster Einwegprodukte (Uhren, Taschenrechner, Kameras u.ä.) aufhalten?

- Und schließlich lassen sich wirtschaftliche Sachverhalte sinnvoll und mit zu rechtfertigendem Aufwand gesetzlich regeln (z.B. Lamettaverordnung, Eingrenzung der Einweggetränkeverpackung).

- Wie wird sich ein möglicher Ausstieg aus der Kernenergie auf das Verhältnis zwischen Energie- und Materialnutzung auswirken?

- Wird die Telekommunikation abfallvermindernd wirken oder im Gegenteil neue spezielle Abfälle produzieren?

THESEN UND FRAGEN AUS DER ABFALLENTSORGUNG AN DIE RAUMORDNUNG

von
Rainer Stegmann, Hamburg

G l i e d e r u n g

Situationsbeschreibung
Standortkriterien
Bodenqualität und Raumordnung
Forderung der Raumordnung an die Abfallentsorgung und Altlastensanierung

Situationsbeschreibung

Aus verschiedenen Gründen steckt die Abfallentsorgung in einer Art Krise. Einer dieser Gründe besteht darin, daß es zur Zeit kaum möglich ist, neue Standorte für Abfallentsorgungsanlagen jeglicher Art in der Öffentlichkeit durchzusetzen. Dies gilt vorrangig für Sonderabfall- und Hausmülldeponien, aber auch für Verbrennungsanlagen, Umladestationen, Kompostierungs- und Recyclinganlagen.

Standorte wurden früher ausschließlich nach geologischen und hydrogeologischen Gesichtspunkten ausgewählt. Heute steht mehr die politische Durchsetzbarkeit im Vordergrund.

Auf der anderen Seite hat die Altlastenproblematik gezeigt, daß die Abfallentsorgung, wie sie bisher betrieben wurde, für die Zukunft nicht mehr tragbar ist. Aus diesem Grunde ist ein neues Abfallentsorgungskonzept entwickelt worden, das von Herrn Prof. Schenkel in seinem Papier näher erläutert wird. Einmal sollen abfallarme Produktionstechnologien verstärkt entwickelt werden, zum anderen soll das Abfallrecycling, d.h. die Wiederverwertung von Abfallstoffen mehr in den Vordergrund gerückt werden. Diese Maßnahmen sind Pfeiler der neuen Abfallpolitik. Das darf natürlich nicht darüber hinwegtäuschen, daß es immer Abfälle geben wird, die man entsorgen muß, d.h. die deponiert bzw. verbrannt werden müssen.

Die Standortwahl von Abfallentsorgungsanlagen ist in der Vergangenheit in der Regel von den zuständigen Abfallentsorgungsbehörden erfolgt; raumordnerische Aspekte waren dabei von untergeordneter Bedeutung. Hier sollte eine neue

Denkweise eintreten, die das Ziel hat, die Standorte von Abfallentsorgungsanlagen verstärkt nach landesplanerischen und raumordnerischen Gesichtspunkten auszuwählen.

Ein anderer Bereich, in dem ebenfalls ein raumordnerisches Defizit besteht, ist die Altlastensanierung sowie die Nutzung verunreinigter Flächen. Auf diese Aspekte wird im folgenden kurz eingegangen.

Standortkriterien

Aufgrund der verbesserten Technologien und des größeren baulichen Emissionsschutzes können Standorte in Zukunft freier gewählt werden; d.h. geologische und hydrogeologische Standortkriterien stehen nicht unbedingt im Vordergrund. Bezüglich der Raumordnung und der Regionalplanung ergeben sich u.a. folgende Fragen:

- Soll man Verbrennungsanlagen eher in Industriegebieten oder "auf der grünen Wiese" anlegen? (Transportkosten werden in Zukunft von geringerem Einfluß aufgrund der sowieso hohen Entsorgungskosten sein). Welche grundsätzlichen Kriterien könnten hier aufgestellt werden?

- Zentrale oder dezentrale Abfallentsorgungsanlagen?

  Ist es aus raumordnerischer Sicht günstiger, viele kleine Deponien, Verbrennungs-Kompostierungsanlagen zu installieren oder soll man diese zentral zusammenfassen? (Auch hier gilt wieder, daß Transportkosten von untergeordneter Bedeutung sein werden.) Für welche Strukturgebiete wären zentrale bzw. dezentrale Entsorgungsanlagen günstiger? Hieraus kann man die folgenden Forderungen ableiten:

- Die Raumplanung sollte im Zuge ihrer Planungsarbeiten Abfallentsorgungsanlagenstandorte ausweisen.

- Die Raumplanung sollte dann auch bei der Durchsetzung von Standorten unterstützend tätig sein.

- Die Raumordnung sollte aus ihrer Sicht Kriterien für Standorte bzw. für Anforderungen an Abfallentsorgungsanlagen entwickeln und diese mit den Abfallentsorgungsfachleuten diskutieren.

Bodenqualität und Raumordnung

Böden sind aufgrund der unterschiedlichsten Belastungen zum Teil erheblich durch Schadstoffe verunreinigt. Ursachen hierfür sind einmal regionale und überregionale Luftverunreinigungen, die durch Niederschläge auf den Boden gelangen. Zum anderen sind Böden durch industrielle und durch landwirtschaftliche Nutzung als auch aufgrund der Aufbringung von stark verunreinigten Klärschlämmen zum Teil erheblich mit organischen und anorganischen Schadstoffen belastet. Allein aus der Prognose der Bodenbelastung aus der Luft kann man davon ausgehen, daß in speziellen Bereichen durch diese "natürliche Belastung" die Schadstoffgrenzwerte aus der Klärschlammverordnung in etwa 80-100 Jahren erreicht werden. Da zur Zeit kaum Verfahren zur Bodenreinigung vorhanden sind und es nicht möglich ist, alle verunreinigten Böden abzugraben und an anderen Standorten sicher zu deponieren, wird es sicherlich regional zu Nutzungseinschränkungen von Flächen kommen müssen. Hieraus ergeben sich Auswirkungen auf die Raumordnung und Landesplanung. Es stellt sich deshalb die Forderung nach Aufstellung einer Bodenqualitätskartierung als Voraussetzung für derartige Planungsaktivitäten.

Folgende Fragen stehen u.a. zur Diskussion:

- Soll eine Nutzungseinschränkung aufgrund vorhandener Verunreinigung von Böden festgeschrieben werden?

  Stellt die Raumordnung die Forderung auf, daß mit allen möglichen technischen und finanziellen Möglichkeiten die Bodenqualitätsverbesserung uneingeschränkt betrieben wird, so daß auch eine uneingeschränkte Flächennutzung möglich ist?

- Welche Bodenqualitätskriterien werden in Abhängigkeit von der Nutzungsart festgeschrieben? Soll man z.B. Brachen zulassen, die aufgrund ihrer Verunreinigung keiner Nutzung zugänglich sind? Soll man Flächen allein der Abfallbeseitigung zuordnen (z.B. Flächen, die mit Schlamm belastet werden dürfen).

Wie schon erwähnt, sind viele Flächen in der Bundesrepublik durch Industrienutzung und Abfallentsorgung sehr stark belastet (Altlasten). In Holland werden alle Flächen, die bebaut werden sollen, auf ihre Schadstoffbelastung untersucht. Ähnliche Entwicklungen sind aufgrund der gesetzlichen Regelung, daß der Grundstücksbesitzer zunächst einmal für die Sanierung verantwortlich ist, in der Bundesrepublik zu erwarten.

Sollen die Flächen saniert werden (z.B. Ausgraben, Abdecken, Behandeln und Wiederablagern), so stellt sich für den Ingenieur die Frage, bis zu welchem

Grenzwert zu reinigen ist. Einmal sind technische, zum anderen finanzielle Grenzen vorhanden. Hieraus ergeben sich u.a. folgende Fragen an die Raumordnung:

- Bis zu welchen Grenzkonzentrationen, in Abhängigkeit vom Verschmutzungsparameter (z.B. Schwermetalle), ist der Boden zu reinigen?

- Bis zu welcher Bodentiefe sind diese Grenzkonzentrationen aus raumordnerischer Sicht von Bedeutung (d.h. wie wird aus der Sicht der Raumordnung der Boden bezüglich der Tiefe definiert? Wie steht es mit dem Grundwasser?).

- Was sieht die Raumordnung als "natürliche" Bodenqualität an?

Forderung der Raumordnung an die Abfallentsorgung und Altlastensanierung

Aufgrund der obenbeschriebenen Situation und den dort formulierten Wünschen der Abfallentsorger und -sanierer an die Raumordner können sich möglicherweise neue Gesichtspunkte und Kriterien für die Standortwahl, den Bau und Betrieb von Abfallentsorgungsanlagen ergeben. Ähnliches gilt im Bereich der Altlastensanierung, wo sich aufgrund eines raumordnerischen Anforderungskataloges neue bzw. modifizierte Sanierungskonzepte ergeben. Im Bereich der Sonderabfallentsorgung sind länderübergreifende Lösungen erforderlich, um die Anlagen, die eine gewisse Größe haben müssen, auch ausreichend mit Abfällen versorgen zu können, ohne daß das Abfallvermeidungsgebot unterlaufen wird.

Die obenangeführten Fragen sollten unter den Raumordnern und Landesplanern eingehend diskutiert werden. Die Abfallentsorgung hat in der Vergangenheit raumordnerische Aspekte vernachlässigt, die Raumplanung hat von ihrer Seite das Thema Abfallentsorgung stark verdrängt. Die Raumplanung muß bei ihren Planungsaufgaben als neue Dimension die Bodenqualität (bezüglich der Schadstoffbelastung) berücksichtigen. Hieraus ergeben sich u.U. neue Planungsaspekte und als Folge veränderte Nutzungen. Es gilt also, in Zukunft zu einer sinnvollen Kooperation zu kommen, so daß die großen Probleme im Bereich der Abfallentsorgung und der Raumplanung in Zukunft besser gelöst werden können.

WECHSELWIRKUNGEN ZWISCHEN PRODUKTION UND ABFALLWIRTSCHAFT UND IHR EINFLUß AUF DIE RÄUMLICHE ENTWICKLUNG

von
Joan S. Davis, Zürich

Gliederung

Raumbeanspruchung durch Rohstoffverarbeitung und Abfallbeseitigung

Art der Herstellung und des Verbrauchs: Verhinderung der Verwertung und Belastung der Umwelt

Verlagerung und Verteilung des Abfallproblems

Einfluß eines Produktkonzeptes: Weitreichende Auswirkungen für die Raumplanung durch das Auto

Landwirtschaft und Landesplanung

Abfall und Raumplanung

Gegenwärtiger Beitrag der Verwertung

Unterschiedliche Maßnahmen und ihre Auswirkungen

Raumbeanspruchung durch Rohstoffverarbeitung und Abfallbeseitigung

Der zunehmende Rohstoffverbrauch und die daraus wachsenden Abfallprobleme verursachen, neben der Belastung der Umwelt, vermehrt Konfliktsituationen und zunehmende Sachzwänge für die Raumplanung. Die Faktoren, die hier eine Rolle spielen, üben ihren Einfluß auf verschiedene Ebenen aus. Es ist anzunehmen, daß wir erst anfangen, die raumplanerischen Konsequenzen des Abfallproblems zu ahnen: Hinter all dem, was jetzt sichtbar und meßbar ist, liegen noch wesentlich größere Probleme - Probleme für die Raumplanung wie auch Sachzwänge für die zukünftige Güterherstellung.

Dieser Beitrag beschränkt sich darauf, lediglich diejenigen Faktoren zu berücksichtigen, welche mit Herstellung und Abfallentstehung materiell oder räumlich unmittelbar verbunden sind (wobei sich der Beitrag auf grundlegende und allgemein anwendbare Aspekte konzentriert). Es darf jedoch nicht übersehen werden, daß eine tiefergehende Auseinandersetzung über dieses Thema nicht ohne eine Berücksichtigung der gesellschaftlichen, insbesondere der konsumorientierten Sachzwänge auskäme, welche das Ausmaß der Produktion und somit auch das Ausmaß des Problems beeinflussen.

Unter den unmittelbaren Faktoren, die eine Rolle für die Entstehung von Abfällen und die damit verbundenen Probleme spielen, sind die folgenden besonders wichtig:

- Rohstoffgewinnung: Raumbeanspruchung und Beeinträchtigung von Boden, Wasser, Luft
- Transport von Rohstoff zum Verarbeitungsort
- Produktherstellung: Emmissionen und Abfallbeseitigung
- Güterverteilung: zum Verkaufs- und Verbrauchsort
- Abfallentstehung durch Unterhalt und Verbrauch der Produkte
- Ausgediente Produkte als Abfall.

Art der Herstellung und des Verbrauchs: Verhinderung der Verwertung und Belastung der Umwelt

Um Belastungen zu reduzieren, wird vermehrt auf die Möglichkeiten zu achten sein, Rohstoffe und Güter wiederzuverwerten. Dabei fällt sofort ins Auge, daß die Konstruktionsart der Produkte (geschweißte anstatt geschraubte Herstellungsweise bei Gebrauchsgegenständen, Legierungen usw.) oft einem unproblematischen Recycling im Wege steht und dann einen sinnvollen Beitrag zur Abfallvermeidung verhindert. Ebenfalls kann der Aufbau des Produktionsweges wie auch die Produktverteilung einem größeren Beitrag des Recyclings zur Rohstoffschonung und zum Umweltschutz im Wege stehen. Gewisse Verbrauchsarten verunmöglichen sogar die Wiederverwertung. Denken wir hier an die dissipative (= gleichmäßig im Raum zerstreute) Verteilung der Schwermetalle in der Umwelt: beispielsweise Blei (durch die Verbrennung des Treibstoffs), Cadmium (durch die Verwendung in Pigmenten zu etwa ca. 95% dissipativ verbraucht).

Eine gestreute Verteilung von Stoffen - in diesem Falle Schwermetallen - verhindert nicht nur die Wiederverwertung, sondern belastet die Umwelt mit Giften. Darüber hinaus schafft sie auch raumplanerische Sachzwänge: so verhindert die Belastung des Klärschlamms durch Schwermetalle dessen Verwendung in der Landwirtschaft. Dann stehen nur noch die Schlammverbrennung oder die Deponierung als Ausweg zur Verfügung. Beide bedeuten jedoch eine Beanspruchung von Landflächen, Transportwegen und damit weiterer Rohstoffverbrauch: Die Verbrennung der nassen Schlämme ist energieintensiv; die Deponierung erfordert erheblichen Aufwand für den Ausbau einer sicheren Lagerung und die Behandlung des Sickerwassers.

Die Abfallverwertung bedeutet eine Senkung dieses Aufwandes und reduziert so das Ausmaß des Abfallproblemes insgesamt. Das zweite Ziel der Verwertung, die Schonung von Rohstoffreserven, ist jedoch nicht bei allen Rohstoffen ohne weiteres zu erreichen. Beispielsweise ermöglicht die jetzige Wachstumsrate des Kupferverbrauchs kein Hinausschieben des sogenannten "kritischen Jahres" (der geschätzte Zeitpunkt des Zuendegehens der bekannten Reserven) mit Hilfe einer Verwertung (Tab. 1).

Tab. 1: Die Auswirkungen verschiedener Maßnahmen auf die Schonung geschätzter Reserven von Kupfer

Konsum-Wachstum (%/Jahr)	% des potentiellen Recyclings	Mittlere Lebensdauer (J)		Kritisches Jahr	Verlängerung (J)
4,6	40	22		1998	-(Ist-Zustand)
4,6	40		30	1999	1
4,6	100	22		2000	2
2,0	40	22		2016	18
2,0	40		30	2017	19
2,0	100	22		2023	25
2,0	100		30	2027	29
0	40	22		2056	58
0	40·		30	2080	82
0	100	22		2192	194
0	100		30	2264	266

Daß die Reserven mangels Abfallverwertung unzureichend geschont werden, hat Konsequenzen für die Landesplanung. Die Ausbeutung von Lagerstätten mit niedrigerem Erzgehalt bzw. geringerem Rohstoffvorkommen bedeutet die Inanspruchnahme größerer Flächen oder tiefer liegenderer Stätten. In beiden Fällen ist mit erhöhtem Anteil von Abfall und auch oft mit längeren Transportwegen zu rechnen. Dieser Aspekt des Rohstoffverbrauchs betrifft fremde Länder mit Erzlagern (vor allem Entwicklungsländer) noch mehr als Deutschland.

Verlagerung und Verteilung des Abfallproblems

In vielen Fällen ist es der Industrie gelungen, die Abfallmengen, die beim Herstellungsprozeß anfallen, stark zu reduzieren. Auch wenn dies den Bedarf nach Deponien hat senken können, ist das Grundsatzproblem der Abfallwirtschaft und der Belastung von Naturräumen durch Abfälle noch nicht beseitigt. Die zahlenmäßige Zunahme an gifthaltigen Produkten, welche durch Verbrauch in die Umwelt gelangen, hat eine Verlagerung des Abfallproblemes von Produzenten auf die Konsumenten mit sich gebracht. Beispiele dafür sind:

- Haushaltchemikalien oder auch Schwermetalle (Blei z.B.), welche in die Kläranlage bzw. den Klärschlamm gelangen und den Schlamm für landwirtschaftliche Zwecke unbrauchbar machen
- Gifthaltige Güter (quecksilberhaltige Batterien, cadmiumhaltige Kunststoffe, Gebrauchsgegenstände aus Polyvinylchloriden usw.), welche die Rauchgasreinigung bei den Müllverbrennungsanlagen notwendig machen.
  Die zurückgehaltenen Gifte verursachen nochmals ein Problem: Ihre Giftigkeit und ihr Volumen (beim Naßreinigungsverfahren fallen beispielsweise größere Mengen Gips an) bedingen eine besondere Behandlung - in den meisten Fällen aufwendige Sondermülldeponien.

Neben den geschilderten Problemen bei gifthaltigem Müll ergeben sich auch Notwendigkeiten für Deponien aus Änderungen in Herstellungsprozessen oder bei der Materialverwendung. Das betrifft nicht nur die erwähnten Problemkreise einer Verwendung von Legierungen und der Verschweißung anstatt der Verschraubung, sondern auch die Verwendung von Kunststoffen. Sie sind schon weit verbreitet. Ihre zukünftige Verwendung läßt jedoch einen noch größeren Einsatz (z.B. beim Ersatz von gewissen Metallteilen an Kraftfahrzeugen) erwarten. Wo heute noch brauchbare verwertbare Metalle anfallen, werden sich morgen dann Kunststoffe ansammeln.

Zur Zeit sind Kunststoffabfälle nicht verwertbar.

Angesichts des Beispiels soll auch erwähnt werden, daß schon die heutige Bauweise von Autos die wirtschaftliche Verwertung der Bestandteile zum großen

210

Teil verhindert (die Flächenbeanspruchung der heutigen 'Autofriedhöfe' ist bekannt).

Einfluß eines Produktkonzeptes: Weitreichende Auswirkungen für die Raumplanung durch das Auto

In den bisherigen Lösungsansätzen zu heutigen Abfallproblemen (oder Umweltproblemen im allgemeinen) verzichten wir oft darauf, die Komplexität der Probleme zu berücksichtigen. Das Beispiel "Auto" bietet hier ein vielfältiges Anschauungsobjekt für eine genauere Betrachtung der Auswirkungen eines bestimmten Produktes auf die Umwelt (und damit auch auf die Raumplanung).

Die Auswirkungen des Autos auf den Verkehrsmodus, auf den öffentlichen Verkehr, auf die Siedlungsstruktur, auf den Pendelverkehr wie auf den Flächenbedarf und weitere raumplanerische Aspekte sind vielfältig untersucht. Andere Wirkungen, wenn auch vielleicht weniger auffällige, erhalten jedoch auch Gewicht, wenn man im raumplanerisch umfassenden Sinne die Folgen bedenkt.

Aus den verschiedenen Einflußfaktoren beim Beispiel "Auto" sei einmal die Änderung der Lebensdauer ausgewählt. Die wichtigsten Zusammenhänge und Auswirkungen sind in Abb. 1 (siehe unten) zusammengestellt. So führt eine Erhöhung der Lebensdauer zur Senkung des Rohstoffverbrauchs und demzufolge auch zu einer Verminderung der Abfallentstehung. Dies hat direkte Folgen für die Raumbeanspruchung durch die Deponien und "Autofriedhöfe". Die gegenwärtige Diskussion über eine Rückgabepflicht für Autohersteller weist in die Richtung einer Notwendigkeit zu einer längeren Lebensdauer.

Die Einflüsse der "Autolebensdauer" reichen weiter in die Bereiche Rohstoffe, Raumplanung und gesellschaftliche Faktoren. Ein erster, direkter Einfluß wirkt auf die örtliche Verlagerung der autobezogenen Arbeitsplätze von der Herstellung (Großgelände, zentralisierte Arbeitsplätze) auf die Reparatur (dezentralisierte Arbeitsplätze). Gleichzeitig bedeutet diese Verlagerung des Arbeitsplatzes auch eine Änderung der Arbeitsform selbst - von vorwiegend Fließbandarbeit auf eher handwerkliche Arbeit. Auf die weitreichenden psychologischen und soziologischen Auswirkungen dieser Arbeitsformen sei hingewiesen.

Außer dem Einfluß auf die Arbeitsform bestehen raumplanerische und gesellschaftliche Auswirkungen auf die Arbeitsplatzgestaltung. In erster Linie stellt die Dezentralisierung der reparaturbezogenen Arbeitsplätze eine andersartige Platzbeanspruchung dar. Anstelle der großflächigen Autoherstellungsgelände sind es kleinräumliche, gewerbliche Arbeitsplätze, die entstehen. Das sind in aller Regel Arbeitsplätze, welche sich in Siedlungen integrieren lassen. Dies hat weitere Auswirkungen: Die Integration bedeutet eine Ent-

Abb. 1: Auswirkungen durch Änderung der "Lebensdauer" des Autos:
Materielle und nicht-materielle Einflüsse

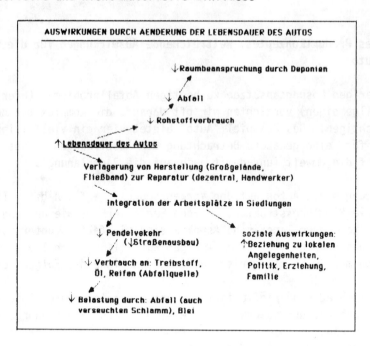

lastung für den Pendelverkehr und demzufolge weniger Bedarf an Zubringerstras-
sen. Es ergibt sich auch eine Senkung an autobezogenem Rohstoffverbrauch, wie
Treibstoff, Öl und Reifen. Ebenso geht die Umweltbelastung durch Abfall und
Emmissionen zurück: Weniger Blei (und das damit zusammenhängende Problem für
Klärschlamm und Boden), weniger CO_2 und NO_x Emmissionen werden an die Umwelt
"entlassen".

Die Integration der Arbeitsplätze in Siedlungen hat über die Umweltentlastung
hinaus mannigfache soziale Auswirkungen. Die Möglichkeit, am Wohnort - oder in
dessen Nähe - einen Arbeitsplatz zu haben, bietet eine andere Möglichkeit der
Beziehungen zu Familie, Erziehung, Schule und zu lokalpolitischen Angelegen-
heiten. Ferner kann es die Deckung des täglichen Bedarfs im örtlichen Einzel-
handel fördern. Das würde eine Stärkung der übrigen örtlichen Infrastruktur
und damit auch der Sicherheit der Arbeitsplätze bedeuten. Diese letztgenannten
Einflüsse mögen weniger unmittelbar erfaßbar und quantifizierbar sein: Ihre
Wirkungen sind jedoch mittel- und längerfristig von Bedeutung.

Landwirtschaft und Landesplanung

Zwischen Landwirtschaft und Landesplanung bestehen zahlreiche wechselseitige Zusammenhänge. Starke Eingriffe in die Bodennutzung und Landbewirtschaftung verdeutlichen einen Konflikt zwischen partiellen planerischen Überlegungen und längerfristigen Auswirkungen auf die Umwelt (die auch z.T. wieder auf die Planung rückwirken können). Ein auffallendes Beispiel ist die Flurbereinigung. Mit dem Verfolgen von Zielen der Flurbereinigung, landwirtschaftlichen und technischen Gesichtspunkten gerecht zu werden durch Zusammenlegung und 'Vereinfachung' der Parzellenaufteilung, sind in den letzten Jahren weitreichende umweltbezogene und ökologische Probleme entstanden. Wie im vorhergehenden Beispiel des Autos (wo kleine meßbare Änderungen zu größeren Auswirkungen auf Rohstoffverbrauch, Umwelt und Gesellschaft geführt haben) sind auch bei der Flurbereinigung die Auswirkungen weit über den ursprünglichen Zielbereich hinausgegangen.

Ein Instrument der Flurbereinigung war die Begradigung der Bäche (z.T. auch ihre Kanalisation). Den Vorteilen der technischen Vereinfachung der Bodenbearbeitung stehen folgende Nachteile gegenüber:

- eine Abnahme der Wasserqualität (Verlust an Nischen für Organismen und folglich ein vermindertes Selbstreinigungsvermögen)
- eine Senkung des Grundwasserspiegels (und damit eine Beeinträchtigung des Grundwasservorkommens und auch eine verminderte Wasserversorgung der Pflanzen. Dies kann eine Bewässerung erforderlich machen)
- ein Verlust an gliedernden und belebenden Landschaftselementen (Gräser, Hecken, Büsche u.ä.).

Das bedingt

- einen Verlust an Uferbefestigung und ihre Wirkung gegenüber Hochwasserschaden
- einen Verlust an Nischen für nützliche Kleintiere und -lebenwesen, und demzufolge
  - Zwang zur Anwendung von Pestiziden, damit
  - Verschmutzung der Gewässer,
  - Vorantreibung der Eutrophierung und
  - Beeinträchtigung der Seen als Erholungsgebiete.

Zusammenhänge zwischen Raumplanung und Landwirtschaft lassen sich besonders deutlich in anderen Ländern ausmachen: Die raumplanerische Begünstigung der intensiven Landwirtschaft hat zu starkem Bodenverlust durch Erosion geführt. In den USA sind dadurch großflächige Gebiete soweit ökologisch verarmt, daß sie nicht mehr landwirtschaftlich nutzbar sind. In Europa drohen Probleme ebenfalls in Gebieten, wo die Humusschichten durch intensive Agrarwirtschaft allmählich abgebaut werden: Diese Böden werden in absehbarer Zeit nicht mehr für die Landwirtschaft nutzbar sein.

Weiterhin ist zu betonen, daß die Mineralisierung des Humus zur Nitratbelastung des Grundwassers beiträgt. Ein zu hoher Nitratgehalt des Trinkwassers vermindert den Wert eines Gebiets auch für Siedlungen.

Die Nachteile der längerfristigen Auswirkungen überwiegen vermehrt die Vorteile unserer z.T. kurzfristigen Ziele, die mitunter auch durch die Raumplanung zumindest bisher nicht in der gebotenen Weise ausgleichend korrigiert worden sind.

Abfall und Raumplanung

Die genannten zwei Beispiele verdeutlichen die Kluft zwischen kurz- und langfristigen Zielen und deren Auswirkungen. Ein letztes Beispiel soll dagegen eher die unmittelbaren Folgeerscheinungen der Abfallproblematik herausarbeiten:

Die Zunahme an Abfall schafft direkte Zwänge für den Ausbau von Deponien. Dies bringt mit sich das Problem der Standortwahl dieser Anlagen. Kommunen sind zunehmend negativ eingestellt, Standorte zur Verfügung zu stellen. In den seltensten Fällen gelten die Anlagen über längere Zeit als sicher. Die Gifte können mit der Zeit selbst Beton durchlöchern. Die potentielle Gefährdung des Grundwassers ist ein Risiko, das heute nicht mehr hingenommen werden kann.

Es ist jedoch nicht nur das Standortproblem, das den Gemeinden raumplanerische Sorgen bereitet: Der Transport des Mülls bringt vermehrten Lastwagenverkehr mit sich. Der zunehmende Schwerlastverkehr, der Ausbau von Straßen, der Bau von 'Sammelstraßen' u.a. machen die Angelegenheit noch unattraktiver.

Gegenwärtiger Beitrag der Verwertung

Bis heute trägt die Verwertung unzureichend zur Lösung des Müllproblems bei. Das mögen Zahlen aus der Schweiz verdeutlichen, die die Größenordnung der Beiträge zur Wiederverwertung für verschiedene Materialien angeben (Tab. 2).

Die Zahlen (% Verwertung) bedürfen einer eingehenden Beurteilung: Die hohen Werte bedeuten nicht nur Positives, die niedrigen auch nicht nur Negatives. Beispielsweise beim Papier: ein Markt für Altpapier ist kaum vorhanden in der Schweiz. D.h., die hohe Verwertung heißt Papierexport, was einen weiteren

Tab. 2: Anfall und Verwertung - Abfall - nach Stoffgruppen (Schweiz 1985)

Stoffgruppe	Anfall(t)/A	Verwertet(t)	Beseitigt(t)	m % Verwertet
Papier	1.000.000	400.000	600.000	40
Glas	250.000	100.000	150.000	40
Metalle	110.000	6.000	104.000	5
Aluminium	15.000	150	- 15.000	1
Textilien	75.000	10.000	65.000	13
Kunststoffe	270.000	-	270.000	0

Rohstoffverbrauch bedeutet. Beim Glas werden größtenteils Glasscherben verwertet, was wesentlich mehr Energie erfordert als die direkte Verwertung der Flaschen. Ein interessanter Versuch einer Großmolkerei, die pfandfreie Rückgabe der Produktgläser als 'Selbstverständlichkeit' einzubürgern, hat in den letzten Jahren zunehmenden Erfolg gehabt: Die Rückgabequote, jetzt bei 67%, ist noch steigend. Diese Verhaltensänderung geschieht z.T. über humorvolle, einfallsreiche Reklamen, in denen der Wert eines Glases zum Ausdruck gebracht wird.

Die niedrige Verwertung von Aluminium spiegelt Negatives und Positives: Der Alltagsverbrauch von Aluminium geschieht in einer Form, die für das Recycling ungeeignet ist. Folienartiges Verpackungsmaterial ist ein Beispiel dafür: Das ungünstige Verhältnis zwischen Oberfläche und Volumen verhindert eine sinnvolle Wiederverwertung. Auf der anderen Seite bedeutet die Verwendung von Aluminium in Bauten und Maschinen, die eine lange Lebensdauer haben, daß sie nicht kurzfristig rezykliert werden und somit auch nicht sofort statistisch erfaßt werden können.

Auffallend ist die mangelnde Verwertung von Kunststoffen. Methoden und Anlagen dafür befinden sich erst in der Entwicklung. Auch wenn Methoden für die einzelnen Kunststoffe ausgearbeitet werden, bleibt jedoch das Problem, die sehr unterschiedlichen Kunststoffarten (welche vorläufig nicht zusammenverarbeitet werden können) jeweils individuell zu behandeln. Jedoch auch hier sind ermutigende Anfangsverfolge zu verzeichnen.

Über das Technische hinaus können Konsumenten wesentlich mehr beitragen als sie dies zur Zeit tun: der Verzicht auf überflüssig verpackte Waren und die Beteiligung an der Mülltrennung wären wertvolle Beiträge. Dagegen arbeitet allerdings der gegenwärtige Trend in der Industrie zu noch mehr Wegwerfverpackungen (Stichwort: Aluminiumdosen). Damit werden die wachsenden Abfallprobleme von morgen produziert.

215

Unterschiedliche Maßnahmen und ihre Auswirkungen

Eine Verbesserung der Abfallsituation verlangt Maßnahmen, die unterschiedlichen Zeitspannen angepaßt sind. Ein Teil der Maßnahmen ist nicht sofort
realisierbar, hat jedoch längerfristig durchaus einen Wert. Andere Maßnahmen
dagegen liegen im Bereich des sofort Machbaren, tragen längerfristig jedoch
weniger bei. Auch wenn kurzfristige Maßnahmen schnelle und greifbare Verbesse-
rungen herbeiführen, muß vor einer Überbewertung ihrer Wirkungen gewarnt
werden. Die schnellen Erfolge können eine "vorzeitige" Entspannung des Problems vortäuschen. Wenn dann die Bemühungen vorzeitig wieder nachlassen, kann
der "Rückfall" umso gravierender sein.

Es ist sogar die Frage berechtigt, ob Recycling nicht mitunter auch negative
Auswirkungen für Rohstoffreserven haben kann. Beispielsweise kann eine von der
Verwertung herbeigeführte Preissenkung der Rohstoffe zu einer Beschleunigung
des Rohstoffverbrauchs führen. Weil technische Maßnahmen nichts an grundlegen-
den Problemen ändern, sind sie lediglich als Übergangslösungen zu betrachten,
die schnelle Abhilfe bringen können. Von weiteren Maßnahmen über fiskale
Ansätze wären längeranhaltende Wirkungen zu erwarten. Langfristig ist jedoch
generell eine Einstellung zu Rohstoffen und zur Natur nötig, die durch kreis-
lauforientierte Grundsätze geprägt ist. Nur dann sind die notwendigen Änderungen im Verhalten von Konsumenten und Produzenten nachhaltig zu erwarten.

Das Spektrum der notwendigen Maßnahmen ist somit breit. Im folgenden sind
Beispiele der unterschiedlichen Maßnahmenbereiche aufgelistet:

Technische Maßnahmen:

- Einschränkung von disipativ verwendeten Rohstoffen
  (um die Wiederverwertung (Metalle) zu ermöglichen und
  um die Verbreitung von giftigen Substanzen zu reduzieren
  (Schwermetalle, PCB's))
- Rückgewinnung am Herstellungsort
  (Um den Rohstoffverbrauch zu reduzieren und
  um die Belastung von Klärschlamm und damit der Umwelt
  zu reduzieren und den Bedarf an Kunstdünger zu senken)
- Wiederverwertungsfreundliche Herstellungsweisen
  (verschraubt anstatt verschweißt,
  weniger Legierungen)

Ökonomische und gesetzliche Maßnahmen:

- Emmissionsgrenzen
- Rückgabepflicht bzw. Rücknahmeverpflichtung für Produzenten

- Subventionen für umweltentlastende Betriebsänderungen

Konsumorientierte Maßnahmen:

- Erhebung einer Gebühr für Abfallsäcke
  (Erfahrungsgemäß ca 40% Senkung des Mülls)
- Getrennte Müllsammlung, evtl. mit Hilfe von gut erreichbaren
  Sammelstellen für Glas, Dosen, Papier

Die technischen und ökonomischen Maßnahmen zur Senkung der Abfallentstehung haben das Ziel, Änderungen in die Wege zu leiten, die langfristig das alltägliche Konsumverhalten und die Produktionsweisen, an möglichst geschlossenen wirtschaftlichen Kreisläufen orientieren. Der heutige Trend beim Rohstoffverbrauch und seiner geradezu verschwenderischen Verwendung schafft sonst - durch eine in ihrer Menge wie auch in der Art der Zusammensetzung zunehmend unübersehbare Abfallentstehung und damit Umweltbelastung - eine in absehbarer Zeit nicht mehr lösbare Konfliktsituation bei den gegenläufigen Ansprüchen an die Raumnutzungen.

WICHTIGE ZIELVORSTELLUNGEN DER RAUMORDNUNG UND LANDESPLANUNG FÜR DIE ABFALLWIRTSCHAFT*)

von
Viktor Frhr. von Malchus, Dortmund

Gliederung

1. Von der Abfallbeseitigung zur Abfallwirtschaft
2. Gesetzliche Grundlagen und raumordnerische Vorgaben des Bundes
3. Ziele der Landesplanung in den Bundesländern
4. Ziele der Landesplanung in Regionen

1. Von der Abfallbeseitigung zur Abfallwirtschaft

Früher wurde die Abfallbeseitigung vorwiegend unter dem Aspekt des Gewässerschutzes und der Hygiene betrieben. Heute ist sie als Teil der Abfallwirtschaft, verbunden mit umfangreichen Raumansprüchen, zu einem selbständigen Bereich und einem wichtigen Anliegen der Raumordnungspolitik und des Umweltschutzes geworden, dessen Bedeutung ständig wächst.

Im Hausmüll- und im Sondermüllbereich wird die Abfallbeseitigung mit erhöhten Abfallmengen konfrontiert. Die Abfallbeseitigung stößt überall auf größere Schwierigkeiten und wird vor erhebliche Anforderungen gestellt. Auch die Umweltgefährdung durch Altablagerungen problematischer Rückstände im Bereich ehemaliger Produktionsanlagen sowie abgeschlossener, unkontrolliert betriebener Sonderabfalldeponien ist erst in den letzten Jahren offenkundig geworden.

Raumordnung und Landesplanung werden deshalb seit vielen Jahren vor besondere Planungsprobleme gestellt. Die Gebiete für Deponien sind mit Rücksicht auf die

---

*) Vgl. hierzu auch Malchus, V. Frhr. v.: Zielvorstellungen der Raumordnung für die Abfallwirtschaft. In: Daten zur Raumplanung, Teil C, Kap. C III.1, in Vorbereitung.

Umwelt, insbesondere auf den Gewässerschutz, begrenzt. Dies hat die Gemeinden, Kreise und Länder in den letzten Jahren zu neuen regionalen und überregionalen Lösungen unter verstärkter Berücksichtigung der Abfallvermeidung und Abfall- verwertung angeregt. Heute ist die Verminderung der Abfallmengen vorrangiges Ziel der Raumordnung und Landesplanung sowie der Abfallwirtschaft. Abfälle aller Art sollen in allen Regionen möglichst vollständig erfaßt und auf tech- nisch sinnvolle und wirtschaftlich vertretbare Weise so verwertet und besei- tigt werden, daß Umweltbeeinträchtigungen auf ein Mindestmaß beschränkt blei- ben. Die Abfallbeseitigung muß Teil einer übergeordneten Abfallwirtschaft und Stoffflußsteuerung sein, deren besondere Sorge neben einer Verminderung der Abfälle, der Wieder- und Weiterverwertung von Abfällen zu gelten hat. Darüber hinaus gilt es, die Umwelthypothek früherer Jahrzehnte, soweit es sich um gefährdende Altlasten handelt, langfristig abzubauen und die damit verbundenen Probleme kurzfristig durch Sanierung der Altablagerungen zu entschärfen.

2. Gesetzliche Grundlagen und raumordnerische Vorgaben des Bundes

Seit Ende der 60er Jahre hat die Raumordnung und Landesplanung bereits auf die wachsende Bedeutung des Abfallproblems im "Beirat für Raumordnung" und in der "Ministerkonferenz für Raumordnung (MKRO)" aufmerksam gemacht. Vor allem die MKRO hat in ihrer Entschließung "Raumordnung und Umweltschutz vom 15. Juni 1972" auf die Notwendigkeit hingewiesen, im Rahmen der Ziele der Raumordnung und Landesplanung, d.h. in den landesplanerischen Plänen, die Ausweisung von Bereichen für Infrastrukturen und für Bereiche, in denen belästigende Anlagen und Einrichtungen in Betracht kommen können, festzulegen, wobei dem Umwelt- schutz bei Zielkonflikten Vorrang einzuräumen ist.

Seit Beginn der 70er Jahre sind in der EG, im Bund und in den Ländern umfas- sende Rechtsgrundlagen für die Beseitigung von Abfällen geschaffen worden. 1986 ist die vierte Novelle des Abfallbeseitigungsgesetzes mit dem Ziel verab- schiedet worden, die Abfallflut durch Abfallvermeidung und Abfallverwertung einzudämmen sowie verwertbare Abfälle möglichst umweltschonend zu beseitigen. Das Abfallgesetz hat deshalb wichtige raumordnungspolitische Bedeutung, weil es festlegt, daß Abfallbeseitigung planmäßig, d.h. nach Plänen durchzuführen ist. Nach § 6 AbfG stellen die Länder für ihren Bereich Pläne zur Abfallbesei- tigung nach überörtlichen Gesichtspunkten auf, in denen geeignete Standorte für Abfallbeseitigungsanlagen festzulegen sind. Diese Richtlinie enthält damit das vorausschauende planerische Element zur Durchsetzung von Abfallbeseiti- gungsanlagen im Bereich der Bundesländer.

Die Ziele und Erfordernisse der Raumordnung und Landesplanung für die Abfall- wirtschaft sind in den Programmen und Plänen von Bund und Ländern unterschied- lich differenziert herausgearbeitet worden. Im Bundesraumordnungsprogramm

(BRP) von 1975 werden die Ziele für die Abfallbeseitigung allgemein festgesetzt. Es heißt darin, daß die Sicherung geeigneter Flächen und die Bereitstellung ausreichender Einrichtungen... zur umweltfreundlichen Beseitigung von Abfallstoffen einschließlich ihrer Weiter- und Wiederverwertung "ein wichtiges Anliegen der Raumordnung" sind. In den Raumordnungsberichten 1982 und 1986 sowie in den "Programmatischen Schwerpunkten der Raumordnung" werden diese allgemeinen Zielaussagen entsprechend § 2 Abs. 2 und § 4 ROG weiter konkretisiert, d.h. die Öffentlichkeit wird zum schonenden Umgang mit natürlichen Ressourcen verpflichtet. Damit gehört auch die Sicherung geeigneter Flächen für die Standorte für die Bereitstellung ausreichender Abfallentsorgungseinrichtungen mit zu den Schwerpunktbereichen der Raumordnung. Dabei sind die Auswirkungen aller Maßnahmen, durch die Grund und Boden in Anspruch genommen oder die räumliche Entwicklung eines Gebietes beeinflußt wird (§ 3 Abs. 1 ROG), frühzeitig auf Art und Umfang der Auswirkungen auf den Raum zu prüfen. Bei dieser Prüfung haben die Fachressorts die Behörden der Raumordnung und Landesplanung rechtzeitig zu beteiligen.

Vor allem wegen möglicher Umweltbeeinträchtigungen stößt die regionale und örtliche Planung und Schaffung neuer Abfallbeseitigungsanlagen an den vorgesehenen Standorten auf erhebliche Widerstände aus der örtlichen und regionalen Bevölkerung. Regionale Lösungen müssen deshalb im Länderbereich durchgesetzt werden. Die Abfallbeseitigungsplanung der Länder, die auch die Ziele und Erfordernisse der Raumordnung zu beachten hat, ist dafür der zentrale Ansatzpunkt.

3. Ziele der Landesplanung in den Bundesländern

Eine wirksame Abfallbeseitigung erfordert großräumige Lösungen. Dabei sind vor allem die angestrebte siedlungsstrukturelle Entwicklung, Anforderungen des Grundwasserschutzes, der Gewässerreinhaltung, dés Emissionsschutzes, der Hygiene, des Naturschutzes und der Landschaftspflege zu beachten. In den Landesentwicklungskonzeptionen und Landesplanungsgesetzen sind die Ziele der Landesplanung dafür sehr unterschiedlich ausgeprägt. Auffallend breit ist das Spektrum der zum Teil sehr differenziert dargestellten Ziele, die vom allgemeinen Entwicklungsziel der unschädlichen Abfallbeseitigung in älteren Plänen bis hin zu den modernen Zielen der Abfallvermeidung und den Spezialzielen für die Altlastenbeseitigung, die des Recyclings und z.B. der Klärschlammverbrennung, reichen. Beim Fehlen geeigneter Deponiestandorte sollen verstärkt Verbrennungsanlagen eingesetzt werden, bei denen die Abfallbeseitigung das Verursacherprinzip beachtet und das Wohl der Allgemeinheit nicht beeinträchtigt werden darf.

Die im wesentlichen leitbildhaften Zielaussagen in den Landesentwicklungsplä-
nen wurden hinsichtlich der Standortfragen für Abfallbeseitigungseinrichtungen
in einigen Ländern konkretisiert. Dabei lassen sich zusammengefaßt folgende
Aussagen machen:

- Bei den allgemeinen Entwicklungszielen für die geordnete Abfallbeseitigung
  stehen die Grundsätze der Standortfindung für Abfallbeseitigungseinrichtungen, die Verminderung der Abfallmengen und die der Wieder- und Weiterverwertung im Vordergrund; generell angestrebt werden für die Abfallbeseitigung zentrale Beseitigungsanlagen, für die Behandlung und Verwertung der
  Abfälle hingegen dezentrale Lösungen;

- hinsichtlich der Abfallbeseitigungsplanungen sind die Aussagen sehr differenziert; es wird ein Gesamtabfallbeseitigungskonzept als Abfallbeseiti-
  gungsplan für das ganze Land angestrebt, und es werden entweder Teilpläne
  für Hausmüll und Sondermüll für das ganze Land vorgesehen, oder es werden
  Teilpläne aufgestellt, deren Konkretisierung in Regionalplänen erfolgen
  soll, wobei die Länder auch von einem Gesamtkonzept ausgehen können;

- für die Zielsetzungen der Landesplanung zum Fachbereich "Hausmüll" werden
  in den neueren Plänen relativ konkrete Standorte für die Abfallbeseitigungsanlagen vorgesehen, während die alten Pläne nur allgemeine Ziele für
  die Festlegung und Sicherung der Standorte für Abfallbeseitigungseinrichtungen enthalten;

- die Festlegung von Standorten für "Sondermüll" ist überall, vor allem in
  Verdichtungsgebieten, zu einem brennenden Problem geworden, für die neue
  Standorte gefunden werden müssen; deshalb enthalten alle Landesentwick-
  lungspläne differenzierte Aussagen zur Beseitigung von Sonderabfällen.

Die übrigen Ziele der Länder zur Abfallwirtschaft konzentrieren sich vor allem
auf die Sanierung und Rekultivierung von Müllkippen, auf die Wiederverwertung
und Weiterverarbeitung von Abfällen (Recycling) und die Beseitigung von Klärschlamm. Die Altlastenproblematik konnte bisher noch nicht in allen Landesent-
wicklungsplänen ausreichend berücksichtigt werden.

Die Abstimmung mit der überörtlichen Planung der Abfallbeseitigung ist in
einigen Abfallbeseitigungsgesetzen der Länder durch eine Raumordnungsklausel
festgelegt; in den anderen Flächenländern sind die fachlichen Abfallbeseiti-
gungspläne im Sinne der Landesplanungsgesetze gleichzeitig Ziele der Raumordnung und Landesplanung und damit Richtlinie für alle behördeninternen Entscheidungen, Maßnahmen und Planungen, die für die Abfallbeseitigung Bedeutung
haben. In diesem Sinne sollte die Landesplanung neben der Flächensicherung
künftig auch verstärkt über marktwirtschaftliche Lösungsmöglichkeiten und

222

Instrumente nachdenken, ihre Promotorenfunktion wahrnehmen sowie für die Regelung der Abfallwirtschaft in den Regionen flexible Spielregeln aufstellen, die auch einen interregionalen Interessenausgleich ermöglichen.

4. Ziele der Landesplanung in Regionen

Die Regionalplanung in der Bundesrepublik Deutschland konkretisiert die Ziele der Landesplanung in Regionalplänen, die durchweg auch zum Problem der Abfallbeseitigung Stellung nehmen. Alle Regionen haben inzwischen erkannt, daß die hygienisch, wasserwirtschaftlich und landespflegerisch einwandfreie Entsorgung bzw. Wiederverwendung von Haus- und Industriemüll, Altautos, Bauschutt und sonstiger Abfälle zu einem wichtigen Teilbereich regionaler Umweltvorsorge gehört. Über die Grundsätze einer modernen Abfallwirtschaft besteht deshalb weitgehend Übereinstimmung hinsichtlich der Rangfolge oder Zielhierarchie der Maßnahmen: Abfallvermeidung, Wertstoffauslese (Abfallverminderung), Abfallverwertung (Kompostierung oder energetische Nutzung), Restdeponierung.

Leider verfügen erst sehr wenige Regionen über ein "regionales Konzept für die Abfallwirtschaft". Wohl aus diesem Grunde scheuen sich noch viele Regionen vor einer konkreten Ausweisung von künftigen Standorten für die Beseitigung von Haus- und Sondermüll. In den meisten Regionen wird leider immer noch nur eine Bestandssicherungsplanung betrieben. Wegen der vergleichsweise langen Planungsvorlaufzeit für Abfallbehandlungs- bzw. -beseitigungsanlagen ist jedoch eine frühzeitige Konzeption und vorsorgende Rahmenplanung mit der Festlegung der Anlagenstandorte nach Bedarf dringend erforderlich.

In den meisten Bundesländern enthalten deshalb die Richtlinien für die Aufstellung von Regionalplänen Hinweise für die textliche und zeichnerische Behandlung von Zielaussagen für Abfallbehandlungs- und Abfallbeseitigungsanlagen. Die Regionalplanung sollte es aber nicht bei der Aufstellung von Zielaussagen belassen, sondern auch bei Konzeptionen für eine regionale Abfallwirtschaft und bei der Standortfindung dieser Anlagen künftig eigenständig stärker mitarbeiten. Ihre Einflußnahme dürfte sich deshalb nicht nur auf eine Stellungnahme im Planaufstellungsverfahren der Fachplanungen beschränken, sondern sie sollte selbst eigenständige Konzeptionen erarbeiten, denn die Komplexität des Sachverhaltes spricht für eine raumplanerische Rahmenkonzeption auf regionaler Ebene, die auch raumplanerische Lösungen der Abfallwirtschaft auf gemeindlicher Ebene mit einschließt. Dabei sind Verhandlungslösungen hier künftig angebrachter als lediglich der Versuch der Durchsetzung starrer Vorschriften in der Form landesplanerischer Ziele.

Es wäre deshalb künftig wünschenswert, wenn auch auf der regionalen Planungsebene eine noch engere Verzahnung von Raumordnung, Fachplanung und Umweltschutz im Sinne einer umfassenden Umweltgestaltung zur Vermeidung einseitiger Lösungsansätze möglich würde. Raumordnung und Abfallplanung sollten mit diesem Ziel eng mit allen Beteiligten zusammenarbeiten und auf dem Verhandlungsweg versuchen, zu geeigneten abgestimmten regionalen Lösungen zu kommen.

ZUSAMMENFASSUNG DER BERATUNGSERGEBNISSE

von
Gottfried Schmitz, Mannheim

Zunächst möchte ich unter Rückbeziehung auf den Vortrag von Prof. Dr. Peter Treuner als ein wesentliches Ergebnis der Diskussionen in der Arbeitsgruppe unter Leitung von Prof. Klemmer zusammenfassend festhalten: eine der Treunerschen Hauptthesen wurde durchaus bestätigt, daß durch die technische Entwicklung unsere Dispositionsmöglichkeiten im Raum sich tatsächlich erweitert, vergrößert haben. Dies gilt auch für die Abfallwirtschaft. Eine zweite allgemeine Feststellung, die sich in den Beratungen aufdrängte: in der Abfallwirtschaft ist alles "im Fluß", und zwar in rechtlicher, methodischer, technischer Beziehung und auch was die öffentliche und private Bewußtseinslage betrifft. Und noch eine dritte allgemeine Erkenntnis: es steht gar nicht so schlecht um die tatsächliche und mögliche Zusammenarbeit zwischen den Abfallverwertern und -beseitigern und den Raumplanern; denn die Abfallexperten erwarten einiges von der Raumordnung. Und die Raumplaner sehen Ansatzpunkte

- bei ihren Plankonzepten,
- als Promotoren für überörtliche Initiativen und Modelle und
- in ihrem ureigensten Auftrag der Ordnung der gesellschaftlichen Raumansprüche.

Unbestritten sind inzwischen die Grundsätze einer zukunftsorientierten Abfallwirtschaft und ihre Rangfolge, die in den letzten Jahren Anlaß und Zündstoff für ideologische Auseinandersetzungen waren, die fast im Stile von Glaubenskämpfen ausgetragen wurden. Sie sind Allgemeingut geworden: Vermeiden, Vermindern, Verwerten - stofflich und energetisch -, geordnet deponieren.

Doch wenn einer erwartet hätte, daß in dieser Diskussion, in diesem Arbeitskreis die konkrete Frage hätte beantwortet werden können: welche Anteile sind denn realistischerweise in einem konkreten Raum mit welchen finanzierbaren Methoden zu erreichen und wie sind denn die dabei entstehenden Produkte wirtschaftlich abzusetzen, welche Mengen sind dann umweltfreundlich zu beseitigen, dann ist derjenige natürlich nicht voll befriedigt worden. Und ich kann Ihnen eine solche Rezeptur, in Zahl und Maß gebracht, heute abend natürlich auch nicht vorführen. Aber es lohnt sich sicher, über einige Hauptthesen der Referenten und der Diskutierenden nachzudenken, über die ich referieren darf.

Zunächst eine zentrale Aussage von Prof. Schenkel: "Abfallwirtschaft befaßt sich mit der Kehrseite unserer Produktionswirtschaft." Oder anders ausgedrückt: Abfallwirtschaft ist ein integraler Bestandteil unseres Wirtschaftens. Deshalb muß der Rohstofffluß im Produktionsprozeß mit in die Betrachtung einbezogen werden. Dabei hat sich nicht selten die abfallwirtschaftliche Problematik als Innovationsquelle erwiesen (z.B. in der Farbenindustrie). Großen Raum nahmen natürlich die Vermeidungsstrategien ein. Ich möchte diesen Komplex hier übergehen.

Zur Verwertungsstrategie sind vor allem zwei weitere Hauptthesen von Prof. Schenkel beachtlich: die Verwertung hängt in ihrem Ergebnis ab von den Märkten, auf denen die Produkte, die dabei entstehen, abzusetzen sind, d.h. bei der Entwicklung der Rohstoffpreise - z.Z. sind sie bekanntlich rückläufig - sind die ökonomischen Risiken zugleich auch Risiken der Entsorgungssicherheit. Und die zweite These: je komplexer und "intelligenter" das industrielle Produkt ist, desto geringer sind in der Regel die Schäden für die Umwelt, umso geringer ist dann aber auch die verbleibende Wiederverwertungsrate.

Nach Prof. Schenkel dürfen Reduzierungen durch Vermeidungs- und Wiederverwertungsmaßnahmen nicht überschätzt werden. Große Teile des Abfalls sind einfach nicht wesentlich zu reduzieren. Es sei keine Dramatisierung, wenn man feststelle, daß wir einem Entsorgungsnotstand zusteuern, wenn keine größeren Reserven für Deponiekapazitäten ausfindig und planmäßig nutzbar gemacht werden.

Zur Wiederverwertung bei einzelnen Produkten gab Frau Devis einige interessante Zahlen aus der Schweiz bekannt: Wiederverwertungsrate bei Papier 40 %, bei Glas 40 %, bei Metallen 5 %!, bei Aluminium 1 %, bei Textilien immerhin 13 %, bei Kunststoffen 0 %. Nach Frau Devis kommt es bei der Vermeidung und bei der Wiederverwertung darauf an, beim Konsumenten die Bereitschaft zum Mitmachen zu wecken. Dies ist nach ihrer Meinung vor allem ein Informationsproblem.

Herr Prof. Stegmann plädierte in seinem Statement dafür, daß die Raumordnung stärker die Bodenqualitäten berücksichtigen müsse und daß ihre Mithilfe bei einem nach wie vor bestehenden Hauptproblem, nämlich der notwendigen Standortsicherung, gefordert sei. "Vorsorgeplanung" in der Raumordnung sei sicher notwendig, die Raumordnung müsse aber auch die Probleme der "Nachsorge" einbeziehen. Bei der Standortplanung für künftige Produktionslagen müßten auch die Standorte für Verwertungs- und Beseitigungsanlagen mit eingeplant werden. Zu den Qualitätsproblemen einige Anmerkungen aus seinem Vortrag, über die Raumplaner vielleicht nachdenken sollten: Sollten wir uns nicht bei den belasteten Böden über Nutzungsbeschränkungen oder -einschränkungen Gedanken machen? Sollten die Raumordner nicht Forderungen nach Bereinigung in bestimmtem Umfang und in bestimmten Situationen erheben? Darf Landwirtschaft an bestimmten Standor-

226

ten überhaupt noch betrieben werden? Was soll dann aus diesen "früheren" landwirtschaftlichen Flächen werden? Eine Prognose: In 60 bis 80 Jahren seien die Grenzwerte großflächig in der Bundesrepublik im landwirtschaftlichen Bereich überall erreicht. Damit stellt sich die Frage, ob diese Entwicklung einfach hinnehmbar ist. Müßte z.B. die Baunutzungsverordnung - eine Diskussionsbemerkung - vielleicht in dieser Hinsicht ergänzt werden? Wie sollen solche Böden bei der Nutzungsregelung behandelt werden?

Die Diskussion drehte sich dann um die Hauptfrage, nämlich um die spezifischen Möglichkeiten der Raumplanung. Zunächst schien es, als stünden die Methodenfragen der Abfallwirtschaft ausschließlich im Vordergrund. Aber dann kam doch noch der Beitrag der Raumordnung zum Zuge. Man war sich einig, daß bei den Vermeidungs-, Verwertungs- und Verminderungsstrategien die Raumordner, die Raumordnung auf allen Stufen eigentlich nur eine komplementäre Funktion haben, keine originäre. Doch bei den Standorten für Verwertungsanlagen, bei den Beseitigungsanlagen ist offenkundig Unterstützung nach wie vor bei der Flächenvorsorge durch die Raumplanung erforderlich. Dabei spielt die erstaunliche und offenkundige - erstaunlich für die Abfallwirtschaftler, für die Raumplaner offenkundige - Differenz zwischen den durchaus vorhandenen Instrumentarien der Raumordnung und deren tatsächlicher Anwendung eine bedeutende Rolle in der Diskussion. Zustimmung fand ein Vorschlag aus der regionalen Planungspraxis, die vorhandenen Institutionen der Regionalplanung zu nutzen als Ort, wo die Betroffenen und Beteiligten zusammenkommen und zusammengebracht werden, wo Konzepte entwickelt werden und Abstimmungen vorbereitet werden, wo regionsspezifische Modelle entwickelt werden und wo die Methoden einerseits und die Standortanforderungen andererseits zusammen festgelegt werden. Es fehlten natürlich auch in der Diskussion nicht Vorschläge über Ergänzungen des Instrumentariums in Richtung auf marktwirtschaftliche Lösungen: Gebührenhöhe, Ausgleichszahlungen u.ä.

Zusammenfassend ist festzustellen, daß auf die Raumordnungsinstanzen hauptsächlich fünf Aufgaben zukommen:

- Einmal haben sie die Chance und die Möglichkeiten, unter umfassender Beteiligung auf dem Verhandlungswege überörtliche Konzepte zu entwickeln (Promotorenrolle).

- Zweitens wäre es eine wichtige Aufgabe der Raumordnung, langfristige Zementierungen zu verhindern. Das betrifft sowohl die anzuwendenden Methoden als auch die Standorte.

- Drittens muß die Raumordnung nach wie vor um den regionalen Ausgleich zwischen Belasteten und Begünstigten in der Region besorgt sein.

- Viertens müssen die Standorte für Verwertungsanlagen und Deponien auch künftig gesichert werden.

- Fünftens muß es auch eine Aufgabe der Raumordnungsinstanzen sein, für die notwendige Akzeptanz zu sorgen. Dies darf aber andererseits nicht dazu führen, daß die tatsächlich vorhandenen Instrumente nicht genutzt werden. Man war sich einig: dies ist ein politisches Problem. Diese Feststellung soll aber nicht als willkommene Ausflucht mißverstanden, sondern als notwendige Einsicht in die tatsächliche Einbindung raumordnungspolitischer Entscheidungen verstanden werden.

SONDERVERÖFFENTLICHUNG
DER AKADEMIE FÜR RAUMFORSCHUNG UND LANDESPLANUNG

DATEN ZUR RAUMPLANUNG

TEIL B

ÜBERFACHLICHE RAUMBEDEUTSAME PLANUNG

Inhalt

I.   Planungen und Maßnahmen internationaler Organisationen

II.   Pläne und Programme von Nachbarstaaten

III.   Ziele und Inhalte von Plänen und Programmen der
          Deutschen Demokratischen Republik

IV.   Ziele und Inhalte von Plänen und Programmen der
          Bundesrepublik Deutschland

V.   Ziele und Inhalte von Plänen und Programmen der Bundesländer

VI.   Grundlagen und Inhalte ausgewählter Regionalplanungen

VII.   Typische Inhalte der Kreisentwicklungsplanung
          und Kreisentwicklungsprogramme

VIII.   Typische Inhalte gemeindlicher Planung

XI.   Grenzüberschreitende Raumplanung

X.   Finanzaufkommen und Einsatz raumwirksamer Finanzmittel

Der Band umfaßt 685 Seiten mit vielen Abbildungen und über 70 farbigen Karten;
Hannover 1983; Preis 129,- DM; Best.-Nr. 901

Auslieferung

CURT R. VINCENTZ VERLAG HANNOVER

FORSCHUNGS- UND SITZUNGSBERICHTE DER
AKADEMIE FÜR RAUMFORSCHUNG UND LANDESPLANUNG

Band 169 RÄUMLICHE WIRKUNGEN DER TELEMATIK

Inhalt

Der Band umfaßt 519 Seiten; Format DIN B5; 1987; Preis 75,- DM; Best.-Nr. 772

Auslieferung

CURT R. VINCENTZ VERLAG HANNOVER